改訂第13版 **環境社会検定試験®**　　　　　サステナビリティ21 編

eco検定
ポイント集中レッスン

技術評論社

はじめに

　気候変動の脅威は年を追うごとに現実性を増しています。海洋プラスチック問題をはじめ、世界には未解決の環境問題が数多く存在します。今後はさまざまな場面でより多くの人が環境改善に努めることが求められます。

　環境社会検定試験（eco検定）は、東京商工会議所および各地の商工会議所が主催している、環境に関する知識を問う検定試験です。その目的は、環境に対する基礎知識を持ち、行動できる人を増やすことです。環境問題の基礎を知ることにより、自分の生活・仕事の環境への影響を理解し、環境改善行動へとつなげることが期待されます。eco検定の合格者が増え、行動する人が増えれば、社会を変える力にもなるでしょう。環境保護を行う上での重要な考え方として「Think Globally, Act Locally（地球規模で考え、足元から行動せよ）」という言葉があります。地球規模で考える視野と、足元から行動するための知識を広めるためにeco検定があります。

　2015年、国連は17のゴールと169のターゲットからなる持続可能な開発目標（SDGs）を採択しました。ここでは持続可能な社会の実現に向けた2030年までの具体的な目標を設定しています。『改訂9版 環境社会検定試験 eco検定公式テキスト』（日本能率協会マネジメントセンター刊）も、SDGsの内容を取り入れた構成となっており、その重要性はますます上昇しています。

　eco検定の問題の大半は、『環境社会検定試験 eco検定公式テキスト』から出題されます。本書は2023年1月発行の『改訂9版 環境社会検定試験 eco検定公式テキスト』に基づき、eco検定の出題範囲における「重要ポイントの解説」、実力確認のための「練習問題」、「模擬問題とその解答・解説」、「直前確認チェックシート」から構成されています。eco検定を受験される方へ必携の一冊となるように作成しました。

　本書を読み、eco検定を受験し、eco検定合格者＝エコピープルとして行動される方が一人でも増えることを祈っています。

2023年5月
サスティナビリティ21

改訂第13版 eco検定 ポイント集中レッスン
Contents

第**3**章 環境問題を知る......61

🌱 第**4**章　持続可能な社会に向けたアプローチ ·······173

第5章 各主体の役割・活動......185

第6章 まとめ......213

第7章 模擬問題と解答・解説......217

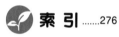

序章

eco検定の概要

1. 検定の狙い

これからの「持続可能な社会」をつくりあげるには、環境に対する幅広い知識を持ち、社会の中で率先して環境問題に取り組む"人づくり"が必要です。eco検定は、環境に関する基礎知識を得た人を育成するために、2006年にスタートしました。

受験者、合格者が環境に対し意識を高め、社会の中で取り組むことは大きな力となることが期待されます。

2. eco検定取得の意義

eco検定の資格取得に取り組むことは、さまざまな立場の人にとってメリットがあります。

【あらゆる人に共通するメリット】

- 日常生活で環境問題を理解した上で、環境に配慮した行動をとることができるようになります。
- 新聞、ニュースなどの環境関連の報道から、社会の動きをよく理解できるようになります。

【企業人にとってのメリット】

- 企業のCSR活動、ISO14001活動など、環境負荷を減らす行動をとるための原動力になります。
- 環境配慮製品・サービスの企画、開発、販売をするための基礎知識を得ることができます。
- 名刺、環境報告書への記載により、顧客等のステークホルダーへのイメージアップになります。

【学生にとってのメリット】

- 環境を通じ世の中の動きを知り、視野を広げ、社会性を身につけることができます。
- 環境保全に取り組んでいる企業・団体へ就職するときに、アピールになります。

【一般社会人にとってのメリット】
- 環境の知識を親から子へ伝える家庭教育ができるようになります。
- 環境を鍵に、地域再生、地域振興の活動をすることも期待されています。

3. eco検定の受験方法

eco検定は、IBT方式（インターネット経由での試験）で実施されています。従来のペーパーテストと異なり、自宅や会社で任意の時間に受験が可能です。

項　目	内　　容
出題方法	IBT方式（インターネット経由での試験）による選択問題
制限時間	2時間
出題範囲	『環境社会検定試験 eco検定公式テキスト』（東京商工会議所編著、日本能率協会マネジメントセンター刊）の基礎知識と、それを理解した上での応用力を問います。出題範囲は基本的に公式テキストに準じますが、最近の時事問題なども出題されます。
合格基準	100点満点とし70点以上が合格
受験資格	学歴・年齢・性別・国籍による制限はありません。
試験日程	年2回（7月・11月）、約20日間の試験期間中、任意の日時を選択して受験
申し込み日程	試験開始の約1か月前より約10日間
申し込み方法	インターネットの公式ホームページからお申し込みください（メールアドレスが必要です）。 公式ホームページ : https://kentei.tokyo-cci.or.jp/eco/
受験料	5,500円（消費税含む）（2023年4月時点）
受験地	カメラ、マイク、スピーカーが備わり、インターネットに接続されたパソコンがあれば、全国どこからでも受験できます。最新の情報はホームページで確認願います。 公式ホームページ : https://kentei.tokyo-cci.or.jp/eco/

4. 公式テキストの内容

（1）目的

　eco検定の目的に沿い、環境問題の基本的な知識を網羅的に記述しています。環境問題の正解を示すというより、議論の基礎となる一般的な知識を記載しています。

（2）構成

　テキストは第1章から第6章までありますが、中心となるのは「第3章　環境問題を知る」であり、ページ数も約100ページと大きな比率を占めています。

【テキスト構成】

第1章　持続可能な社会に向けて

　全体の導入部分であり、環境問題とは何か、及び環境問題の歴史を学習する章です。

第2章　地球を知る

　環境問題を理解するうえで必要な背景と社会の動きを学習する章です。自然科学的な内容、経済・社会的な内容に分かれています。

第3章　環境問題を知る

　地球環境問題（地球温暖化、エネルギー、生物多様性・自然共生社会、その他地球環境問題）、循環型社会、地域環境問題（大気、水、土壌汚染、騒音・振動・悪臭、交通等）、化学物質、震災関連・放射性物質と環境問題をテーマ別に広く取り上げています。

第4章　持続可能な社会に向けたアプローチ

　環境問題に取り組む際の考え方、目標の立て方、手法について説明されています。

第5章　各主体の役割・活動

　環境問題を解決するための主体として、国・自治体等のパブリックセクター、企業、個人、NPO/NGOの取り組みとその事例を紹介しています。

第6章　まとめ/エコピープルへのメッセージ

　読者がそれぞれの場において活動をする際のメッセージとなっています。

5. eco検定攻略のポイント

(1) 公式テキストからの出題が中心

eco検定問題のほとんどは公式テキストから出題され、それに加えて公式テキスト以外の時事問題が数問出題されます。まずは公式テキストの範囲の内容をしっかり理解することが合格（70点以上）の近道です。

本書は、公式テキストの中の重要ポイントを整理し、関連する問題を掲載しています。

(2) 時事問題は、日常の中で気をつけておく

高得点を得るには時事問題への対応が必要です。環境関連の新聞記事、ニュース、雑誌等に日常的に目を通し、環境情報にアンテナを張っておきましょう。

下記のサイトから申し込むことができるメールマガジンではeco検定時事問題対策として、環境に関する最新情報を毎月配信しています。

URL：https://pdca.co.jp/info/magazine/

（※このURLは予告なく内容が変更される場合がありますのでご了承ください）

(3) 環境問題として重要な点から出題される

基礎知識を問うわけですから、まずは環境問題としてより重要性の高いことは何かを知っておく必要があります。

本書では、それぞれの項目の重要度を3段階で示しています（本書の使い方参照）。例えば、地球環境問題ならば、地球温暖化は環境に影響を与える深刻度、対応の難しさから最重要といえるでしょう。

また、付録の「これだけは押さえる！　直前確認チェックシート」に掲載の語句はすべて最重要といえます。必ず覚えておきましょう。

(4) 数字は重要なものを覚える

eco検定は歴史の問題ではないため、条約などの発効年を暗記する必要は基本的にはありません。しかし、例えばオゾン層の問題では、ウィーン条約とモントリオール議定書ではどちらが先かを理解しておく必要があります。これは各条約・議定書の内容と経緯を知っておけば、理解は容易です。

また、例えば国別二酸化炭素排出量の詳細な数値を覚える必要はありませんが、

"第1位が中国で約3割弱、第2位が米国で約1割5分であり、この2つの国で4割以上を占め、温暖化対策に与える影響は大きい" など、大枠は理解しておく必要はあります。

どの数字が重要かについては、各項目の重要ポイントや、付録の「これだけは押さえる！　直前確認チェックシート」も参考にしてください。

(5) 問題は素直であり、ひっかけはない

eco検定は環境問題についての基礎知識を問うものであり、詳細な深い知識を問うものではありません。問題もよく読めば理解できるものであり、勘違いを誘う問題、重箱の隅をつつくような問題は、基本的にはないと考えてよいでしょう。

(6) 知識を問うのであり、受験者の考えは問うていない

eco検定の最終的な狙いは、環境に対し基礎知識を持ち、職場、生活、地域などで、それぞれの立場から環境に配慮した行動をとっていただくことです。

しかし一方、検定試験としての性格から、個人の考え方を問う設定はありません。例えば、廃棄物の3R（リデュース・リユース・リサイクル）の一般的な優先順位の問題設定はできますが、自分自身の行動はどうしているかの問題を問うことはできません。eco検定は、知識を問う問題が出されます。

(7) 一般的な受験テクニック

問題はすべて選択肢方式です。正解がわからなくても4つの選択肢のうち2つが間違いとわかれば、正解の確率は50％に上げることができます。どうしてもわからないときには、常識を働かせ、文脈から正解を「読み取る」ことも必要です。

6. 本書の使い方

　本書は、eco検定（環境社会検定試験）のポイント解説と、理解度を確認する
ための練習問題をメインに構成されています。

■第1〜6章　重要ポイントの解説と練習問題

　全体的な構成は、基本的に公式テキストの内容にならっています。公式テキス
トのどの部分に対応しているかは、各節ごとに明示しています。

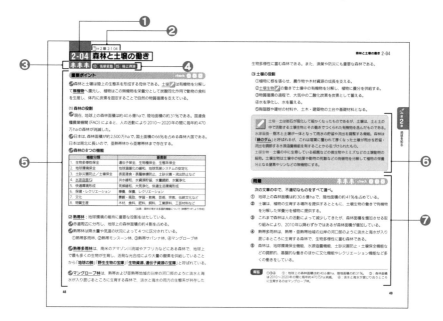

❶ 節のテーマ

　その節で覚えるべきテーマです。

❷ 公式テキストの対応箇所

　公式テキストのどの項目にあたるかを示しています。

❸ テーマの重要度

　テーマの重要度を、木の数により3段階で示しています。多くなるほど重要です。

❹ SDGsゴール

　節のテーマとSDGsのゴールの関係を示しています。

❺ 重要ポイント

　そのテーマにおける重要ポイントを、いくつかの項に分けてまとめています。アンダーラインがついている言葉はキーワードですので、関連事項はよく確認しましょう。📝のついた語句は、さらに別途語句解説をしています。📊は、別途内容を補足する図表があります（❻参照）。

　読み返すたびにチェック欄を埋めて、繰り返し学習をしましょう。

❻ 語句解説

　❺の重要ポイントの中で、理解しづらい、一般的ではないと考えられる語句を、詳しく解説しています。またはデータの必要な箇所を図や表で補足しています。

❼ 練習問題

　重要ポイントに関する理解度を確認するための問題を用意しています。
問題の重要度は、木の数で3段階で示しています。多くなるほど重要です。

　チェック欄は、問題を解いたことがあるか、間違いがあったのか、完全にできたのか、を区別するために、利用するとよいでしょう。

　【例】□：未実施、▨：間違い、■：正解、など。

■第7章　模擬問題と解答・解説

　実際の試験と同じ形式の模擬問題と、その分析・解答・解説を掲載しています。本試験の感覚をつかむために、必ず挑戦しておきましょう。

■付録

・これだけは押さえる！　直前確認チェックシート

　テーマごとに厳選したキーワードをまとめています。試験間近になったら一通りチェックして、自分の知識を確かなものにしましょう。

・持続可能な開発目標（SDGs）17のゴール対応表

　各節の内容と関係のあるSDGsのゴールを一覧で示しました。

持続可能な
社会に向けて

1-01 環境とは何か、環境問題とは何か

重要ポイント

check ☒ ☒ ☒

(1)「環境」とは

✈ 人間及び人間社会を取りまく人間以外の生物、生態系、そして山、川、海、大気などの自然そのものをいう。

(2)「環境問題」とは

✈ 人類は、環境から食料や資源を採取し、その過程で不用物を排出するなど環境に影響をおよぼしてきた。産業革命を契機に人類の環境への影響は大幅に拡大した。特に20世紀以降、経済規模の拡大は著しく、環境の復元能力を超えた環境破壊が進行している。この結果、資源の減少、野生生物の種の減少、廃棄物の大量排出などに伴う環境の汚染、破壊が生じた。さらに環境の異変は、人類の健康を害し、経済社会活動に支障を生じさせるなど、厳しい問題となっている。これが環境問題である。

(3) 環境問題の区分

✈ **地球環境問題**：地球全体または広範な部分に影響をもたらす環境問題および地域の問題であっても解決に国際的協調が必要な環境問題

✈ **地域環境問題**：影響が地域的に限定され、原因と影響との関係を比較的明瞭に捉えられる環境問題

環境問題の種別	地球環境問題	地域環境問題
大気系の環境問題	地球温暖化、オゾン層破壊、酸性雨、黄砂、越境大気汚染	大気汚染、ヒートアイランド問題
水環境系の環境問題	海洋汚染、淡水資源問題	水質汚濁
地盤/土壌の環境問題	砂漠化	土壌汚染、地盤沈下
生態系に関わる問題	生物多様性の減少、野生生物の絶滅、森林(特に熱帯林)の減少	生物の多様性の減少、有害鳥獣問題、景観・里地里山・田園地帯の保全
途上地域などに普遍的に顕在化している問題	途上国の環境(公害)問題有害廃棄物の越境移動	—
国際協調の下での取り組みが不可欠な問題	世界遺産や南極の環境保全	—
地域の生活環境保全	—	廃棄物問題、騒音、振動、悪臭、光害
その他	化学物質問題、放射性物質による環境汚染、放射性廃棄物の処理	

〔出典：改訂9版eco検定公式テキスト(日本能率協会マネジメントセンター)より作成〕

問題

🌲🌲🌲 check ☒☒☒

次の文章の（　）にあてはまる最も適切な語句を、下記の語群から1つ選べ。

人類は、環境から（ **①** ）を採取するなど、環境から多くの恩恵を受けて生活や事業活動を営み、その過程で（ **②** ）を排出するなど環境に影響をおよぼしてきた。しかし、これらが環境の（ **③** ）の範囲内であれば生態系の均衡は保たれ、人類は社会経済活動を持続的に営むことができる。

約250年前の産業革命を契機に、人類が環境へ影響をおよぼす行為はそれ以前とは異なる規模・速度・影響に拡大した。特に20世紀以降、人類は科学技術を飛躍的に進歩させ、利便性を向上させ、飽くなき欲望を満たすため、経済の規模を著しく拡大した。この結果、環境の（ **③** ）を超えた資源採取による資源の減少、生息・生育地の縮小などによる（ **④** ）の種の減少、環境の（ **③** ）を超えた廃棄物（ガス状物、液状物、固形物）の排出に伴う環境の（ **⑤** ）といった環境の異変が生じた。さらに環境の異変は、人類の健康に対して影響をもたらし、経済社会活動を営んでいくうえでの支障を生じさせるなどして、人類の生き方が問われる厳しい問題として立ちはだかるようになった。これが環境問題である。

この環境問題のうち、地球全体または広範な部分に影響を及ぼす環境問題や、問題の発現が途上国や一部地域であっても、（ **⑥** ）のもとでなければ解決できないような問題を、「（ **⑦** ）環境問題」という。一方、影響が地域的に限定され、原因の人為的行為と影響の関係を比較的明瞭に捉えられる環境問題を、「（ **⑧** ）環境問題」という。

(a) 地球　　　(b) 野生生物　　　(c) 不用物
(d) 汚染・破壊　　(e) 国や自治体　　(f) 国際的協調
(g) 復元能力　　(h) 地域　　　(i) 食料や資源

解答　①…(i)、②…(c)、③…(g)、④…(b)、⑤…(d)、⑥…(f)、⑦…(a)、⑧…(h)

1-02 環境問題の世界動向

重要ポイント

check

年	主な取り組み	概要
1972	• ローマクラブ「成長の限界」発表 • 国連人間環境会議 • **国連環境計画（UNEP）設立**	• 「人間環境宣言」採択。
1975	• 「ラムサール条約」発効 • 「ワシントン条約」発効	• 水鳥とその生育地である湿地の保護が目的 • 絶滅のおそれのある野生動植物の種の保存が目的
1985	• 「オゾン層保護のためのウィーン条約」採択	
1987	• 環境と開発に関する世界委員会 （WCED）が報告書「我ら共有の未来」を発表 • 「オゾン層を破壊する物質に関するモントリオール議定書」採択	• **持続可能な開発**の考え方を提唱
1988	• **IPCC（気候変動に関する政府間パネル）設立**	• 温暖化に関する科学的知見の収集・評価・報告を行う国連組織
1992	• **国連環境開発会議地球サミット（リオ）** 開催 • 「バーゼル条約」発効 • 「生物多様性条約」「気候変動枠組条約」採択	• 持続可能な開発を実現するための国際会議、**「リオ宣言」**、**「アジェンダ21」**の採択
1996	• 環境マネジメントシステム国際規格「ISO14001」発行	• 環境リスクの低減、環境への貢献と経営の両立を目指す環境マネジメントシステムの国際規格
1997	• 気候変動枠組条約締約国会議COP3（京都）開催	• **「京都議定書」**採択、先進国全体で90年比5%以上（日本6%、米7%、EU8%など）の温室効果ガス削減を目指す
2000	• 国連ミレニアム・サミット開催	• **ミレニアム開発目標（MDGs）**の採択
2002	• 持続可能な開発に関する世界首脳会議（WSSD）（ヨハネスブルグ）**「リオ＋10」**開催	• 地球サミットから10年、アジェンダ21などのフォローアップ。持続可能な開発のための教育（ESD）の推進を提唱
2005	• 「京都議定書」発効	• ロシアの批准により発効、米国は見送り
2008	• G8北海道・洞爺湖サミット開催	• 「環境」をテーマとした先進国首脳会議
2010	• 生物多様性条約締約国会議COP10（名古屋）開催	• **「名古屋議定書」「愛知目標」**採択
2012	• 国連持続可能な開発会議（リオ）**「リオ＋20」**開催	• 地球サミットから20年、アジェンダ21などのフォローアップを実施。グリーン経済の必要性の強調
2013	• 水銀条約採択	• 人や環境への水銀リスクを削減するための国際的な合意
2014	• IPCC「第5次評価報告書」発表	• 21世紀までの気温上昇を2℃未満に抑える道筋があることを強調

2015	・「**持続可能な開発のための2030ア ジェンダ**」採択 ・気気候変動枠組条約締約国会議 COP21 (パリ) にて「**パリ協定**」を採択	・2030年までに実現すべき17目標 (SDGs) を共有 ・先進国のみならず、途上国も含む温室効果ガスの削減のための2020年以降の国際的取り組みの枠組み
2017	・初の「国連海洋会議」開催	・海洋汚染、沿岸域生態系の管理・保全・再生、持続可能な漁業などについてパートナーシップダイアローグを実施
2018	・IPCC「1.5℃特別報告書」	・世界の平均気温が1.5℃上昇した場合の気候システムの変化と、生態系や人間社会へのリスクを警告

〔出典：改訂9版eco検定公式テキスト (日本能率協会マネジメントセンター) より作成〕

地球環境問題は、1972年のローマクラブによる「成長の限界」の発表が始まりであるが、1988年IPCCの「地球温暖化の原因は人為起源による温室効果ガスの排出によるものである」との警告により世界的に注目されるようになった。その後、1992年の**地球サミット**で持続可能な開発を実現するための基本原則として「**共通だが差異ある責任**」「**予防原則**」「**汚染者負担の原則**」などを盛り込んだ「**リオ宣言**」及びその具体的な行動計画である「**アジェンダ21**」が採択された。また同サミットにおいて「**気候変動枠組条約**」「**生物多様性条約**」の署名が開始され、地球環境問題対策への取り組みが本格化した。

地球サミットで決定した持続可能な社会の実現への取り組みは、国連に設けられた持続可能な開発委員会 (CSD) (2001年まで) およびそれ以降はハイレベル政治フォーラム (HLPF) の定期的なフォローアップとともに、ワールドウォッチ研究所 (WWI) や世界資源研究所 (WRI) などの国際NGOによる追跡調査も行われている。このフォローアップの一環として開催された「リオ+10」「リオ+20」では将来に向けた議論も行われ、「リオ+10」では「**持続可能な開発のための教育**」が提案され、「リオ+20」では「**グリーン経済**」の必要性が強調された。

2015年、国連持続可能な開発サミットにおいて、「**持続可能な開発目標 (SDGs)**」を中核とする「**2030アジェンダ**」が採択された。「持続可能な開発目標 (SDGs)」は、途上国を対象に貧困撲滅などを目指した「**ミレニアム開発目標 (MDGs)**」に代わる新しい目標である。SDGsは、MDGsで残された課題に新たな課題を取り入れ、2030年を目標に持続可能な社会の実現を目指した、先進国と途上国がともに取り組む普遍的な目標である。この取り組みのスピード

を速め、規模を拡大するため、2020年に「行動の10年」がスタートした。

地球温暖化の国際的な対策は「**京都議定書**」で実施されてきたが、これは一部の先進国のみの削減義務であり、米国が批准しておらず、また中国やインドなどのように温室効果ガス（GHG）排出量の多い開発途上国には削減義務がないことから、その効果は十分ではなかった。この状況を踏まえ、新たな枠組みとして2015年のCOP21で「**パリ協定**」が採択された。これにより、2020年以降は、先進国のみならず開発途上国を含むすべての国が各国の状況に応じた温室効果ガス（GHG）排出量の削減を義務付けられた。

成長の限界－「人口増加と工業投資がこのまま続けば、有限な天然資源は枯渇し、環境汚染が自然の許容範囲を超えて進行し、100年以内に人類の成長は限界に達するであろう」と警告。

国連人間環境会議（ストックホルム会議）－環境問題に関する国際会議。会議のテーマ"**かけがえのない地球**"は、環境問題が人類共通の課題であることを示した。

人間環境宣言－環境問題に取り組む際の原則を明らかにし、環境問題が人類に対する脅威であり、国際的に取り組む必要性を明言している。

環境と開発に関する世界委員会（WCED）－別名ブルントラント委員会。国連環境計画（UNEP）における日本の提案で、ノルウェーのブルントラント首相を委員長として1984年に国連に設置された「賢人会議」。1987年に報告書「われら共有の未来（Our Common Future）」で初めて「持続可能な開発」の概念を打ち出した。

リオ＋20－この会議では、主要テーマとして「持続可能な開発と貧困根絶の文脈におけるグリーン経済」と「持続可能な発展のための制度的枠組み」について議論が行われたが、宣言文の「我々の望む未来」ではグリーン経済が重要なテーマと位置付けられた。

持続可能な開発目標（SDGs）－2015年に採択された行動計画の新目標で、持続可能な社会の実現に向け、先進国と途上国がともに取り組む開発目標（P.30参照）。

ミレニアム開発目標（MDGs）－2000年の国連ミレニアム・サミットで採択された国際社会の開発目標。極度の貧困と飢餓の撲滅など、主として開発途上国が2015年までに達成することを目指した8つの目標、21のターゲットからなる。極度の貧困の半減、安全な飲み水へのアクセスなどの目標は達成したが、母子保健の促進など未達成の課題もあった。

問題

次の文章の示す内容に最も関係のある語句を、下記の語群から1つ選べ。

① 有害廃棄物の国境を越える移動等の規制について、国際的な枠組み及び手続き等を規定した条約。

② 2008〜2012年の間、温室効果ガス（GHG）を先進国全体で少なくとも1990年比5%削減することを決定。

③ 1972年、「成長の限界」を発表。

④ 水鳥とその生育地の湿地の保護を目的とした条約。

⑤ グリーン経済の必要性を強調した「我々の望む未来」の採択。

⑥ オゾン層破壊防止のため、その原因物質の消費規制に関する国際的な取り組みとして初めて合意された条約。

⑦ 絶滅の危機にある野生生物の保護を目的に、その国際取引を規制した条約。

⑧ 2015年のCOP21で採択された条約で、すべての国に各国の状況に応じた温室効果ガスの排出量の削減を義務付けた。

⑨ 「持続可能な開発」に関する概念を初めて発表。

⑩ 貧困撲滅と持続可能な社会の実現を目指したもので、先進国と途上国がともに取り組む普遍的な目標。

⑪ 1992年に持続可能な開発を実現するために開催された国際会議で、持続可能な開発を実現するための基本原則である「リオ宣言」及びその行動計画である「アジェンダ21」を採択。

⑫ 温暖化に対する科学的知見の収集・評価・提言を行う国連の組織で、2018年に地球の平均気温の1.5℃上昇による人間社会へのリスクを警告。

(a) 地球サミット　　(b) パリ協定　　　　(c) 京都議定書
(d) リオ+20　　　　(e) ワシントン条約　(f) 持続可能な開発目標
(g) バーゼル条約　　(h) IPCC　　　　　　(i) WCED
(j) ローマクラブ　　(k) ウィーン条約　　(ℓ) ラムサール条約

解答

①…(g)、②…(c)、③…(j)、④…(ℓ)、⑤…(d)、⑥…(k)、⑦…(e)、⑧…(b)、⑨…(i)、⑩…(f)、⑪…(a)、⑫…(h)　地球環境問題に対応するための重要キーワード。

1-03 環境問題の日本の動向

重要ポイント
check ☒ ☒ ☒

✈日本の公害問題は、明治時代に栃木県渡良瀬川流域で発生した**足尾銅山鉱毒事件**🖊が原点であるといわれている。

戦後は、毎年GDP10%前後の高度経済成長を実現する過程で、日本各地で**典型7公害**🖊に代表される多数の**産業公害**が発生した。そのなかでも**四大公害病**が深刻な社会問題となった。

■四大公害病

四大公害病	時期	地域	原因	被害等
水俣病	1956年発生	熊本県水俣市	工業排水に含まれる微量の有機水銀	有機水銀の蓄積した魚介類を食べて発病。中枢神経系疾患による手足のしびれなどを発症
新潟水俣病（第2水俣病）	1965年発生	新潟県阿賀野川流域		
イタイイタイ病	1955年報告	富山県神通川流域	鉱業所排水中のカドミウム	骨がもろくなり、骨折や激しい痛みを伴う
四日市ぜんそく	1960〜70年代に発生	三重県四日市市	石油化学コンビナートの排ガス中の硫黄酸化物	ぜんそくや気管支炎などの呼吸系の健康被害

✈日本の公害対策：下記の対策により日本は公害対策先進国になった。

①公害行政基盤の整備

- 1967年 **公害対策基本法**🖊の制定
- 1970年 **公害国会**で14本の各種公害対策法の制定
- 1971年 **環境庁（現環境省）の設置**

②各種公害対策基本技術の開発と普及：**エンドオブパイプ**🖊型の技術など

✈日本の地球環境問題への対応

環境行政基盤の整備

- 1972年〜現在 国際的動向に応じて個々の課題に対応した法規制の整備
- 1993年〜現在 **ローカルアジェンダ21**🖊の策定・実施
- 1993年 公害対策基本法を発展させた**環境基本法**🖊の制定
- 1994年 第1次「**環境基本計画**🖊」策定
- 2001年 環境庁を昇格させた**環境省が発足（環境、廃棄物対応の一元化）**

  「低炭素」「循環」「自然共生」の3要素からなる、**持続可能な社会**🖊の推進
- 2018年 SDGsを考慮した第5次環境基本計画の策定

🌱**低炭素（脱炭素）社会**づくりでは、「**パリ協定**」合意後、日本も 2050 年までに温室効果ガスの排出をゼロにするカーボンニュートラルを 2020 年に宣言し、その実現に向け 2030 年までに 2013 年比温室効果ガスの 46% 削減を目標に掲げた。また近年は、地球温暖化との関連が疑われる気象災害の増加などから、「**TCFD** ✍」に基づく気候変動情報の開示や使用電力を 100% 再生エネルギーで賄う「**RE100** ✍」への参加など脱炭素経営を掲げる企業や団体が増えている。

🌱**循環型社会**づくりでは、2000 年に「**循環型社会形成推進基本法**」を制定し、その下に各種リサイクル法（容器、家電、建設、自動車など）が整備された。また、2019 年には「**プラスチック資源循環戦略** ✍」を策定し、近年の海洋プラスチック問題を背景にレジ袋の有料化が 2020 年 7 月より開始された。さらに、食品ロスの 2000 年比の半減や、**循環経済（サーキュラーエコノミー）** ✍の市場規模の 80 兆円への拡大の目標を掲げている。

🌱**自然共生**では、2008 年成立の「**生物多様性基本法**」下で「生物多様性国家戦略 2012-2020」を策定し、2030 年を目標に、陸と海の 30% 以上の保全などの取り組み（「**30by30**」）が行われている。

🌱**四大公害裁判（訴訟）**

四大公害病では、1970 年代前半にそれぞれの健康被害者を原告とする裁判が行われ、すべて原告側が勝訴した。判決は、公害の原因企業に対し損害賠償の支払を命じるとともに、厳しく企業の責任を追及するものであった。

この裁判の結果は、公害被害者の救済制度の導入、対策技術の開発・普及の促進を促すとともに、1997 年の環境影響評価制度の導入のきっかけになった。

🌱**原子力の安全・安心への取り組み**

東日本大震災に伴う東京電力福島第一原発の事故は、放射性物質による長期間、広範囲の環境汚染を発生させた。これは持続可能な社会にはその基盤に安全・安心がなければ成り立たないことを示したものである。

この事故後、「規制と利用の分離」の観点から、原子力安全規制部門を経済産業省から分離するとともに、原子力安全委員会の機能を含めて、2012 年 9 月に「原子力規制庁」が環境省の外局として設置された。

足尾銅山鉱毒事件―明治20～30年代に足尾銅山からの排煙（鉱毒ガス）、鉱山廃水（鉱毒水）によって渡良瀬川が汚染され、沿岸住民の健康、漁業、農作物などに甚大な被害を与えた。

典型7公害―環境基本法で公害を、大気汚染、水質汚濁、土壌汚染、騒音、振動、地盤沈下、悪臭に区分。

公害対策基本法―P145参照。

エンドオブパイプ―工場の排気や排水を、環境に放出される排出口で処理することによって、環境負荷を軽減する技術。

ローカルアジェンダ21―1992年の地球サミットで持続可能な開発の実現に向けた行動計画として「アジェンダ21」が採択されたが、その実現にむけた地方公共団体の行動計画。

環境基本法―公害対策、地球規模の環境問題や自然環境保護などに対応する環境全般に関する基本原則を定めた法律。これにより公害対策基本法は廃止された。

環境基本計画―環境基本法第15条の規定に基づく、環境の保全に関する施策を総合的かつ計画的に推進するための基本的な計画。

持続可能な社会―環境が保護され、経済が活性化し、社会の公正さや公平性が実現することによって成り立つ質の高い社会。

TCFD―金融システムの安定化を目指す国際的組織である「金融安定化理事会（FBS）」により設立された気候関連財務情報開示タスクフォース。

RE100―企業が自らの事業に使用する電力を100％再生エネルギーで賄うことを目指す国際的なイニシアティブ。2022年3月末時点で日本は米国に次ぐ66社が参加。

プラスチック資源循環戦略―世界的な廃プラスチックの有効利用率の低さ、海洋プラスチックごみ等による環境汚染、日本が世界で2番目の一人当たりの容器包装廃棄量であること、アジア各国での輸入規制等の課題に対応し、国内で適正処理・3Rを率先して行い、国際貢献を実施するため、第4次循環型社会形成推進基本計画の閣議決定を受けて策定した戦略。

循環経済（サーキュラーエコノミー）―従来の大量生産・大量消費・大量廃棄を前提とした気候危機や生物多様性の喪失など様々な負の影響をもたらす従来システムに代わる新たなシステム。ここでは、Eliminate（廃棄や汚染を取り除く）、Circulate（製品と原材料を高い価値を保って循環させる）、Regenerate（自然を再生する）を3原則として環境負荷と経済成長をデカップリングすることを目指している。

問題

⇜⇜⇜ check ☒ ☒ ☒

次の文章の( )にあてはまる最も適切な語句を、下記の語群から1つ選べ。

日本の公害の原点は、明治時代に銅山からの有毒物質が渡良瀬川流域の住民に大きな被害を与えた(①)であるといわれている。

戦後、国内産業の重工業化が進展し、1960年代の高度経済成長とともに日本各地で典型7公害(大気汚染、水質汚濁、土壌汚染、騒音、振動、(②)、悪臭)に代表される産業公害が多数発生した。その中でも深刻な環境破壊と多数の健康被害者を発生させた(③)は深刻な政治社会問題になった。

(③)のうち、水俣病は(④)を、イタイイタイ病は(⑤)を原因物質とする水質汚濁による公害病であり、四日市ぜんそくは(⑥)を原因物質とする大気汚染による公害病である。

このように各地に発生した公害問題を契機に、政府は1967年「(⑦)」を制定し、また、1970年末の「(⑧)」と呼ばれる臨時国会では14本もの公害対策関連法を成立させた。さらに、1971年には(⑨)が設置され、本格的な環境行政が開始された。また民間では環境規制と対応して(⑩)など各種の公害対策技術の開発・普及が進み、公害対策先進国となった。

1980年以降、環境被害が国境を越えるような広範囲に及ぶ(⑪)が発生するようになった。このような(⑪)には(⑦)では対応ができず、これに変わる法律として1993年に「(⑫)」が制定された。これにより、環境保全の法規制の整備とともに、環境基本計画が策定され、環境への取り組みが活発化した。

2001年、(⑬)が発足し、「低炭素」「循環」「自然共生」などを統合的に進め、(⑭)の実現を目指した施策が整えられた。また、2018年からは2015年に採択された環境の新目標である(⑮)の考えを取り入れた施策が推進されている。

(a) 環境省　　　　　(b) 環境基本法　　　　(c) 公害対策基本法
(d) 持続可能な社会　(e) SDGs　　　　　　　(f) 硫黄酸化物
(g) 有機水銀　　　　(h) 足尾銅山鉱毒事件　(i) 公害国会
(j) 地盤沈下　　　　(k) 四大公害病　　　　(ℓ) エンドオブパイプ型技術
(m) 環境庁　　　　　(n) カドミウム　　　　(o) 地球環境問題

解答　①…(h)、②…(j)、③…(k)、④…(g)、⑤…(n)、⑥…(f)、⑦…(c)、⑧…(i)、⑨…(m)、⑩…(ℓ)、⑪…(o)、⑫…(b)、⑬…(a)、⑭…(d)、⑮…(e)
日本の環境対応の動向及び四大公害病を確実に理解しておくこと。

1-04 地球サミット

重要ポイント

「持続可能な社会」に向けた行動計画として「環境と開発に関する世界委員会（ブルントラント委員会）」が提唱した「持続可能な開発」の理念を実現するために、1992年リオデジャネイロで<u>地球サミット</u>が開催され、以下について合意した。

①環境と開発に関するリオ宣言の採択

②持続可能な開発のための人類の行動計画（アジェンダ21）の採択

③<u>森林原則声明</u>の採択

④**気候変動枠組条約**と**生物多様性条約**の署名開始

リオ宣言は、持続可能な開発を実現する上での指針や尊重すべき理念、原則を27項目の原則にまとめたもので、その主なものは以下の通りである。

- 第3原則　「開発にあたっての将来世代のニーズの考慮（世代間公平）」
- 第7原則　「**共通だが差異ある責任**」
- 第15原則　「**予防原則**」
- 第16原則　「**汚染者負担の原則**（PPP）」
- 第17〜19原則　「**環境影響評価**」

アジェンダ21は、21世紀に向けて持続可能な開発を実現するための人類の行動計画である。内容には、大気保全、森林保護、砂漠化対策、生物多様性保護、海洋保護、廃棄物対策などの具体的問題とともに、実施のための資金、技術移転などの指針が含まれている。アジェンダ21の実施状況は、国連に設置された「ハイレベル政治フォーラム（HLPF）」によって毎年点検されている。

先進国と途上国の対立

地球サミットでは「**共通だが差異ある責任**」の程度をめぐり、先進国と途上国との間の意見対立が鮮明になった。その主な争点は以下の通りである。

①地球環境問題に対する責任論：途上国は先進国側にあると主張

②開発の権利の問題：途上国は資源開発の自由な権利を主張

③資金・技術移転の問題：途上国は持続可能な開発の資金援助を要求

また、「リオ＋20」で強調された「グリーン経済」についても、開発の権利を求める途上国は経済成長の制約になると表明し、環境破壊の拡大を食い止めたい先進国との間で対立が続いている。

地球サミット—正式名は「国連環境開発会議（UNCED）」。別名としては「地球サミット」のほかに開催地に由来して「リオサミット」とも呼ばれている。
森林原則声明—「持続可能な森林経営」の理念を示した森林に関する初めての世界的な合意文書。「世界森林条約」が目標であったが、途上国の反対から法的拘束力のない原則声明となった。
共通だが差異ある責任—先進国も途上国も地球環境保全の目標に責任を負うことは共通だが、過去に環境に負荷をかけて発展を遂げた先進国と、これから発展しようとする途上国の間には責任の大きさに差を認めるという考え方。

第1章 持続可能な社会に向けて

問題　　　　check ☐☐☐

次の文章の中で、不適切なものをすべて選べ。

① 1992年、ブラジルのリオデジャネイロで開催された「環境と開発に関する国連会議（地球サミット）」は、国連人間環境会議が提唱した「持続可能な開発」をテーマに地球環境問題に対する国際的な取り組みを決めたものである。

② 「地球サミット」では、「リオ宣言」「アジェンダ21」「森林原則声明」が採択され、また「気候変動枠組条約」「生物多様性条約」の署名が開始された。

③ 「リオ宣言」は、人類共通の未来のために、地球環境保全をめざした国家と国民の関係や果たすべき責任、行動原則などを集大成したものである。

④ 「森林原則声明」は、森林に関する初めての世界的な合意文書で、条約ではないが、この中で決定された内容は法的拘束力を持っている。

⑤ 「アジェンダ21」は、21世紀に向け持続可能な開発を実現するために、各国及び各国際機関が実行すべき行動計画を具体的に規定したものである。

⑥ 地球サミット以降、先進国と開発途上国は経済成長と環境保全に関して共通の認識が生まれ、意見の対立もなく国家間の利害を超えて相互に協力し合うことで一致した。

解答　①④⑥　①：「持続可能な開発」を提唱したのは、環境と開発に関する世界委員会（WCED）、別名ブルントラント委員会である。　④：「森林原則声明」には法的拘束力はない。　⑥：環境保全重視の先進国と開発の権利を優先させる開発途上国との意見対立があり、国家間の利害が大きく隔たっていることによる国際的取り組みの困難さを見せた。

1-05 持続可能な開発目標（SDGs）とは

重要ポイント

(1) 持続可能な開発

🖌環境と開発に関する世界委員会（WCED）（別名：ブルントラント委員会）は、「持続可能な開発」の理念を "将来世代のニーズを損なうことなく、現代の世代のニーズを満たすこと" として、持続可能な社会の構築には「持続可能な開発」が必要であることを発表した。

🖌持続可能な開発を達成するには、相互に関連した経済成長、社会的包摂、環境保護の3つの要素の調和が必要である。

(2) SDGs（持続可能な開発目標）

🖌2015年国連持続可能な開発サミットで「持続可能な開発目標（SDGs）」を中核とする「持続可能な開発のための2030アジェンダ」が採択された。

🖌「持続可能な開発目標（SDGs）」は、持続可能な社会の実現に向けて、2030年までに達成を目指した17の目標と169のターゲットから構成されており、途上国を対象とした「ミレニアム開発目標（MDGs）」の後継となるものであるが、その対象はより広く、途上国とともに先進国も取り組む内容が盛り込まれている。

(3) SDGsの基本理念

🖌SDGsは「誰一人取り残さない（leave no one behind）」を基本理念として、アジェンダ全体にその理念が貫かれている。

🖌SDGsの17の目標は互いに関連性を有しており、持続可能な開発の3要素である経済・社会・環境を調和させるものである。

🖌SDGsの概念を図式化したものにSDGsのウエディングケーキモデル🌐がある。この図で目標17（パートナーシップ）が頂点に位置付けられているが、これは持続可能な世界を作るために、国、自治体、企業、個人が協力し、共に取り組むことの必要性を示したものである。

(4) SDGsの特色

① 普遍性…環境、経済、社会の幅広い分野を含み、先進国及び途上国に普遍的に適用

② 包摂性…貧困層や脆弱な立場の人々を含め、すべての人々の豊かな世界を目指す

③ 参画型…すべてのステークホルダー参画とそのパートナーシップによる目標達成

④ 統合性…17の目標は相互に関連。17の目標を統合的に取り組むこと

⑤ 透明性・説明責任…法的拘束力はないが、各国は自主的にレビューした結果
（自発的国家レビュー：VNR 🖊）を<u>ハイレベル政治フォーラム（HLPF）</u> 🖊 に報告

🌱持続可能な開発目標（SDGs）の17の目標

目標1	貧困	あらゆる場所のあらゆる形態の貧困を終わらせる
目標2	飢餓	飢餓を終わらせ、食糧安全保障及び栄養改善を実現し、持続可能な農業を促進する
目標3	健康な生活	あらゆる年齢のすべての人々の健康的な生活を確保し、福祉を促進する
目標4	教育	すべての人々への包摂的かつ公平な質の高い教育を提供し、生涯教育の機会を促進する
目標5	ジェンダー平等	ジェンダー平等を達成し、すべての女性及び女子のエンパワーメントを行う
目標6	水	すべての人々の水と衛生の利用可能性と持続可能な管理を確保する
目標7	エネルギー	すべての人々の、安価かつ信頼できる持続可能な現代的エネルギーへのアクセスを確保する
目標8	雇用	包摂的かつ持続可能な経済成長及びすべての人々の完全かつ生産的な雇用とディーセント・ワーク（適切な雇用）を促進する
目標9	インフラ	レジリエントなインフラ構築、包摂的かつ持続可能な産業化の促進及びイノベーションの拡大を図る
目標10	不平等の是正	各国内及び各国間の不平等を是正する
目標11	安全な都市	包摂的で安全かつレジリエントで持続可能な都市及び人間居住を実現する
目標12	持続可能な生産・消費	持続可能な生産消費形態を確保する
目標13	気候変動	気候変動及びその影響を軽減するための緊急対策を講じる
目標14	海洋	持続可能な開発のために海洋資源を保全し、持続的に利用する
目標15	生態系・森林	陸域生態系の保護・回復・持続可能な利用の推進、森林の持続可能な管理、砂漠化への対処、並びに土地の劣化の阻止・防止及び生物多様性の損失の阻止を促進する
目標16	法の支配等	持続可能な開発のための平和で包摂的な社会の促進、すべての人々への司法へのアクセス提供及びあらゆるレベルにおいて効果的で説明責任のある包摂的な制度の構築を図る
目標17	パートナーシップ	持続可能な開発のための実施手段を強化し、グローバル・パートナーシップを活性化する

〔出典：平成30年版 環境白書・循環型社会白書・生物多様性白書（環境省）より作成〕

⑸ SDGsの理念の実践

✈️SDGsを達成するには、バックキャスティングの考えに基づいて実践するとともに、ESD（持続可能な開発のための教育）の普及が重要である。

バックキャスティング✏️は、あるべき将来の社会の姿を想定し、長期目標のもと、現在から順次必要な対策・検討を実施しておく方法である。

SDGsの実践には、環境・経済・社会の統合が重要である。それをサポートするのが「ESD（持続可能な開発のための教育）✏️」である。2002年日本が提案した「持続可能な開発のための10年」は、持続可能な開発の理念を実践するために必要な価値観、行動、ライフスタイルなどを学ぶ学習活動として展開された。

⑹ 日本のSDGsへの取り組み状況

✈️国の取り組み

① 2016年に「持続可能な開発目標（SDGs）推進本部」を設置し、「持続可能な開発目標（SDGs）実施指針」を策定。この指針では、普遍性、包摂性、参画型、透明性を基本原則に、8つの優先課題と140の具体的施策を定めている。

② 2017年以降毎年「SDGsアクションプラン」を策定しており、「SDGsアクションプラン2022」には、日本の優先課題8分野を整理し、各省庁の施策と予算額を記載している。

✈️地方自治体の取り組み

① 地域の優先順位、事情に応じた目標設定が認められている。

② 地域のSDGs達成の拡大を目指すことを目的に、2020年までに154の都市を「SDGs未来都市✏️」に選定。

③ さらに、政府は、特に先導的な取り組みを行う50事業をSDGsモデル事業として資金支援をし、地域のSDGs達成の拡大を目指している。

✈️企業の取り組み

SDGsの理解が進み、取り組みが着実に増加している。

① ESG投資の急速な普及とともに社会的課題の解決が事業機会と投資機会を生むとしてSDGsの取り組みが増加。

② 先進企業では、経営計画への組み込みが見られる。

③ 企業のCSR報告書や統合報告書にSDGsと関連した記述がみられる。

④ 経団連では、「Society 5.0✏️の実現を通じたSDGsの達成」を柱にした企業

行動憲章が作成されている。

(7) SDGsの取り組み状況の評価

国際研究ネットワークのレポート2022版より。

① 高評価は北欧諸国…1位フィンランド、2位デンマーク、3位スウェーデン。

② 日本は19位。教育（目標4）、産業・技術革新（目標9）、平和（目標16）は達成しているが、全体的に達成度は低く特に海洋（目標14）、生態系・森林（目標15）への取り組み強化が求められている。

(8) 感染症と持続可能な開発

🌱 人類の歴史は感染症との闘いの歴史

① 中世ヨーロッパのペストをはじめ、1918年からのスペイン風邪、1976年のエボラ出血熱、1982年のエイズ、2019年からの新型コロナウイルスなど、新興感染症は人類に深刻な人的・経済的危機をもたらした。

② また、結核、マラリアなどの再興感染症も流行の兆候が見られつつある。

🌱 近年の感染症の脅威の増加は、人間活動の活発化とその活動範囲の拡大による生物多様性の毀損や気候変動等の環境問題が影響していると指摘されている。

🌱 IPBES の2020年の報告書

① 新興感染症の30%以上は、野生生物生息地での人間の居住、穀物・家畜生産の増加、都市化等の土地利用形態の変化が発生要因になっている。

② 保護地域の設定、生物多様性の高い地域の開発を減らすなどの対策で、新たな感染症の流出を防げる。
2022年のIPCCの報告では、気候変動により水系感染症を含む伝染病のリスクが高くなっていると報告。

SDGsのウエディングケーキモデル

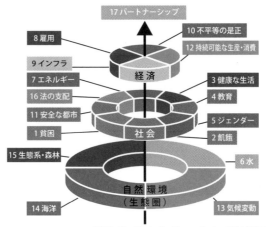

〔出典：Stockholm Resilience Centreの図より作成〕

第1章 持続可能な社会に向けて

自発的国家レビュー（VNR）―各国が自主的にレビューしたSDGsの結果。日本はこれまでに2017年と2021年に策定。

ハイレベル政治フォーラム（HLPF）―アジェンダ21の進捗管理で設置されていた持続可能な開発委員会（CSD）を改組して2015年に創設された組織。2030アジェンダの実施状況のフォローアップ及びレビューを行う。

バックキャスティング―長期的見通しの必要な課題に使われる方法で、地球温暖化や食料計画などで使われている。一方、現状を分析して将来の行動計画を立てる方法をフォアキャスティングという。

持続可能な開発のための教育（ESD）―この教育は、地球環境問題だけでなく持続可能性に関わるすべての課題（開発・貧困・資源・ジェンダー・保健衛生・平和・人権など）が対象である。

SDGs 未来都市―SDGs 目標の達成の促進と地方創生を目的に持続可能な都市・地域づくりを目指す自治体を政府が選定し、サポートする取り組み。

Society 5.0―IoT（Internet of Things）ですべての人とモノがつながり、様々な知識や情報が共有され、新たな価値を生み出すことにより、経済発展と社会的課題の解決を両立する人間中心の新たな社会。

新興感染症―最近になって新しく出現した感染症の総称。新興感染症に対しては免疫を持たない人が多い。

再興感染症―従来の感染症で、一度克服されつつあった感染症の内、再び流行する感染症。

IPBES―正式名「生物多様性及び生態系サービスに関する政府間科学・政策プラットフォーム」といい、生物多様性や生態系サービスの現状や変化を科学的に評価した結果をもとに政策提言する政府間組織。2012年設立された。

問題 🌿🌿🌿 check ☒☒☒

「持続可能な社会」の構築に関する次の文章の（　）にあてはまる最も適切な語句を、下記の語群から1つ選べ。

2015年国連持続可能な開発サミットで「持続可能な開発のための2030アジェンダ」が採択された。この中核となるものが「（ **①** ）」である。これは、持続可能な社会の実現に向けた具体的な行動計画で、17の目標と169のターゲットから構成されており、2000年に採択された「（ **②** ）」の後継となるものである。（ **①** ）の特色は、以下のとおりである。

- （ **②** ）が途上国における開発目標であったのに対し、先進国にも途上国にも（ **③** ）に適用される内容となっている。
- 17の目標は、相互に関連しており、すべての目標に対して（ **④** ）に取り組むことが求められている。
- （ **⑤** ）はないが、各国にはこの取り組みに対する（ **⑥** ）が求められており、この結果は（ **⑦** ）に報告することになっている。

また、（ **①** ）を達成するには、将来のあるべき姿を想定して実行する（ **⑧** ）の考え方に基づくことが重要であるといわれている。日本においても毎年（ **⑨** ）を策定し、取り組みを行っているが、結果に対する評価は世界で19位であり、更なる取り組みの強化が望まれている。

(a) 統合的　　　　　(b) 普遍的　　　　　(c) 法的拘束力

(d) SDGsアクションプラン　　　　(e) バックキャスティング

(f) 持続可能な開発（SDGs）　　　　(g) ミレニアム開発目標（MDGs）

(h) ハイレベル政治フォーラム（HLPF）　　(i) 自発的国家レビュー（VNR）

解答 ①…(f)、②…(g)、③…(b)、④…(a)、⑤…(c)、⑥…(i)、⑦…(h)、⑧…(e)、⑨…(d)
「持続可能な社会」は今日の環境対策の基本概念であり、SDGsは持続可能な社会に向けた具体的な開発目標である。試験にもよく出題されるので理解しておくこと。

地球を知る

2-01 地球の基礎知識

13 気候変動　14 海洋資源　15 陸上資源

重要ポイント　　　　　　　　　　　check ☒ ☒ ☒

(1) 地球の生いたち

📎原始の地球には酸素はほとんどなかった。シアノバクテリアが光合成を始めて地球上に酸素が供給され始めたが、その酸素のほとんどが海水中の鉄分と反応して鉄鉱床の形成に使われた。鉄鉱床の形成後、大気中への酸素供給が増加した。

📎大気中の二酸化炭素は、海水中に大量に溶け込み、石灰岩を形成した。この結果、大気中の二酸化炭素濃度は減少した。

📎地球と生物の歴史

時期	発生事項	概要
46億年前	地球誕生	灼熱のマグマの状態
44〜40億年前	海の誕生（原始海洋）	大気中、海中に酸素はほとんどない
40〜38億年前	原始の海に最初の生命体（**原核生物** 🖊）が誕生	原核生物は**嫌気性生物** 🖊が中心
27億年前	地球を包む**磁気圏**が形成 **シアノバクテリア** 🖊が**光合成** 🖊を活発化	海中に酸素が供給され始め、酸素濃度の増加とともに**好気性生物** 🖊が繁栄し始める
20億年前	鉄鉱床が形成される	酸素は海水中の鉄分と反応し、大量の鉄を沈殿・堆積 大気中の酸素濃度が徐々に増加
6億年前	**オゾン層** 🖊の形成	オゾン層が生物に有害な**紫外線** 🖊を吸収し、生物が陸上へ進出
5〜4億年前	動植物が陸上へ進出	
6500万年前	恐竜の大絶滅	哺乳類の時代が始まる
20万年前	現生人類（ホモ・サピエンス）が誕生	
250年前	産業革命	工業化により環境汚染が始まる

(2) 地球の様々な資源

📎地球上には、化石燃料をはじめとしたエネルギー資源のほか、**ベースメタル** 🖊、**レアメタル** 🖊、貴金属など、我々の生活に不可欠な貴重な資源が存在している。また、最近は海底鉱物資源も注目されている。

📎**化石燃料**は、古代の大量の生物（プランクトン、樹木など）が土中で化石化して生成された石炭、石油、天然ガスなどで、現在、エネルギー源として最も多く使われている。

原核生物─細胞内にDNAを包む核（細胞核）を持たない生物のこと。　原核
生物はすべて単細胞で、原核菌類とラン藻植物が含まれる。34億年前のラ
ン藻の化石が発見されており、生物進化ではもっとも古い生物であると考えられて
いる。

嫌気性生物─増殖に酸素を必要としない生物。酸素が存在（大気中レベルの濃度）
すると死滅する生物と、酸素の存在に関係なく生存できる生物の総称で、多くは
細菌である。

磁気圏─地球内部の核の主成分である鉄が磁石のように働き、地球を包むように
できる磁場の領域。太陽風など地球外からくる有害な放射線を防ぐ働きをする。

シアノバクテリア─ラン藻とも呼ばれ、光合成によって酸素を放出する真正細菌
の仲間。最も古い光合成生物のひとつと考えられている。

光合成─植物が太陽光を利用して、大気中の二酸化炭素と根から吸収した水を原料
に無機炭素から有機物（糖類）をつくり出し、その過程で酸素を大気中に放出する作
用をいう。

好気性生物─酸素に基づく代謝機構を備えた生物で、生存、生育に酸素を必要と
する生物。

オゾン層─オゾンは酸素原子3個からなる化学作用の強い気体。大気中のオゾンの
約90%が成層圏でオゾン層を形成し、生物に有害な紫外線を吸収している。

紫外線─太陽光線には、可視光線、紫外線、赤外線が含まれている。紫外線は生
物に有害な光線で、日焼けや皮膚がんの原因となる。有害な紫外線はオゾン層で
吸収されて、地表にはほとんど到達しない。

ベースメタル─社会の中で大量に使用され、生産量が多く、様々な材料に使用さ
れてきた金属。コモンメタルと呼ばれることもある。

レアメタル─地殻中の存在量が比較的少なかったり、採掘と精錬のコストが高い
などの技術的理由で流通・使用量が少ない非鉄金属。自動車、IT製品などの製造
に不可欠な素材である。リチウムなど。

第2章　地球を知る

次の文章の（　）にあてはまる最も適切な語句を、下記の語群から1つ選べ。

地球は、原始太陽をまわる小さな惑星（微惑星）が衝突を繰り返してしだいに大きくなり、太陽系の第3惑星として約（ **①** ）年前に誕生した。誕生したばかりの原始の地球の大気は、マグマの海から放出された水蒸気や二酸化炭素が主で、（ **②** ）はほとんどなかった。

約（ **③** ）年前、原始の海でアミノ酸が化学変化して生命体である原核生物が誕生し、生物の進化が始まった。

約27億年前、主成分が鉄からなる地球内部の核が流動し、磁石のような働きを始めたことにより地球を取り巻く巨大な（ **④** ）が形成された。（ **④** ）が形成されたことにより、生物は太陽光の差し込む海面付近でも生きていけるようになり、初期の光合成生物である（ **⑤** ）が盛んに光合成を行い、海水中に大量の酸素を放出した。海水中の酸素は鉄分と反応して大量の鉄を沈殿・堆積させ（ **⑥** ）を形成した。その後、酸素は大気中に放出され、大気中の酸素濃度を徐々に上昇させた。

また、約（ **⑦** ）年前、光合成生物による酸素の大量放出により大気中の酸素濃度が一気に高まり、成層圏にオゾン層が形成された。この結果5〜4億年前、生物に有害な（ **⑧** ）がオゾン層に吸収され、生物の陸上進出が始まった。

一方、大気中の二酸化炭素は、海に吸収され、海水との化学反応などにより石灰岩を形成したことにより、大気中の二酸化炭素は減少していった。

このように長い時間をかけてつくられた地球環境であるが、約250年前の（ **⑨** ）以降の工業化により、急速に環境破壊が進んでいる。

(a) 6億　　　　　　(b) 40億　　　　　　(c) 46億

(d) 赤外線　　　　(e) 紫外線　　　　　(f) 産業革命

(g) 酸素　　　　　(h) 窒素　　　　　　(i) 原始バクテリア

(j) 磁気圏　　　　(k) 鉄鉱床　　　　　(ℓ) シアノバクテリア

問題2 🌲🌲🌲 check ☒☒☒

次の①～⑪の文章と最も関連の深い語句を、下記の語群から1つ選べ。

① 生存、生育に酸素を必要とする生物。

② 植物は、太陽のエネルギーをもとに水と二酸化炭素を材料として有機物（ブドウ糖など）をつくり、その際に酸素を大気中に放出する。

③ 古代の大量のプランクトン、樹木などが土中で化石化して生成されたもの。

④ 最も古い光合成生物の一種で、光合成で酸素を放出する真正細菌の仲間。

⑤ 地球内部の核の主成分である鉄が磁石のように働き、地球を取り巻くようにできた磁場の領域。

⑥ 地殻中の存在量が比較的少なかったり、採掘と精錬のコストが高いなどの技術的理由で流通・使用量が少ない非鉄金属。

⑦ 酸素がなくても生存できる生物で、酸素が存在すると死滅するものと、酸素の存在に関係なく生存できるものがいる。

⑧ 地上付近では光化学オキシダントを生成し人体に有害であるが、成層圏では太陽からの有害な紫外線を吸収する。

⑨ 生物に有害な光線で、日焼けや皮膚がんの原因となる。

⑩ 18世紀半ばにイギリスで始まった大変革。この変革で機械工業化が進み、機械の動力源として化石燃料の使用が急激に増加した。

⑪ 産業を支える金属で、大量に消費され、使用量も多い。

(a) 光合成　　　　　(b) 好気性生物　　　　(c) 原核生物
(d) 紫外線　　　　　(e) 嫌気性生物　　　　(f) シアノバクテリア
(g) 磁気圏　　　　　(h) 産業革命　　　　　(i) ベースメタル
(j) オゾン　　　　　(k) 化石燃料　　　　　(ℓ) レアメタル

解答　[問題1] ①…(c)、②…(g)、③…(b)、④…(j)、⑤…(ℓ)、⑥…(k)、⑦…(a)、⑧…(e)、⑨…(f)
　現在の地球環境は、長い時間をかけて形成された貴重なものである。
　[問題2] ①…(b)、②…(a)、③…(k)、④…(f)、⑤…(g)、⑥…(ℓ)、⑦…(e)、⑧…(j)、
　⑨…(d)、⑩…(h)、⑪…(i)　　地球のキーワード。

2-02 大気の構成と働き

🎍🎍🎍 13 気候変動

重要ポイント

⑴ 大気の構造

✈大気圏は4層からなり、各層の働きは下表の通り。

対流圏	成層圏	中間圏	熱圏
0〜約10km	約10〜50km	約50〜80km	約80km〜
・大気の大部分がここに存在 ・気象現象（雲、風、雨、台風など）の発生 ・生物の生存に必要な酸素、二酸化炭素を供給 ・**温室効果ガス（GHG）** の温室効果により生物の生存に適した温度を保持	・オゾン層が存在 ・オゾン層が生物に有害な紫外線を吸収	・流星、夜光雲が見られる	・大気は非常に希薄 ・オーロラが見られる ・磁気圏が銀河宇宙線や太陽からのX線、紫外線を吸収 ・国際宇宙ステーション（約400km）や人工衛星が周回

✈大気の成分比率（容積）は、地表から高度約80kmまではほぼ一定で、窒素78.1%、酸素約21.0%、アルゴン約0.9%、二酸化炭素約0.04%および水蒸気・その他から構成されている。

✈対流圏の下層、地表から高度約1km（緯度により異なる）の大気を**大気境界層**と呼び、我々の生活の場であり、種々の気象現象の発生空間として、環境を考える上で重要な大気である。

✈大気中に含まれる温室効果ガスの温室効果によって、地表の気温は現在の生物の生存に適した温度に保たれている。

⑵ 大気の循環

✈大気は、熱で暖められて地表から上空へ、低緯度（赤道近く）から高緯度（極地方）へと運ばれる。この大気の動きが複雑に重なり合って、地球規模の**大気の循環**が行われる。また大気の循環は、海洋で発生する水蒸気を運搬する地球規模の水の循環の原動力の役割も果たしている。

⑶ 大気の主な役割

① 生物の呼吸に必要な酸素と光合成に必要な二酸化炭素を供給。

② 温室効果により地表付近を生物が生活できる適度な気温に保つ。

③ オゾン層が生物に有害な紫外線を吸収し地表に届かせない。

④ 大気循環により熱や水を地球規模で移動させ気候を和らげる。

⑤ 宇宙から飛来する隕石を摩擦熱で消滅させ地表に届かせない。

 温室効果ガス（GHG）－大気の「物質」のうち、地球から放射された赤外線の一部を吸収し、再び放出することによって地球の温度を上げることで温室効果をもたらす気体の総称（P.63参照）。

問題

🌲 🌲🌲 check ☒ ☒ ☒

次の文章の（　）にあてはまる最も適切な語句を、下記の語群から1つ選べ。

　原始の地球の大気は、二酸化炭素、水蒸気、窒素などで構成され（**①**）はなかったが、その後（**②**）を行う生物により（**①**）が供給された。現在の大気の組成は、高度80kmまでほぼ一定で、（**③**）78.1%、（**①**）約21.0%、アルゴン約0.9%、二酸化炭素（**④**）％となっている。

　大気の構造は、地表から高度約10kmまでが（**⑤**）と呼ばれ、空気が対流し気象現象を起こす層である。（**⑤**）の上約50kmまでが（**⑥**）で、有害な（**⑦**）を吸収する（**⑧**）がある。さらにその上には高度の低い方から順に（**⑨**）、（**⑩**）があり、宇宙空間へとつながっている。

　大気の主な役割は、生物に必要な（**①**）と（**②**）に必要な（**⑪**）を供給するとともに、（**⑫**）で地表付近を生物が棲める温度にする。また、大気の循環（対流）により熱や水蒸気を地球規模で移動させ、地球を温暖な気候に保つ、及び（**⑥**）に（**⑧**）をつくり、生物に有害な（**⑦**）を吸収し、地表に届かせないなどがある。

(a) 窒素　　　(b) 酸素　　　(c) 炭素　　　(d) 二酸化炭素

(e) オゾン層　(f) 光合成　　(g) 温暖化　　(h) 温室効果

(i) 約0.04　　(j) 約0.4　　(k) 紫外線　　(ℓ) 赤外線

(m) 成層圏　　(n) 熱圏　　　(o) 対流圏　　(p) 中間圏

解答　①…(b)、②…(f)、③…(a)、④…(i)、⑤…(o)、⑥…(m)、⑦…(k)、⑧…(e)、⑨…(p)、⑩…(n)、⑪…(d)、⑫…(h)　　大気に関する基本事項である。よく理解しておくこと。

2-03 水の循環と海洋の働き

06 水・衛生 14 海洋資源

重要ポイント

check ☒ ☒ ☒

(1) 水の分布と水循環

🌊地球上には、固体、液体、気体の３つの状態の水が存在しているが、ほとんどが海水である。淡水はわずか2.5％しかなく、またその大部分は極地などの氷河や地下水で、生物が利用できる淡水は地下水の一部と湖沼や河川にある水のみとごくわずかである。

🌊水循環には物質としての「水の循環」とエネルギーとしての「熱の循環」の側面がある。

<u>**＜水の循環＞**</u>（自然の淡水化プラントの働き）

　　　　海 ⇒ 蒸発 ⇒ 大気中の水蒸気 ⇒ 雨、雪 ⇒ 地下水、湖沼、河川 ⇒ 海

<u>**＜熱の循環＞**</u>（天然のエアコン装置の働き）

　　　　大気の千倍の熱容量を持つ海水や湖沼・河川に蓄積された熱が気体、液体、固体と状態を変え、温度差とともに状態変化に伴う熱（**潜熱**：蒸発熱や凝固熱など）となり、その熱が低緯度から高緯度に移動し、地球の温度を平均化させる。

(2) 川の役割

🌊川の水量は非常にわずかだが、生物の存在に重要な役割を果たしている。

　①生物の生態系の維持、生活・農業・工業用水、水力発電等に水資源を供給。

　②土中の栄養分（窒素、リン、カリウムなど）を海に運び、海の食物連鎖をとおして海洋における生態系を維持。

(3) 地下水

🌊地下水は、世界の平均<u>滞留時間</u> が約600年と長く、一度全量汲み上げると再度満杯にするまで600年かかるというほど枯渇しやすい水資源である。地下水は、生活用水、産業用水として使われているが、滞留時間、帯水層の状態、地下水脈の状況をよく把握して使用することが重要である。

🌊地下水は、貴重な水源である。現在日本では、生活用水の約22％、工業用水の約28％、農業用水の約6％を地下水に依存している。これは日本人が使用している総水量の12％にあたる。

⑷ 海洋の循環

📎 海洋には熱と物質を運搬する作用として、海面表層部の循環と深層循環がある。

＜海面表層部の循環＞

海上を吹き渡る**大気境界層**の風と海面との摩擦によって海洋の表層部が引きずられて動く海流の循環で、親潮、黒潮、北大西洋海流などがある。海面表層部の循環の主な働きは以下の通り。

- 栄養分を海洋の広域に運搬することで海の生態系を維持。
- 水温や流れの方向が周辺の海域、陸域の気候の安定や変動をもたらす。

＜深層循環（熱塩循環、海洋大循環）＞

極周辺で冷やされ、氷結で塩分濃度が高くなった海水の密度📎が大きくなり、海域の表層から深層へと沈み込み、海洋の深層を1000年以上もかけて巡り、密度が低くなったら再び表層部へ浮かび上がり、極地方へと戻る循環をいう。深層循環の主な働きは以下の通り。

- 地球規模での超長期的な気候の安定と変動に深く関与。

⑸ 炭素循環と海洋の二酸化炭素貯蔵機能

📎 地球上の炭素は、生物体内、大気、海洋間で相互に移動・交換・貯蔵を繰り返しながら循環している。この炭素循環の収支は地球温暖化の重要な指標である。

📊 人為起源炭素収支の模式図（2000年代）

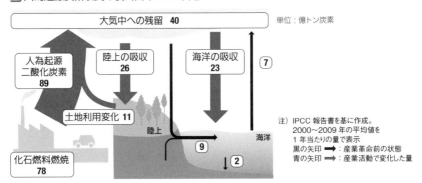

〔出典：気象庁HPより作成〕

📎 産業革命以前の炭素発生量は年間9億トンであったが、産業革命以降は人為的な二酸化炭素の排出によりさらに総炭素89億トンが追加されている。その結果、人為的に発生した二酸化炭素の年間蓄積量は、炭素量換算で海洋に23億トン、陸上に26億トン、大気に40億トン追加されている。

🌊海洋は、表層での二酸化炭素吸収とともに、**生物ポンプ** の作用により海洋中・深層に二酸化炭素を大量貯蔵している。産業革命以降、海洋には約1,550億トンと、大量の炭素が蓄積されているといわれている。このように海洋は、大量の炭素の吸収源、貯蔵庫として働き、大気中の二酸化炭素濃度の増加を防止している。

⑹ 最近注目される海洋の変化

🌊最近、窒素の循環、**海洋の酸性化**、**海氷の減少**、**エルニーニョ現象**、**ラニーニャ現象** などの現象に対する地球温暖化の関連が注目されている。

⑺ 海洋の役割

①地球上（地上生物）に不可欠な淡水の供給源。

②海洋生物の生存・成長の環境を与え、海洋資源を育成。

③海流などの循環により物質の移動および熱移動による気候の安定。

④二酸化炭素を吸収・貯蔵（海洋表層の吸収、生物ポンプの作用）。

滞留時間―水循環における滞留時間とは、水1分子が海や大気などのリザーバーに滞留する平均時間。

密度―海水は水温と塩分濃度により密度が変わる。水は4℃が最大密度、さらに塩分濃度が高くなると海水の密度はさらに大きくなる。

生物ポンプ―大気の二酸化炭素濃度を安定させるうえで重要な役割を果たしている海洋の二酸化炭素吸収メカニズムの1つ。表層で海水の溶け込んだ二酸化炭素は植物プランクトンの光合成に利用され、食物連鎖を通して海洋生物の体となり、その遺骸は海洋の中・深層部に運ばれ、大半は溶存無機炭素として蓄積される。この一連のプロセスを「**生物ポンプによる二酸化炭素の貯蔵機能**」と呼ぶ。

海洋の酸性化―大気から吸収する二酸化炭素が増大すると海洋の酸性化は増大する。大気中の二酸化炭素濃度が増加すると海洋の二酸化炭素吸収量も多くなる。

海氷―大気と海水を遮断し両者の熱交換を妨げる。また太陽光の反射率が海面の4～8倍高いことから、海氷の増減は気候の変動の大きな要因となる。

エルニーニョ現象とラニーニャ現象―南米ペルー沖の太平洋赤道域で見られる現象。エルニーニョは海面水温が平年よりも高い状態が続き、ラニーニャは逆に海面水温が低い状態が続く。これらが発生すると、日本の南方海域の海面水温も変化し、冷夏、暖冬（猛暑、厳冬）が生じるなど、世界中で異常な天候が発生する原因と考えられている。

問題

🌲🌲🌲 check ☒☒☒

次の文章の中で、不適切なものをすべて選べ。

① 川は森や土中から窒素、リン、カリウムなどの栄養分を海に運び、植物プランクトンや海藻を繁茂させ、魚介類が生息する海洋生態系を維持・育成する。

② 地下水は枯渇しやすい水資源である。年間降雨量の多い日本では地下水をほとんど使用していない。

③ 地球は、水の惑星といわれるほど大量の水があるが、ほとんどが海水で、淡水は2.5％である。人間はこの淡水をすべて利用している。

④ 水循環には、水そのものを循環させる作用とともに、水の温度および相変化に伴う潜熱を活用した熱エネルギーを運搬する作用もある。

⑤ 海洋は、二酸化炭素の貯蔵容量が非常に多いことから、地球上の炭素循環に大きな影響をもっている。

⑥ 親潮や黒潮などの海面表層部の循環は、海上の風によって生じるもので、温度の高い海水や温度の低い海水を運搬するため気象に大きな影響を与えている。

⑦ エルニーニョは、南米ペルー沖の太平洋赤道海域の海面水温が平年よりも低い状態をいう。

⑧ 海洋中の二酸化炭素を光合成で取り込むのは植物プランクトンである。したがって、生物ポンプで海洋の中・深層に貯蔵するのは植物プランクトンの遺骸である。

⑨ 深層循環は、1000年以上もかけて表層と深層間を循環する海流で、地球の超長期的な気候の安定に大きな影響をもっている。

解答 ②③⑦⑧　②：地下水は有限であり枯渇しやすい資源であるが、日本においても使用水量の12％を地下水にたよっている。　③：淡水の大部分が氷河や地下水で人間が利用できる水は1％以下。　⑦：設問の内容はラニーニャである。エルニーニョは南米ペルー沖の海面水温が平年より高い状態。　⑧：植物プランクトンの遺骸だけではない。植物プランクトンを他の海洋生物が食べて自らの体の一部にする。その遺骸が多い。

2-04 森林と土壌の働き

🌾🌾🌾 **13** 気候変動 **15** 陸上資源

重要ポイント

森林と土壌は陸上の生態系を形成する母体である。土壌📝は有機物を分解して**無機物**へ還元し、植物はこの無機物を栄養分として炭酸同化作用で動物の食料を生産し、体内に炭素を固定することで自然の物質循環を支えている。

(1) 森林の役割

現在、地球上の森林面積は約40.6億haで、陸地面積の約31%である。国連食糧農業機関 (FAO) によると、人の活動により2010〜2020年の間に毎年約470万haの森林が消滅した。

日本は、森林面積が約2,500万haで、国土面積の66%を占める森林大国である。日本は南北に長いので、亜熱帯林から亜寒帯林まで存在する。

森林の8つの機能

機能分類	要素群
1. 生物多様性保全	遺伝子保全、生物種保全、生態系保全
2. 地球環境保全	地球温暖化の緩和、地球気候システムの安定化
3. 土砂災害防止／土壌保全	表面浸食・表層崩壊防止、土砂災害・流出防止など
4. 水源涵養📝	洪水緩和、水資源貯留、水量調節、水質浄化
5. 快適環境形成	気候緩和、大気浄化、快適生活環境形成
6. 保健・レクリエーション	療養、保養、レクリエーション
7. 文化	景観・風致、学習・教育、芸術、宗教、伝統文化など
8. 物質生産	木材、食料、肥料、飼料、工業原料、工芸材料など

〔出典：森林の有する多面的機能について（林野庁HP）より作成〕

(2) 熱帯林：地球環境の維持に重要な役割を果たしている。

赤道周辺に分布し、地球上の森林面積の約4割を占める。

熱帯林は降水量や気温の状況によって4つに区分されている。

　①熱帯多雨林、②熱帯モンスーン林、③熱帯サバンナ林、④マングローブ林

熱帯多雨林は、南米のアマゾン川流域やアフリカなどにある森林で、地球上で最も多くの生物が生育し、活発な光合成により大量の酸素を供給していることから「**地球の肺**」「**野生生物の宝庫**」「**生物資源、遺伝子資源の宝庫**」と呼ばれている。

マングローブ林は、熱帯および亜熱帯地域の沿岸の河口部のように淡水と海水が入り混じるところに生育する森林で、淡水と海水の両方の生態系が共存した

生物多様性に富む森林である。また、漁業や防災にも重要な森林である。

⑶ 土壌の役割

①植物に根を張らせ、農作物や木材資源の成長を支える。

②土壌生物の働きで土壌中の有機物を分解し、植物に養分を供給する。

③物質循環の過程で、大気中の二酸化炭素を炭素として蓄える。

④水を浄化し、水を蓄える。

⑤陶磁器や建材の材料や、土木・建築物の土台や基礎材料となる。

> 土壌－土は岩石が風化して細かくなったものであるが、土壌は、土に土の中で活動する土壌生物とその働きでつくられた有機物を含んだものである。
> 水源涵養－樹木と土壌が一体となって雨水の貯留や流出を調整する機能。森林は「緑のダム」と呼ばれるが、これは落葉に覆われて厚くなった土壌が雨水の貯留・流出を調節する水源涵養機能を有することから名づけられたもの。
> 土壌生物－土壌の中に生息している細菌などの微生物やミミズなどの土壌動物の総称。土壌生物は土壌中の枯葉や動物の死骸などの有機物を分解して植物の栄養分となる窒素やリンなどの無機物にする。

問題　　　　check ☒☒☒

次の文章の中で、不適切なものをすべて選べ。

① 地球上の森林面積は約30.6億haで、陸地面積の約41％を占めている。

② 土壌は、植物の生育する場所を提供するとともに、土壌生物の働きで有機物を分解した栄養分を植物に提供する。

③ これまで森林は人の活動によって減少してきたが、森林面積を増加させる取り組みにより、2010年以降わずかではあるが森林面積が増加している。

④ 熱帯多雨林は、熱帯・亜熱帯地域の沿岸の河口部のように淡水と海水が入り混じるところに生育する森林で、生物多様性に富む森林である。

⑤ 森林は、地球環境保全機能、水源涵養機能、土砂災害防止・土壌保全機能などの調節的、基盤的な働きのほかに文化機能やレクリエーション機能など多くの働きをしている。

解答 ①③④　　①：地球上の森林面積は約40.6億ha、陸地面積の約31％。　③：森林面積は2010～2020年の間に毎年約470万ha消失。　④：淡水と海水が混じり合うところに生育するのはマングローブ林。

2-05 生物を育む生態系

| 14 | 海洋資源 | 15 | 陸上資源 |

重要ポイント

check ☒ ☒ ☒

(1) 生態系

生態系は、生物同士が関係し合うことによって各々の生命を維持する複雑なシステムである。豊かな自然環境には多様な生態系の存在が必要である。

生態系は自浄作用や自己調節機能などの自己を復元する力があるが、この復元力には限界がある。限界以上に破壊された生態系は復元が困難になる。

生態系は、「生産者」と「消費者」の2種の生物で維持されている。

生産者：光合成で栄養分をつくる⇒植物と原生生物界の植物以外の生物など

消費者：他の生物から栄養分を得る⇒動物、**分解者**📝など

(2) 生態系を維持する様々な関係

生態系では、生物は生き残るために下記に示す様々な関係を持っている。

<食物連鎖・食物網>

生物同士の「食う〜食われる」の連続した捕食被食関係を**食物連鎖**といい、網の目のように複雑に絡み合う食物網という形で機能している。食物連鎖の関係を生物量で図にすると三角形状を示す。これを「**生態系ピラミッド**📝」と呼び、段数が多いほど生態系は豊かである。

<腐食連鎖>

食物連鎖の一種で、動植物の遺骸や排泄物の有機物が腐食系、分解系の微生物によって無機物に分解される連鎖。

<種間競争>

種間競争は種の間で餌やすみかを奪い合う行動をいう。競争に負けた生物は絶滅もある。競争状態を回避する行動が「**食い分け**」、「**棲み分け**」である。近年、在来種と**外来種**📝の種間競争が問題になっている。

<共生関係>

異なる生物が密接な関係を持って活動することを「共生」という。

「**相利共生**」…双方が利益を得る関係⇒アリとアブラムシ

「**片利共生**」…片方が利益を得、他方は利害なし⇒カクレウオとフジナマコ

(3) 生物濃縮

環境に漏出した化学物質は、食物連鎖の各段階を経るごとに生物の体内で汚

染物質濃度を増加していく。これを「**生物濃縮**」といい、生態系ピラミッドの上位ほどその影響を受けやすい。昭和30年代に発生した水俣病は、工場排水中の有機水銀が食物連鎖で魚に高濃度で濃縮し、その魚を食べた人間が発症したもの。

> 分解者—生物の糞や死骸を分解して栄養分をつくる生物。一般に土壌生物をさす。
> 生態系ピラミッド—生態系ピラミッドには、生物の個体数、生物量、生物生産力などいろいろある。いずれも食物連鎖の上位ほど少ないピラミッド型となる。
> 外来種—一般に「外来種」とは国内外を問わず、従来生息・生育していた生態系から別種の生態系に移動し、そこで生息・生育する生物種をいう。その中で、移動先の生態系などに深刻な影響をあたえるものを特に侵略的外来種と呼ぶ。

問題　check ☒☒☒

次の文章の示す内容に最も適切な語句を、下記の語群から1つ選べ。

① 生物の餌はすべて生物である。草を食べるシカ、シカを食べるライオン、ライオンの死骸をハゲタカが食べるという「食べる〜食べられる」の一連の関係。

② 生物は、集団の中で生き残るためお互いに助け合い、競争をする。異なる生物が密接な関係をもって活動すること。

③ 生物は1つの個体や種だけで生きていくことはできない。お互いが様々に関係しながら暮らしている。これら多様な相互関係をとおした複雑なシステム。

④ 環境へ漏出した有害な化学物質は、ごく微量であっても、食物連鎖の各段階を経るごとに生物の体内で、汚染物質濃度を増していく。

⑤ 国内外を問わず、従来生息・生育していた生態系から別の生態系に移動し、そこで生息・生育する生物。

⑥ 一般に食べられる側は食べる側より数多く生息しており、一次消費者、二次消費者と続く生物量を図にすると、上位ほど少なくなる。

⑦ 生態系の中で他の生物から栄養分を得る生物。

(a) 外来種　　(b) 生産者　　(c) 生物濃縮　(d) 生態系ピラミッド
(e) 食物連鎖　(f) 共生　　(g) 消費者　　(h) 生態系

解答 ①…(e)、②…(f)、③…(h)、④…(c)、⑤…(a)、⑥…(d)、⑦…(g)
生態系に関する基本用語である。問題にないキーワードを含めよく理解しておくこと。

2-06 人口と経済の動向

| 02 | 飢 餓 | 06 | 水・衛生 | 07 | エネルギー | 09 | 産業革新 | 11 | まちづくり |

重要ポイント

check ☒ ☒ ☒

(1) 人口と環境問題

✈一般に、人口の増加に伴って生産・消費活動は増大し、環境影響も増大する。環境への影響は、生産・消費形態、産業構造、少子高齢化の進展などさまざまな側面から考察する必要がある。

✈2019年に開催された国際人口開発会議 (ICPD) 🖉においても人口問題と持続可能な開発について議論され、世界人口行動計画と SDGs の達成を実現する声明が採択された。

(2) 人口の動向

✈世界の人口は、2058年に約100億人に増加し、2080年に約104億人でピークに達し、2100年までその水準が維持されると予測されている。これまでアジア地域の人口増加が大きかったが、東南アジア地域の人口は2030年代半ばに減少に転ずると予測されている。一方、アフリカ地域は2050年にかけてほぼ倍増すると推定されている。

✈この人口急増が、エネルギー問題、食料問題、自然環境保全など、世界が取り組まなければならない緊急課題を生じさせている。地球の環境収容力🖉は、かつて26億人程との予測もあったが、今はその4倍になろうとしている。

✈日本の総人口は、2008年の1億2,808万人をピークに年々減少し、2021年に1億2,550万人、2065年には9,000万人を割り込み、高齢化率は38%台になると推計されている。

(3) 都市化と環境問題

✈人口増加に伴う環境問題として都市化がある。上下水道、交通機関、ごみ処理設備などの都市基盤が未整備のまま都市の人口が増加すると、生活型の環境負荷が増加する。

✈都市の居住人口は、2018年に世界人口の55%であるが、2050年には68%になると推計されている。特に開発途上国は、人口増加と農村から都市部への移動により都市部の人口が急増しており、都市の環境問題は一層深刻化すると考えられている。

📝日本の場合は、特に地方人口の減少、高齢化の進展が大きいことから、地方の環境問題（里地里山の保全・管理不足、限界集落など）の深刻化も懸念されている。

📝世界の都市化の進展に対しては、健全な都市開発への適切な支援、農村部における生活改善とのバランスの取れた政策が求められている。

> 📝 国際人口開発会議 (ICPD) ─人口問題・持続的経済成長・持続可能な開発をテーマとする国連主催の国際会議。
>
> 環境収容力─自然の自浄能力を基準にし、一定地域における大気や水質などの許容量をいう。また、環境が生物を収容しうる能力の量的表現として、生態系を破壊することなく保持できる最大収量、最大個体数、最大種類数などをさす。
>
> 限界集落─集落人口の過疎化や高齢化により、社会的共同生活が困難な集落。

第**2**章 地球を知る

問題

check ☒☒☒

次の文章の中で、不適切なものをすべて選べ。

① 都市の人口増加による環境問題は、都市のインフラの整備など都市開発に対する対策とともに、農村部の荒廃対策等、農村部と都市とのバランスの取れた政策が望まれている。

② 地球の環境収容力は非常に大きく、現在の人口増加にも十分対応が可能である。

③ 現在、日本の人口は減少傾向にある。この人口減少が今後地方に集中すると予測されている。そのため地方の環境保全・管理の担い手が今後不足することが懸念されている。

④ 世界の人口増加は、これまで主としてアジア地域が特に多かった。しかし、2030年代半ばより東南アジアの人口が減少に転ずると予測されており、世界の人口増加による環境問題は収束に向かう。

⑤ 現在、都市環境問題への対策が重要課題となっているが、今後は都市への人口集中はやわらぐ傾向にあり、都市環境は改善される方向にある。

解答 ②④⑤ ②：現在世界の人口は地球の環境収容力の約4倍。 ④：アフリカ地域の人口増加があり、今後も人口増加による環境問題は続く。 ⑤：2050年には世界の7割が都市へ集中することが予測されており、都市環境問題は一層深刻になると考えられている。

2-07 食料需給

| 02 | 飢 餓 | 04 | 教 育 | 12 | 生産と消費 | 14 | 海洋資源 |

重要ポイント

(1) 食料と環境

🌱世界の食料は、穀物では<u>単収</u>✐の伸びで需要量の増加に対応してきたが、近年は、需要、供給に対する下記の要因などから逼迫する可能性がある。

需要面：人口増加、所得向上による需要増加・消費嗜好の変化、穀物の<u>バイオ燃料</u>✐化など。

供給面：単収の伸びの鈍化、異常気象の頻発、土壌劣化・砂漠化の進行、地下水の枯渇などによる水資源の減少、<u>家畜伝染病</u>✐の発生など。

(2) 食料需給の動向

🌱先進国の食糧自給率（2018年、カロリーベース）は、カナダ、オーストラリアで200%超、フランス、米国で130%程度、ドイツで95%であるが、日本は40%程度（2020年度は37%）と先進国の中では最も低い。

🌱農林水産省は、食料自給率向上のためFOOD ACTION NIPPON運動を展開し、自給率向上のために<u>地産地消</u>✐や<u>旬産旬消</u>✐を推進している。

(3) 穀物の動向

🌱穀物需要は、開発途上国の経済発展、食生活の肉食化の増加による飼料穀物の増加等から、1999～2001年の平均18億トンから2024年には27億トンまで増加の見込みである。また、地球温暖化、水資源の制約、穀物のバイオ燃料化、土壌劣化等の顕在化などがあり、今後の需給の逼迫が懸念されている。

(4) 水産業、畜産業の動向

🌱世界の漁業と養殖業を合わせた漁獲量は増加している。2020年の漁業・養殖漁獲量は2億1,402万トンとなっており、漁業の漁獲量が1980年代後半以降横ばいであるのに対し、養殖による漁獲量が大幅に増加し、全漁獲量の半分を占めるまでになった。特に、アジアの新興国をはじめ開発途上国の漁獲量が増大した。なかでも中国の漁獲量が世界の15%を占めている。

🌱肉類についても、その生産、消費は東アジア、特に中国が大きく伸びており、鶏の飼育頭数もこの10年で約1.3倍に増加している。

単収－単位面積当たりの収穫量。

バイオ燃料－植物などの生物体（バイオマス）を構成している有機物からつくられる燃料でバイオマス燃料ともいう。

家畜伝染病－口蹄疫、鳥インフルエンザ、BSEなど家畜に発生する病気。

地産地消－地域でとれたものをその地域で消費。

旬産旬消－栄養豊富な「旬」の食材を「旬」な時期に消費。

問題

check ☒☒☒

次の文章の中で、不適切なものをすべて選べ。

① 畜産物の中で食肉の生産量は、中国が大幅に増加しているが、これらはすべて輸出のためで、中国における消費量はあまり増加していない。

② 魚介類の漁業・養殖業の漁獲量は増加傾向にある。この漁獲量の増加は漁船による操業技術の進歩で対応してきたもので、養殖はまだ少ない。

③ 日本の食料自給率は、2020年に37％と先進国の中で最も低く、食料自給率の向上が重要な課題となっている。

④ 世界の人口増加などに伴い穀物需要も急激に増加した。この穀物需要の増加は農地の拡大で対応してきた。

⑤ 近年、エネルギーの安全保障への意識の高まりからバイオ燃料の生産が拡大しているが、バイオ燃料の原料に穀物が使われており、今後の食料需要の逼迫が懸念されている。

⑥ 食料自給率向上策としての地産地消は、旬のものを旬の時期に消費することをすすめたものである。

解答 ①②④⑥　①：中国は消費も大幅に増加している。　②：アジア新興国の漁船漁獲量は増加しているが、先進国の漁船漁獲量は減少傾向にあり、全体としては漁船漁獲量はあまり増加していない。現在漁獲量を増やしているのは養殖である。　④：穀物需要の増加は農業技術の改良による単収の伸びで対応してきた。　⑥：設問の内容は旬産旬消である。地産地消は、地域でとれたものをその地域で消費することである。

2-08 地球環境と資源

09 産業革新　**12** 生産と消費

重要ポイント

(1) 資源利用と環境

🌀資源の利用は、天然資源の採取、精錬、製造、消費、廃棄といったライフサイクルのあらゆる段階で環境負荷を伴う。例えば、資源の採取・採掘では金属資源と一緒に鉱石・土砂などが排出されるが、その総量（関与物質総量）も大量で、これによる大規模な土地改変が問題となっている。また、金属の精錬時には大量のエネルギーの消費と温室効果ガスの放出という環境問題がある。

(2) 世界の資源利用の動向

🌀世界の資源使用量は、1970年の270億 t から2017年には920億 t と47年間に3.4倍に増加した。この傾向が続けば2060年には1,900億 t になる見込みである。資源は有限である。次ページの表に示すように、現時点での資源の可採年数はその多くが100年を下回っている。また需要の伸びが大きな**レアメタル**についても可採年数は50年程度で、近い将来の枯渇が予想されている。このような状況のもと、資源効率を高め、循環型の資源利用を実現する必要がある。

(3) 循環資源の利用と資源確保

🌀人類はこれまで大量の資源を採掘してきた。その結果、金、銀、亜鉛などのようにこれまで採掘した資源量（地上資源）が、現在採取可能な鉱山の埋蔵量（地下資源）より多いものもある🔲。

🌀資源輸入国である日本は、**都市鉱山**✏️から使用済み金属の回収・リサイクルなどを介して資源の有効利用をはかる**循環型社会**の構築を推進している。この一環として、2013年に**小型家電リサイクル法**を施行し、使用済み小型家電製品の再資源化を促進している。

🌀レアメタルの安定供給に向けた総合的な戦略（レアメタル確保戦略）として、2009年、経済産業省は、①海外資源の確保、②リサイクル、③代替材料開発、④備蓄の4つを掲げている。

(4) 経済成長とデカップリング

🌀一般に、資源の消費は経済成長とともに増加する。資源は有限であり、経済

成長と環境負荷の関係を切り離す**デカップリング**の取り組みが必要である。現在、資源の消費が急増しているのは途上国であり、全世界で資源の消費を減らしていく必要がある。

 都市鉱山—現在ゴミとして大量に廃棄されるIT製品、家電製品などの中に存在する有用な資源（金属、貴金属、レアメタルなど）を鉱山に見立てたものである。

主な金属の地上資源と地下資源

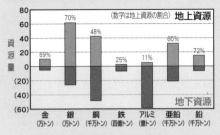

〔出典：平成24年度版環境白書（環境省）より作成〕

主要資源の可採年数

分類	項目	可採年数
汎用金属	鉄鉱石	70
	銅鉱石	35
	鉛	20
	スズ	18
	銀	19
	金	20
化石燃料	天然ガス	63
	石油	46
	石炭	119
レアメタル	マンガン	56
	クロム	15
	ニッケル	50
	タングステン	48
	インジウム	18

〔出典：平成23年度版環境白書（環境省）より作成〕

第2章 地球を知る

問題 check ☒ ☒ ☒

次の文章の中で、不適切なものをすべて選べ。

① 2017年における鉱物資源の年間利用総量は、この47年間に3.4倍に増加したが、資源は有限であり今後の年間利用総量は減少すると予測されている。

② 資源の安定確保と有効な利用には循環型社会の形成が必要である。

③ 日本のレアメタル確保戦略は、海外資源の確保、代替材料の開発、備蓄の3つの手段をあげている。

④ 有限な資源を保護、確保するためには使用済機器からの金属の回収・リサイクルが重要である。

⑤ 資源に対するデカップリングは、資源の使用量を減らすことが目的であるから、生産縮小などで資源消費を減少させることでもよい。

解答 ①③⑤ ①：2060年には資源利用量は1900億トンと現在の約2倍になると予測されている。③：レアメタル確保戦略ではほかにリサイクルがあり、これが都市鉱山にある資源の有効利用を行うものである。 ⑤：デカップリングは、経済成長と環境負荷の低減の両立を目的としている。したがって生産縮小は適切ではない。

2-09 貧困、格差、生活の質

01 貧困 10 不平等

重要ポイント

(1) 貧困と環境

貧困は環境問題の大きな原因となっている。1992年のリオ宣言でも、貧困の撲滅は持続可能な開発に不可欠と位置付けている。

(2) 貧困の動向

1日1.25ドル未満で生活している極度の貧困状態にある人は、2015年時点で8.4億人で、発展途上国の人口の47%から14%に改善した。これは、中国の急速な経済成長により東アジアの貧困率が劇的に減少したことによるものである。

一方、サハラ以南のアフリカでは、極度の貧困状態の人は人口の41%を占めている。現在8億人を超える人が依然極度の貧困状態にあることから、2015年に採択した**持続可能な開発目標（SDGs）**も、「あらゆる場所であらゆる形態の貧困を撲滅する」を第1目標にしている。

(3) 世界の格差構造

2022年の国際NGOオックスファムの報告書によると、現在世界のビリオネアは2,668人で、世界のGDPの13.9%に当たる富を所有している。世界で最も裕福な10人の資産は、最も貧しい人の40%にあたる約31億人分を上回っている。

1980年以降の所得分配の状況を示すジニ係数は世界的に年々上昇しており、不平等の度合いは一層高まっている。日本の**ジニ係数** 🖊 は0.33と先進国の中でも大きい値で推移しており、所得格差は改善されていない。

先進国の中でジニ係数が最も大きいのはアメリカ（0.39）、比較的小さいのはノルウェー（0.26）、デンマーク（0.26）、フィンランド（0.27）などの北欧諸国である。

格差是正は先進国、途上国双方の課題であり、その取り組みをSDGsは「国家内及び国家間の不平等を是正する」と目標10に掲げている。

(4) 生活の質

持続可能な社会の実現には、環境や経済だけでなく、人の暮らしの質を評価する必要性が指摘されている。OECDのレポート「How's Life」（2020年）では、多くの点で生活は良くなったが、不安定、断絶、絶望が人口の一定部分に影響し、

幸福度の不平等は引き続き残ると指摘している。

 ジニ係数－所得配分の不平等の度合いを示す指標で、0～1の間の数値で表される。0が完全平等の状態で1に近づくほど格差が大きいことを示す。

問題 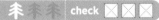 check ☒☒☒

次の文章の中で、不適切なものをすべて選べ。

① 近年の経済成長の結果、世界的に極度の貧困状態の人は減少し、サハラ以南のアフリカにおいても極度の貧困状態の人は14％程度に改善した。

② 持続可能な社会の実現には、環境、経済的指標とともに生活の質の向上が重要であるといわれている。

③ 1日1.25ドル未満で生活している極度の貧困状態にある開発途上国の人口割合は、1990年の約半数から2015年には14％に改善した。

④ 世界の所得格差は年々増加している。しかし日本は比較的平等でジニ係数は、北欧諸国と同程度である。

⑤ 8億人を超える人が依然貧困状態にあることから、2015年に採択したミレニアム開発目標（MDGs）でも貧困の撲滅を目標に掲げている。

⑥ 2022年の国際NGOオックスファムの報告書によると、現在世界のビリオネアは2,668人で、世界のGDPの13.9％に当たる富を所有している。

解答　①④⑤　　①：サハラ以南のアフリカでの貧困率は41％を占めている。　　④：日本のジニ係数は0.33であり、北欧諸国と比べ格差が存在する。　　⑤：2015年に採択したのは持続可能な開発目標（SDGs）である。

第2章 地球を知る

第 **3** 章

環境問題を知る

3-01 地球温暖化の科学的側面

07 エネルギー **13 気候変動**

重要ポイント

check ☒ ☒ ☒

地球温暖化とは、大気中の<u>温室効果ガス（GHG）</u>の濃度が高くなることにより、地球表面付近の温度が上昇することをいう。温室効果ガスのうち、二酸化炭素は、大気中の濃度が高く、排出量も多いため地球温暖化への影響が最も大きい。

地球温暖化は、気温上昇とともに気候システムの変化により、水資源、生態系、健康、食料など様々な分野に影響を及ぼす。地球温暖化は気候変動の問題である。

(1) 地球温暖化のメカニズム

①地表は太陽からの光（熱）で暖められ、暖められた地表も宇宙空間へ<u>赤外線</u>を放射している。このとき、大気中に含まれる温室効果ガスは、地表からの赤外線の一部を吸収し、熱として大気に蓄積、再び地表へ戻している。この繰り返しで地表と大気が互いに暖めあう、これが**温室効果**である。この温室効果ガスがまったくないと地球表面温度は−18℃で平衡するが、現在の地球は温室効果ガスの適度の存在で15℃前後に保たれている。

②ここで、二酸化炭素などの温室効果ガスの大気中濃度がさらに高くなると、地表面から放射された赤外線を大気中でより多く吸収し、その結果地表の温度がさらに上昇する。これが地球温暖化である。

温室効果のメカニズム

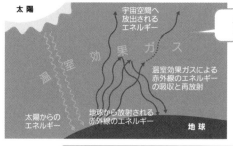

太陽からのエネルギーで地表が暖まる。
地表から放射される熱を温室効果ガスが
吸収・再放射して大気が暖まる。

（温室効果）

二酸化炭素などの温室効果ガスの大気中濃度が上昇すると

温室効果がこれまでより強くなり、地表の温度が上昇する

地球温暖化

〔出典：「地球温暖化の影響・適応情報資料集」（環境省地球環境局）より作成〕

(2) 大気中の温室効果ガスの濃度の推移

	時期	濃度	概要
CO_2	約65万年前〜18世紀中頃	180〜300ppm	この範囲の濃度に収まっていた
	約250年前	280ppm	産業革命前の濃度
	2020年	413.2ppm	CO_2の大量排出により1.5倍に上昇 日本も2020年には417〜420ppm（速報値）になった
メタン	産業革命前	0.72ppm	
	2018年	1.89ppm	産業革命前の3倍近くに上昇

(3) 温室効果ガス濃度が上昇した原因

①産業革命以降の石油、石炭、天然ガスなどの化石燃料の大量消費。

②熱帯雨林などの森林の減少による二酸化炭素吸収量の減少。

この結果、自然界が吸収できる限界（許容量）を超えて温室効果ガスが大気中に排出され、温室効果ガスの大気中濃度が上昇した。

(4) IPCC ✐ による地球温暖化の知見（第6次評価報告書）

①人間の影響が大気、海洋および陸域を温暖化させてきたことは疑う余地がない。

②人間による気候変動が、極端な高温、高頻度の豪雨、干ばつなど極端な現象の頻度と強度を増加させ、広範囲にわたる悪影響と、それに関連した損失と損害を引き起こしている。

③一時的に1.5℃を超える場合、現状や1.5℃以下に留まる場合と比べて、一層深刻なリスクに直面する。

④「国が決定する貢献（NDCs ✐）」における2030年の世界全体のGHG排出量では、21世紀中に温暖化が1.5℃を超える可能性が高い。

こうした状況から、IPCCは気候変動の適応策、緩和策として以下を示した。

①適応には限界に達しているものもあるが、主として財政面、ガバナンス、制度面、政策面の制約に対処することで克服が可能である。

②エネルギー部門全体のGHG排出量の削減は、化石燃料全般の使用の大幅削減、低排出エネルギー源の導入、代替エネルギーへの転換及びエネルギー効率と省エネルギーなどの大規模な転換を必要とする。

第3章 環境問題を知る

温室効果ガス（GHG）─大気中にあり、地表から放射される赤外線の一部を吸収し、再び地表へ戻すことで地球の温度を上げる働きをする気体の総称。地球温暖化の原因物質として現在問題視されているガスを下表に示す。温室効果ガスの地球温暖化への影響はガスごとに異なり、その影響の度合いを二酸化炭素を基準に表したのが**地球温暖化係数（GWP）**である。

主な温室効果ガス（GHG）の排出源と地球温暖化係数（GWP）

GHG名	排出源	GWP
二酸化炭素（CO_2）	化石燃料の燃焼、セメントの焼成などの工業プロセスなど	1
メタン（CH_4）	稲作、家畜の消化管内発酵、廃棄物の埋め立てなど	25
一酸化二窒素（N_2O）	家畜の排泄物、農用地の土壌、工業プロセスなど	298
ハイドロフルオロカーボン類（HFCs）	冷媒、エアゾール噴射剤、発泡剤、工業副産物など	数千〜数万
パーフルオロカーボン類（PFCs）	半導体製造、洗浄剤など	
六フッ化硫黄（SF_6）	電気絶縁ガス、半導体製造など	22,800
三フッ化窒素（NF_3）	半導体製造など	17,200

赤外線─赤色光よりも波長が長く、ミリ波長の電波よりも波長の短い電磁波全般を指す。波長ではおおよそ $0.7\,\mu m \sim 1mm$（$1000\,\mu m$）。

IPCC─「気候変動に関する政府間パネル」。地球温暖化の実態把握と予測、影響評価、対策を行うことを目的とし、世界気象機関（WMO）及び国連環境計画（UNEP）により1988年に設立された国連の機関。1990年からこれまで6回報告書（第1次〜第6次）を発表しており、これらの報告書は、地球温暖化に対する国際的な取り組みに科学的根拠を与えるものとして重要な役割を果たしてきた。また、この活動を評価され2007年ノーベル平和賞を受賞した。

NDCs─各国が自主的に決定し、削減することを約束した目標値。即ちパリ協定における各国のGHGの削減目標値である。

問題

check ☒ ☒ ☒

次の文章の（　）にあてはまる最も適切な語句を、下記の語群から1つ選べ。

地球は、太陽光によって暖められ、暖められた地表から宇宙空間へ（　①　）を放出しているが、宇宙空間に放出される（　①　）の一部を大気中の温室効果ガス

が吸収し、熱として大気に蓄積され、再び地表へ戻している。この繰り返しで地表と大気がお互い暖めあう作用を（　②　）という。

　もし、大気中に温室効果ガスがまったくない場合、地表の温度は（　③　）になると計算されている。現在は、適度な濃度の温室効果ガスがあることで、地表の気温は約（　④　）という生き物にとって快適な気温に保たれている。しかし、温室効果ガスの濃度がさらに高くなると、地球表面付近の温度がさらに上昇する。これが（　⑤　）である。この（　⑤　）は、地球上の（　⑥　）を変化させ、水資源、生態系、気象災害、健康、食料供給など、様々な分野に影響をおよぼしている。

　250年前の産業革命以降、地球上の温室効果ガスの濃度は、CO_2で約1.5倍、メタンで3倍近くに増加している。

　現在の地球温暖化は、産業革命以降の（　⑦　）の大量消費によるCO_2の増加が主因であるが、温室効果ガスは、CO_2以外にも、メタン、N_2O、HFCsなど種々の物質があり、これらの大気中濃度の上昇も大きな課題である。これらの温室効果ガスの地球温暖化への影響を示す（　⑧　）を見ると、CO_2の数万倍のものもあり、大気中濃度が低くても地球温暖化に対し大きな影響を与えると考えられる。

　（　⑨　）の第6次報告書は、「人間の影響が大気、海洋および陸域を温暖化させてきたことは疑う余地がない」という基本的な合意のもと、気候変動の緩和策に対し以下の見解を発表している。

　「エネルギー部門全体のGHG排出量の削減は、（　⑦　）全般の使用の大幅削減、低排出エネルギー源の導入、（　⑩　）への転換及びエネルギー効率と（　⑪　）などの大規模な転換を必要とする。」

(a) IPCC	(b) WCDE	(c) 紫外線	(d) 気候システム
(e) 15℃	(f) 20℃	(g) 赤外線	(h) 地球温暖化係数
(i) −30℃	(j) −18℃	(k) 省エネルギー	(ℓ) 地球温暖化
(m) 化石燃料	(n) 天然資源	(o) 温室効果	(p) 代替エネルギー

解答　①…(g)、②…(o)、③…(j)、④…(e)、⑤…(ℓ)、⑥…(d)、⑦…(m)、⑧…(h)、⑨…(a)、⑩…(p)、⑪…(k)　　地球温暖化のメカニズムをよく理解しておくこと。

第3章　環境問題を知る

3-02 地球温暖化対策—緩和策と適応策

07 エネルギー | **13 気候変動** | **15 陸上資源**

重要ポイント

check ☒ ☒ ☒

(1) 地球温暖化対策の2本の柱

地球温暖化防止対策の大きな柱は、地球温暖化の原因となる温室効果ガスの排出を削減して地球温暖化の進行を食い止める**緩和策**である。一方、地球温暖化・気候変動の影響を軽減する**適応策**も重要である。両対策を組み合わせて、早急に気候変動のリスクを低減する必要がある。

(2) 緩和策

日本の温室効果ガスはCO_2が約91％で、このうち**エネルギー起源**のCO_2の排出量が約84％（2020年度）を占めている。このため緩和策の重点はエネルギー対策である。

①エネルギー供給段階での対策
- 再生可能エネルギーなどの低炭素エネルギーの拡充および発電施設の高効率化による電力の低炭素化
- 安全を確保した原子力エネルギーの使用

②エネルギー利用段階での対策（エネルギー利用の効率化：下表参照）

③森林・吸収源対策（森林の整備、保安林の適切な管理・保全）

④排出されたCO_2の回収・貯留（**CCS** ✎）及びCO_2の利用（**CCU** ✎）

⑤上記以外のGHG排出削減対策（非エネルギー起源のCO_2、メタンなど）

■ 利用段階での温室効果ガスを低減する緩和策（例）

対策部門	対策内容
産業部門	製造工程における省エネルギー（**FEMS** ✎活用など）、燃焼管理の徹底
民生部門	都市地域レベルでの対策…コージェネレーションの普及、ヒートアイランド対策の推進など 建築物・住宅における対策…断熱・空調など高性能エネルギー住宅、長寿命化、**BEMS** ✎、**HEMS** ✎など トップランナー制度による省エネ商品の普及促進など
交通部門	自動車交通需要の調整 公共交通機関の利用促進 環境に配慮した自動車の開発・普及…燃費向上、電気自動車の普及 自動車の使い方の工夫…エコドライブ、モーダルシフト、カーシェアリングなど
社会システム	IT活用による省エネルギー、ESCO事業の推進、カーボンフットプリントの活用 経済的手法の導入…排出量取引、炭素税などカーボンプライシングの導入

〔出典：地球温暖化対策計画（閣議決定 2016）より作成〕

(3) 適応策

🌱地球温暖化による気候変化の悪影響に対する脆弱性を把握し、地域特性にあった適応対策を進めてレジリエンス（強靱性）を強めることが重要である。

🌱気候変動による影響は様々な地域、分野に及ぶため、各地域、各分野に適した対策を行う必要がある。適応策の効果は地域限定的、個別的になるが、既に発生している地球温暖化の影響を低減する重要な手段である。

🌱日本でも全国平均気温の上昇が見られ、農作物の品質低下、異常現象が観測されている。このような状況のもと、日本政府は気候変動適応を推進し、国民の健康で文化的な生活の確保に寄与することを目的として、2018年に<u>気候変動適応法</u>を制定した。

▌地球温暖化の悪影響に対する適応策（日本の例）

対策部門	施策内容例
農林水産業	高温耐性品種（水稲、果樹）の開発、生産安定技術の開発
水環境・水資源	渇水対応タイムラインの作成促進、雨水・再生水利用の推進
自然生態系	高山・サンゴ礁のモニタリング、生態系ネットワークの形成
自然災害・沿岸域	防災施設の整備、ハザードマップや避難行動計画の策定推進
健康	熱中症・感染症への予防・対処法の普及啓発促進
産業・経済活動	官民連携の取り組み促進、適応技術の開発促進
国民生活・都市生活	インフラ・ライフラインにおける防災機能の強化

〔出典：気候変動適応計画（閣議決定 2018）より作成〕

🖊 CCS（Carbon Capture and Storage）─CO_2回収・貯留。化石燃料の燃焼で発生したCO_2を分離・回収し、地質の炭素貯留能力や海洋の炭素吸収能力を活用して大気から隔離する技術。

CCU（Carbon Capture and Use）─化石燃料の燃焼で発生したCO_2を分離・回収し、バイオ燃料の原料となる藻類の培養などに利用する技術。

FEMS、BEMS、HEMS（エネルギー管理システム）─エネルギー使用機器を、ITネットワークでつないで「見える化」し、自動制御して省エネや節電を図るシステム。Fが工場、Bがビル、Hが家庭を示す。特にHEMSはスマートハウスやスマート・シティに変えていく基幹技術として期待されている。

気候変動適応法─気候変動適応を推進し、現在及び将来の国民の健康で文化的な生活の確保を目的とする。国は**気候変動適応計画**を策定し、おおむね5年ごとに気候変動の影響の評価・見直しを行う。また各自治体に<u>**地域気候変動適応計画**</u>策定の努力義務を設けている。

次の文章の中で、その内容が不適切なものをすべて選べ。

① HEMS（家庭用エネルギー管理システム）は、ITネットワークを活用して家庭におけるエネルギー使用機器を自動制御して省エネや節電を図るシステムで、家庭で行う地球温暖化の緩和策として有望視されている。

② 地球温暖化やそれに伴う影響に対して人や社会、経済システムを調整することで地球温暖化の影響を軽減する対策が緩和策である。

③ 日本の温室効果ガスはCO_2が91％で、このうちエネルギー起源のCO_2の排出量が84％を占めている。

④ 適応策は、地球温暖化に対する脆弱性を把握し、その中で世界に共通する脆弱性に対して対策を行うことが重要である。

⑤ 排出されたCO_2の回収・貯留（CCS）は、化石燃料の燃焼で発生したCO_2を分離・回収し、地中や海洋に埋めて大気から隔離する技術で、地球温暖化に対する適応策の1つである。

⑥ 現在、農作物の高温被害対策として、高温耐性の水稲や果樹の品種開発が行われているが、これは農業部門が行っている地球温暖化に対する適応策である。

⑦ 地球温暖化対策として最も重要なのは緩和策である。十分な緩和策があれば適応策はなくともよい。

⑧ 大気中のCO_2を吸収する森林の整備、保安林などの適切な管理・保全は、森林によるCO_2の削減を目指すもので、地球温暖化に対する緩和策である。

問題2 🎋🎋🎋 check ☒☒☒

次の文章の（ ）にあてはまる最も適切な語句を、下記の語群から1つ選べ。

地球温暖化の対策には、その原因物質である温室効果ガスの排出量を削減する「（ ① ）」と、気候変化に対して自然生態系や社会・経済システムを調整することにより温暖化の悪影響を軽減する「（ ② ）」がある。

（ ① ）は、大気中の温室効果ガス濃度を削減するもので、その波及効果は（ ③ ）であるが、（ ② ）は直接的に特定のシステムへの温暖化影響を制御するという特徴を持ち、その波及効果は（ ④ ）である。

なお、最大限の排出削減努力を行っても、過去に排出した温室効果ガスの大気中への蓄積があり、それによる影響に対する対策が必要なため、変化した気候のもとで悪影響を最小限に抑える「（ ② ）」の重要性が増している。

日本においても、2020年の温室効果ガス濃度が417〜420ppmになり、高温化による（ ⑤ ）が観測されるなど地球温暖化が進行しており、政府は（ ⑥ ）により「（ ② ）」の強化を推進している。

（ ⑥ ）は、国には（ ⑦ ）を策定し、おおむね5年ごとに気候変動の影響を評価し、それを見直すことを定め、（ ⑧ ）には地域の（ ⑦ ）を策定するよう努力することを義務付けている。

(a) 適応策　　(b) 気候変動適応法　　(c) 地域限定的・個別的
(d) 緩和策　　(e) 地方自治体　　(f) 広域的・部門横断的
(g) 白化現象　　(h) 気候変動適応計画　　(i) 農作物の品質低下

解答　[問題1] ②④⑤⑦　②：影響を軽減する対策は適応策。　④：温暖化に対する脆弱性は地域によって異なるもので、地域特性に合った対策が最も効果的である。⑤：CCSは大気中の温室効果ガス濃度の増加を防ぐ技術で緩和策である。　⑦：緩和策は主としてこれから排出される温室効果ガスの削減を目的としており、過去に排出された温室効果ガスの影響を軽減するには適応策が不可欠である。
[問題2] ①…(d)、②…(a)、③…(f)、④…(c)、⑤…(i)、⑥…(b)、⑦…(h)、⑧…(e)

3-03 地球温暖化問題への国際的な取り組み

未未未 | 07 エネルギー | 13 気候変動 | 17 実施手段

重要ポイント

check ☒ ☒ ☒

(1) 国連気候変動枠組条約（UNFCCC）…1992年採択、1994年発効

🚀国連気候変動枠組条約は、国際協力のもと地球温暖化対策に取り組む国際社会の枠組を規定する条約。

この条約は、予防原則に沿って以下を義務付けている。

　　①全締約国に対し、GHG排出・吸収状況の目録（GHGインベントリ）の作成と報告

　　②全締約国に対し、GHG排出削減（緩和）などの実施

　　③先進国に対し、途上国への技術移転・資金支援の実施

(2) 京都議定書

🚀1997年の第3回締約国会議（COP3）で温室効果ガス削減を義務付けた「京都議定書」が採択され、地球温暖化対策の最初の具体的な国際的な枠組みが決定した。

🚀京都議定書は以下の特徴を有する画期的条約であった。

- 法的拘束力のある削減目標…先進国全体で1990年比約5％削減（日本は6％）
- 削減期間（第1約束期間）…2008～2012年の5ヶ年
- 京都メカニズム✎の導入と森林吸収源✎によるCO_2吸収増加分の算入
- 適応基金の設置（途上国への資金支援の仕組み）

🚀日本は、第1約束期間の6％の削減目標を京都メカニズム等を活用して約束は果たしたが、第2約束期間（2013～2020年）については、先進国のみの削減義務では不十分として参加しなかった。

(3) 将来の枠組の構築（ポスト京都議定書）

🚀各国の利害の対立で難航したが、2012年のCOP18（ドーハ）で以下を決定した。

　　①すべての国（開発途上国も含む）が参加する新たな条約の作成

　　②京都議定書を2020年まで延長…第2約束期間（2013～2020年）の設定。

　　③カンクン合意✎などに基づく自発的な温室効果ガス削減努力の実施

　　　先進各国（批准していない米国も含む）が2020年までの目標を表明。

　　④2009年のCOP15で「途上国内における適切な緩和行動（NAMA✎）」を合意

(4) パリ協定の採択、発効

🚀2015年のCOP21において、すべての国が温室効果ガスの削減に参加する法

的拘束力を持つ国際条約として「**パリ協定**」が採択され、2016年発効した。この条約は、各国の目標を自主提案方式にした特徴を有している。

■グラスゴー気候合意による各国のGHG削減目標の引き上げ

国名／地域	パリ協定発行時目標（2016年）	グラスゴー気候合意後（2022年11月）	
		2030年GHG目標	長期戦略におけるネットゼロ排出目標年
EU	2030年まで少なくとも1990年比－40%	1990年比－55%	2050年
米国	2025年までに2005年比－25～28%	2005年比－50%	2050年
日本	2030年までに2013年比－26%	2013年比－46%	2050年
中国	2030年までにGDPあたりのCO_2排出量を2005年比－60～65%	GDPあたり－60～65%以上メタン等も取り組みに追加	2060年
ロシア	2030年までに1990年比－25～30%	1990年比－30%	2060年
インド	2030年までに2005年比－33～35%	GDPあたりで－33～35% 2030年までに再エネ50%	2070年
ブラジル	2030年までに2005年比－43%	2005年比－50%	2050年

〔出典：国際気候変動枠組条約事務局NDCポータルより作成〕

■主要国のCO_2排出状況（単位：億トン）

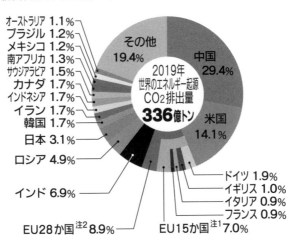

注1：EU15か国は、COP3（京都会議）開催時点での加盟国数である。
注2：EU28か国には、イギリスが含まれる。
注3：四捨五入のため、各国の排出量の合計は世界の総排出量と一致しないことがある。
〔出典：環境省ホームページより作成〕

🐟 パリ協定の内容

①2℃目標：世界の平均気温上昇を産業革命前と比較して2℃以下に抑えるとともに、1.5℃に抑えるよう努力する。

②緩和策（温室効果ガスの削減目標）：締約国は、2030年のGHG排出削減目標をNDCs 🖊 として提出し、この目標のもと国内対策を実施する。各国は5年ごとにNDCを見直す。

③長期戦略の策定：締約国は、今世紀後半までの各国の脱炭素型成長シナリオを示す、長期成長戦略を策定する。

④適応策：締約国は、気候変動の悪影響に対する適応能力を高めるため、国別適応計画を策定する。

⑤被害と損失：適応できる範囲を超えた気候変動の悪影響を「適応と損失（ロスアンドダメージ）」とし、救済措置に関する国際枠組を検討する。

⑥透明性の確保：各国は、2年ごとに隔年透明性報告書（BTR）により緩和策の進捗状況を報告し、国際的なレビューを受ける。

⑦全体の進捗確認（**グローバルストックテイク**）：5年ごとに実施状況を確認、評価する。第1回会合を2023年に実施。

🐟 グラスゴー気候合意（COP26）

- パリ協定後、各国のNDCの合計が2℃目標達成が未達（「**排出ギャップ報告書** 🖊」より）の状況であるため、COP26開催国の英国及びパリ協定復帰宣言をした米国の呼びかけにより、多くの国が2030年までのNDC目標の引き上げに加え、長期戦略における**ネットゼロ排出** 🖊 を宣言した。
また、採択されたグラスゴー気候合意では、1.5℃目標を目指すことが明記された。

(5) 二国間協力による地球温暖化対策

🐟 地球温暖化対策には、気候変動枠組条約で求められている途上国支援も重要。日本はこの**二国間クレジット制度（JCM）**を提案し、パリ協定に「協力的アプローチ」として取り入れられた。日本はこの制度を用いて、途上国の低炭素社会への貢献とともに、日本のパリ協定の目標達成に活用しようとしている。

🐟 パリ協定には、炭素クレジットを用いて持続可能な開発を支援する「持続可能な開発メカニズム」及び技術移転、能率構築などを用いて支援する「非市場アプローチ」も規定されている。

京都メカニズム—京都議定書において定めた温室ガス削減目標達成の仕組みの1つで、国外で実施した温室効果ガスの削減量等を、自国の排出削減約束の達成に換算することができるようにした措置。これには、**共同実施 (JI)** 🖉、**クリーン開発メカニズム (CDM)** 🖉、**排出量取引 (ET)** 🖉がある。

共同実施 (JI) —先進国共同のプロジェクト。削減量は投資国に認める。

クリーン開発メカニズム (CDM) —先進国が途上国で行うプロジェクト。排出削減量は投資した先進国に認める。

排出量取引 (ET) —削減目標が設定されている先進国間で、排出枠の取引を行う。

森林吸収源—京都議定書は、森林によるCO_2吸収量を温室効果ガスの削減量に算入することを認めている。ただし削減量としてカウントできるのは、1990年以降に、新たに植林された森林、間伐など適切な森林経営が行われている森林が対象。

カンクン合意—COP16の合意文。2050年までの世界規模の大幅排出削減などを共有のビジョンとし、資金や技術面などでの途上国支援措置や、先進国、途上国のGHG削減対策について、測定・報告・検証のルールを定める内容。

NAMA (Nationally Appropriate Mitigation Action) —途上国も温室効果ガスの排出量が大きくなってきていることから、途上国の気候変動防止の取り組みを各国なりの方法で計画、実施。その結果は、UNFCCCのもとで測定・報告・検証。

NDCs—先進国、途上国の各国が自らのGHG削減目標を決定し、UNFCCCに表明し、取り組みを行うもの。

排出ギャップ報告書—国連環境計画が、すでに排出された温室効果ガス量、今後予想される排出量とパリ協定の目標達成のための排出量の差（排出ギャップ）などについてまとめた報告書。2019年の報告書によると、現在の自主的削減目標は、パリ協定の2℃目標の達成には60〜110億トン程度不足しているとしている（**ギガトンギャップ**）。

ネットゼロ排出—温室効果ガスの排出量から吸収量と除去量を差し引いた合計がゼロとなる状態をいう。類似する概念としてカーボンニュートラルがあるが、これはCO_2の排出ゼロのみを示すのに対し、ネットゼロ排出では、パリ協定の対象となるGHG全てを対象とし、炭素クレジットなどの活用も含めることが多い。

第3章 環境問題を知る

次の文章の（　　）にあてはまる最も適切な語句を、下記の語群から1つ選べ。

地球温暖化に対する取り組みは気候変動枠組条約により国際協力で対応することが決められているが、より具体化した条約が2005年に発効した（　①　）である。（　①　）は、以下の特徴を有するこれまでにない条約であった。

- （　②　）のある削減目標の設定
- （　③　）の導入と（　④　）によるCO_2吸収増加分の算入
- 適応基金の設置

しかし、（　①　）は、2008年から第1約束期間がスタートしたが、温室効果ガスの大量排出国である（　⑤　）が批准しておらず、また、途上国でも（　⑥　）などの温室効果ガスの大量排出国に削減義務がないことからその実効性に課題があった。

ポスト京都議定書については、より多くの国々の参加による新たな枠組みの構築に関する交渉が開始され、各国の様々な意見の隔たりのあるなか、2015年パリで開催された第21回締約国会議（COP21）において（　⑦　）が採択された。

（　⑦　）は、すべての国が温室効果ガス削減に参加する地球温暖化に対する新枠組で、その目標は産業革命前からの温度上昇を2℃に抑えることであり、これを達成するための各国のGHG排出削減目標は、各国が自主的に決定する（　⑧　）方式と定められた。しかし、2021年の「（　⑨　）」では、各国提案のGHG削減量では、パリ協定の達成に不十分であることが指摘された。

そこで、次回COP26（グラスゴー）では、議長国英国の強力な働きかけもあり、多くの国が2030年までのNDCの目標の引き上げとともに、長期戦略における（　⑩　）の宣言を行うことができた。

(a) NDCs 　　　 (b) パリ協定 　　　 (c) 森林吸収源 　　 (d) 中国
(e) 法的拘束力 　　 (f) ネットゼロ排出 　 (g) 米国 　　　 (h) 京都議定書
(i) 京都メカニズム 　 (j) 排出ギャップ報告書

問題2

次の語句と最も関係の深い文章を、下記の選択肢から1つ選べ。

① ネットゼロ排出
② 京都メカニズム
③ カンクン合意
④ NAMA
⑤ 排出量取引 (ET)
⑥ 排出ギャップ報告
⑦ グローバルストックテイク

(a) 京都議定書において定めた温室ガス削減目標達成の仕組みの1つで、国外で実施した温室効果ガスの削減を、自国の排出削減の達成に換算することができるようにした措置。

(b) 削減目標が設定されている先進国間で、排出枠の取引を行う仕組み。

(c) 国連環境計画が、すでに排出された温室効果ガス量、今後予想される排出量とパリ協定の目標達成のための排出量の差などについてまとめた報告書。

(d) 2050年までの世界規模の大幅排出削減などを共有のビジョンとし、資金や技術面などでの途上国支援措置や、先進国、途上国のGHG削減対策における測定・報告・検証のルールを定めている。

(e) 温室効果ガスの排出量から吸収量と除去量を引いた結果がゼロとなる状態。

(f) パリ協定の目標の達成に向け、全体的な進捗を最新の科学情報に基づき包括的に評価するプロセス。

(g) 途上国の気候変動防止への取り組みを各国なりの方法で計画、実施し、その結果をUNFCCCのもとで測定・報告・検証。

第3章 環境問題を知る

解答

[問題1] ①…(h)、②…(e)、③…(i)、④…(c)、⑤…(g)、⑥…(d)、⑦…(b)、⑧…(a)、⑨…(j)
⑩…(f)　地球温暖化の世界の動向をまとめたものである。

[問題2] ①…(e)、②…(a)、③…(d)、④…(g)、⑤…(b)、⑥…(c)、⑦…(f)

3-04 我が国における地球温暖化対策（国）

耒耒耒 | 07 エネルギー | 12 生産と消費 | 13 気候変動 | 17 実施手段

重要ポイント   check ☒ ☒ ☒

日本の温暖化対策は、**環境基本計画**、**地球温暖化対策推進法**を中核に、気候変動適応法、エネルギー政策基本法、省エネ法、新エネ法、再生可能エネルギー特別措置法、**都市の低炭素化の促進に関する法律（エコまち法）**✎などの関連の法律を合わせて総合的に取り組んでいる。

(1) 地球温暖化対策推進法

この法律は、我が国の温暖化対策の基盤をなすものとして1998年に制定され、京都議定書などの国際的な取り組みの進展に合わせて改正された。主な対策として以下の取り組みを決めている。

- **地球温暖化対策計画**の策定
- 地球温暖化対策本部の設置
- 温室効果ガス抑制のための施策（国や地方自治体の実行計画策定、排出事業者の**算定・報告・公表制度**✎、全国地球温暖化防止活動推進センターの設置など）
- 京都メカニズムの取引制度活用に関する**国別登録簿（レジストリ）**✎
- 温室効果ガスの排出がより少ない日常生活用品の普及促進など

(2) 気候変動適応法

この法律では、以下の4つの柱の適応策を推進。

- 適応の総合的推進…**気候変動適応計画**の策定（概ね5年ごとに影響評価・改定）
- 情報基盤の整備…**気候変動適応情報プラットフォーム（A-PLAT）**✎
- 地域での適応強化…各自治体での気候変動適応計画の策定。地域気候変動適応センターや広域協議会を設置し、適応策を推進
- 適応の国際展開等

(3) 日本の温室効果ガス削減状況

2020年度の日本のGHG排出量は、11.49億トン（CO_2換算）、前年比5.1%（2013年比18.4%）減少した。部門別を2013年比で見ると、産業部門は23.7%減、運輸部門は17.6%減、業務・その他の部門は22.4%減、家庭部門は19.3%減とGHG排出量の削減が進んでいる。しかし、業務・家庭部門は40%減、また、運輸部門も30%減の目標値に対し、いずれも削減割合が小さく、今後一層の対策強化が必要である。

◎ 部門別CO₂排出量の推移（単位：百万トンCO₂）

産業部門：463→353（23.7%減）
運輸部門：224→185（17.6%減）
業務その他部門：
　　　　238→184（22.4%減）
家庭部門：
　　　　208→3167（19.3%減）
エネルギー転換部門：
　　　　106→82（22.4%減）
* () 内は2013年比

〔出典：環境省資料より作成〕

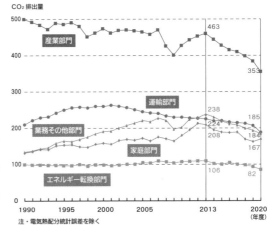

〔出典：令和4年版 環境白書・循環型社会白書・生物多様性白書（環境省）より作成〕

(4) 地球温暖化対策計画

🌱 GHG排出量は、2030年度26%減の中期目標と、2050年度までに80%の排出削減の長期的目標を定めていたが、2021年4月に地球温暖化対策推進本部は以下の宣言を行った。

- 2030年度GHG排出量を2013年から46%削減を目指し、さらに50%の高みに向けて挑戦する。

🌱 2021年10月この新たな2030年度削減目標と2050年カーボンニュートラルの長期目標を盛り込み、地球温暖化対策計画を改定

🌱「地球温暖化対策計画」における主な対策・施策

①再エネ・省エネ

- 改正温暖化対策推進法に基づき自治体が促進区域を設定
    - ⇨　地域に裨益する再エネの拡大（太陽光等）
- 住宅や建築物の省エネ基準への適合義務付け拡大

②産業・運輸など

- 2050年に向けたイノベーション支援
    - ⇨　2兆円基金…水素・蓄電池など重点分野の研究開発・社会実装を支援
- 2030年までに100以上の「脱炭素先行地域」を創出
- 優れた脱炭素技術等を活用した途上国での排出削減
    - ⇨　「二国間クレジット制度：JCM」により地球規模での削減に貢献

⑸ 地球温暖化対策としての経済的手法

✈️地球温暖化対策として経済的手法が世界的に広く活用されている。その一環として、**地球温暖化対策のための税**として**カーボンプライシング**🖊️の活用や、**排出量取引制度**🖊️の導入がある。また、金融のグリーン化として**ESG投資の推進**や**グリーンボンド**の発行も経済的手法である。日本は、ほかに再生可能エネルギーの導入促進を目的とした経済的手法として**固定価格買取制度（FIT）**も活用してGHG削減に努めている。

⑹ 民生部門における地球温暖化対策

✈️地球温暖化対策計画に示す大幅なGHG削減を達成するためには、民生部門も温室効果ガスの40％削減が必要である。このために新しい国民運動として消費者の賢い選択を促すための**カーボンフットプリント**🖊️、**カーボンオフセット**🖊️の推進が重要である。また、地域の特性を活かしながらローカルSDGsの達成に向け地域と連携して取り組む「地域循環共生圏」の展開も重要。

🖊️**都市の低炭素化の促進に関する法律（エコまち法）**―国内の相当部分のCO₂発生源が都市における生活・経済であることから、都市の低炭素化の促進に関する基本方針をつくり、市町村による低炭素まちづくり計画の作成や特別の措置、低炭素建築物の普及などの取り組みを推進する法律。2012年12月施行。

算定・報告・公表制度―温室効果ガスを一定以上排出する特定排出者に、自らの温室効果ガスの排出量を算定し、国に報告することを義務付けた制度で、排出者の排出量削減の努力を促す。

国別登録簿（レジストリ）―京都メカニズムにより取得されたクレジットを記録する電子登録簿で、地球温暖化対策推進法に基づき国が整備・管理するもの。これへの登録により他の事業者から購入した炭素クレジットの移転が可能となった。

気候変動適応情報プラットフォーム（A-PLAT）―気候変動による悪影響を出来るだけ抑制・回避する施策に参考となる情報を発信するための情報基盤。

カーボンプライシング―炭素の排出量に価格付けを行うこと。

排出量取引制度―環境汚染物質の排出量を抑制するために用いられる政策手法の1つ。一定の条件を満たした削減量を売却可能なクレジットとして認証する**ベースラインアンドクレジット**制度と、あらかじめ排出枠を決めて、余剰の排出枠を売買するキャップアンドトレード制度がある。現在、東京都、埼玉県は独自の**キャップアンドトレード**制度を実施している。

カーボンフットプリント─商品の生産から廃棄までの全過程で排出される温室効果ガスをCO_2に換算して商品に表示。消費者がCO_2排出量の少ない商品を購入することに役立つ。事業者にはCO_2排出量の少ない商品の開発を促す。
カーボンオフセット─植林事業への投資や省エネなど、温室効果ガス削減に貢献する活動を行うことで、日常生活や企業活動などで排出される温室効果ガスを埋め合わせること。現在、カーボンオフセット年賀はがきをはじめ、各種のカーボンオフセット製品が販売されている。

問題　　　　　　　　　　　　米米米｜check ☒ ☒ ☒

次の文章の示す内容に最も適切な語句を、下の語群から1つ選べ。

① 炭素税などのように排出量に応じて課金することによって、排出削減に対するインセンティブを創り出す。

② 地球温暖化推進法で策定することが決められた地球温暖化に対する計画。

③ 事業活動や日常生活で排出する温室効果ガスについて、省エネ・植林事業への投資など、別の活動により削減される温室効果ガス量で埋め合わせること。

④ 地球温暖化対策推進法において、温室効果ガス排出抑制の施策として、温室効果ガスを一定以上排出する事業者に、自らの温室効果ガスの排出量を算定し、国に報告することを義務付けた制度。

⑤ 商品の一生で排出される温室効果ガスの量をCO_2の量に換算して商品に表示し、消費者に排出量の少ない製品を購入してもらうことで、事業者に対し温室効果ガス排出の少ない製品の開発を促す仕組み。

⑥ 企業・国などが温室効果ガスを排出することのできる量を排出枠という形で定め、排出枠を超えて排出をしてしまったところが、排出枠より実際の排出量が少ないところから排出枠を買ってくることによって削減したとみなす制度。

(a) 環境基本計画　　　(b) 地球温暖化対策計画　　　(c) 排出量取引制度
(d) カーボンオフセット　　　(e) カーボンフットプリント
(f) 算定・報告・公表制度　　　(g) カーボンプライシング

解答　①…(g)、②…(b)、③…(d)、④…(f)、⑤…(e)、⑥…(c)
日本の地球温暖化対策に関する主要な用語をまとめている。

3-05 我が国における地球温暖化対策（自治体、民間）

未未未 | 07 エネルギー | 12 生産と消費 | 13 気候変動 | 17 実施手段

重要ポイント　　　　　　　check ☒ ☒ ☒

(1) 地方自治体

🖋地方自治体は、地球温暖化対策推進法に基づき「地方公共団体実行計画」を策定し、地域内及び自らの事務・事業（庁舎・施設等）のGHG排出削減を実施。

🖋日本の2030年度温室効果ガス削減目標の引き上げを実現するためには更なる施策の加速化が必要不可欠である。2021年に策定された**地域脱炭素ロードマップ**✐に基づき、**脱炭素先行地域**✐を2030年までに100ヵ所創出すること及び地域の再生可能エネルギーを活用して脱炭素化する事業（**地域脱炭素化促進事業**✐）の促進区域の設定が進められている。一方、これらに対する資金支援として、地域脱炭素移行・再エネ推進交付金があるが、脱炭素化に資する事業に対する資金供給等を強化するため、民間資金を活用する**株式会社脱炭素化支援機構**✐が設立された。これにより脱炭素化の動きが急加速されると期待されている。

🖋上記取り組みにより、2050年にGHG排出量を実質ゼロにすることを表明した自治体（**ゼロカーボンシティ**）は702、これらの自治体の総人口は約1億1,837万人（2022年5月現在）になる。

(2) 市民・NPO

🖋地域の温暖化対策を推進するには市民や**NPO**の役割も重要である。現在では地球温暖化対策推進法に定める「**地球温暖化対策地域協議会**✐」が各地に立ち上げられ、温暖化対策やエネルギー対策への提言や普及啓発活動が各地で行われている。

(3) 国民運動の展開

🖋地球温暖化対策は、様々な主体が協働して取り組むことが重要で、その1つが国民運動である。国民運動の展開は、意識の向上、取り組みの普及・促進としても重要である。2015年から始まった国民運動「**COOL CHOICE（クールチョイス）**」は、従来からの「**クールビズ**✐」「**ウォームビズ**✐」などを含めた温暖化対策に関する"賢い選択"を国民に促す新しい取り組みで、2021年からは、パリ協定の2021年の目標向上分を含めた活動である。さらに、エコ診断による環境負荷の見える化や**ナッジ**✐による行動の変革も期待されている。

⑷ 脱炭素社会を目指して

🌱パリ協定では、2℃目標を達成し、1.5℃に抑える努力を続けることが合意されている。このためには出来るだけ早く人間活動に起因するGHGの排出をゼロ（カーボンニュートラル）にし、豊かで持続可能な脱炭素社会の実現が必要。

🌱パリ協定の目標達成のために、日本は、2050年までにGHGの排出をゼロにする「**2050年カーボンニュートラル**」を宣言した。

🌱グラスゴー気候合意以降、各国はその目標（NDCs）を引き上げたが、この目標値でもGHG排出量は削減できず、2030年には2010年比14%増加するという分析が国連Climate Change（科学者グループ）より出されており、各国は脱炭素社会の実現に向けて一層の努力が求められている。

🌱日本は、かつて世界最高水準の炭素生産性を有していたが、現在では世界のトップレベルから大きく引き離されている。日本もGHGの排出を低減させながら経済成長を行う必要がある。このためには、今までの延長線上ではない、特段の取組みが必要である。

地域脱炭素ロードマップ－2030年までに集中して行う取り組み・施策を中心に、地域の成長戦略ともなる地域脱炭素の工程と具体策を示すもの。

脱炭素先行地域－2050年のカーボンニュートラルに向けて、民生部門の電力消費に伴うCO₂排出の実質ゼロを実現するとともに、日本全体の2030年度目標と整合する削減を地域特性に応じて実現する地域。

地域脱炭素化促進事業－地域の自然的・社会的条件に適した再生可能エネルギーの利用により、地域の脱炭素化のための施設の整備及びその他脱炭素化のための取り組みを一体的に行う事業であって、かつ地域の環境保全、経済社会の持続的な発展になる取り組みを併せて行うもの。

株式会社脱炭素化支援機構－改正地球温暖化対策推進法に基づき、国の財政投融資からの出資と民間からの出資を原資にファンド事業を行う株式会社で、2050年カーボンニュートラルの実現に向け、脱炭素に資する多様な事業への呼び水となる投融資を行う。

地球温暖化対策地域協議会－地球温暖化対策推進法に基づき、地方公共団体、都道府県地球温暖化防止活動推進センター、地球温暖化防止活動推進員、事業者、住民等で構成し、連携して日常生活に関する温室効果ガスの排出抑制等に必要な措置について協議し、具体的に対策を実践することを目的とした組織。

クールビズ（COOL BIZ）－CO₂削減のために、冷房時の室温を28℃にしてもオフィスで快適に過ごすための様々な工夫。期間は5月から10月末まで。

ウォームビズ（WARM BIZ）─クールビズの秋冬版で、過度に暖房に頼らず、20℃の暖房でも暖かく働きやすくする取り組み。実施期間は11月から3月まで。

ナッジ─行動科学の知見から、望ましい行動をとれるよう人を後押しするアプローチのこと。即ち、きっかけとなる情報を与えることで市民に行動変容を促す手法。

問題1　　弄弄弄 check ☒ ☒ ☒

次の語句と最も関係の深い文章を、下記の選択肢から1つ選べ。

① クールビズ（COOL BIZ）
② 脱炭素先行地域
③ ウォームビズ（WARM BIZ）
④ 地域脱炭素化促進事業
⑤ 地球温暖化対策地域協議会
⑥ クールチョイス（COOL CHOICE）

(a) 2030年までに温室効果ガスを2013年比26％削減するという新しい目標の達成を目指して始まったあらゆる「賢い選択」を促す国民運動。

(b) CO_2削減のために、冷房時の室温を28℃にしてもオフィスで快適に過ごすための様々な工夫。

(c) 過度に暖房に頼らず、20℃の暖房でも暖かく働きやすくする取り組み。

(d) 事業や製品購入に対し、金融市場を通じて企業や個人の行動を環境配慮型に変えていくメカニズム。

(e) 「地球温暖化対策推進法」に基づき、地方公共団体、事業者や住民などが連携して温室効果ガスの排出抑制等に必要な措置について協議・対策する組織。

(f) 産業界の温室効果ガスの排出削減に関し、各業界が独自に作成する計画で、国が作成する温室効果ガス削減計画にも影響を及ぼすことが期待されている。

(g) 2050年のカーボンニュートラルに向けて、民生部門の電力消費含めCO_2排出の実質ゼロを地域特性に応じて実現する地域。

(h) グリーンプロジェクトに要する資金を調達するために発行する債券。

(i) 再生可能エネルギーを利用した脱炭素化のための施設の整備及び脱炭素化のための取り組みで、かつ地域の環境保全、経済社会の持続的な発展になる事業。

問題2 ★★★ check ☒☒☒

次の文章の（ ）にあてはまる語句を、下記の語群から1つ選べ。

地球温暖化問題の取り組みは、国による法律・政策・制度の実施に加え、自治体、企業、市民、NPOなどの様々な主体によって進められている。

地方自治体は、温暖化対策に対する「地方公共団体（　①　）」に基づき、地域内及び事務・事業（庁舎・施設等）のGHG排出削減の実施などをおこなってきた。

一方、日本は2021年にパリ協定へ提出する目標値の大幅向上を行ったため地方自治体においても更なる改善が必要となった。政府は今後の計画の基となる（　②　）を策定し、2050年までにCO_2排出実質ゼロの実現を目指す（　③　）を2030年までに100ヵ所創出、および地域の再エネ（再生可能エネルギー）を活用して脱炭素化を促進する事業である（　④　）を定めるよう努めてきた。しかし、これらの事業を行うには資金調達難からその具体的な事業はまだ少なかった。これらの資金には地域脱炭素移行・再エネ推進交付金があったが、さらに民間資金を活用する（　⑤　）を設立し、強化を図った。

地球温暖化対策は、様々な主体が協働して取り組むことが重要で、地球温暖化対策に対する国民の意識向上とともに、取り組みの普及促進を目指して、現在国民運動（　⑥　）が行われているが、さらに（　⑦　）による環境負荷の見える化や（　⑧　）による行動の変革も期待されている。

(a) ナッジ　　　　(b) COOL CHOICE　　　(c) ㈱脱炭素化支援機構

(d) 実行計画　　　(e) 地域脱炭素化促進事業　(f) 脱炭素先行地域

(g) エコ診断　　　(h) 地域脱炭素ロードマップ

第3章 環境問題を知る

解答
［問題1］①…(b)、②…(g)、③…(c)、④…(i)、⑤…(e)、⑥…(a)
［問題2］①…(d)、②…(h)、③…(f)、④…(e)、⑤…(c)、⑥…(b)、⑦…(g)、⑧…(a)

3-06 エネルギーと環境の関わり

07 エネルギー | **13 気候変動** | **14 海洋資源** | **15 陸上資源**

重要ポイント

check ☒ ☒ ☒

現在の文明社会はエネルギーなしでは成り立たない。エネルギーの安定供給は経済社会の発展には不可欠であるが、一方エネルギーの大量消費に伴って、様々な環境問題が発生している。**ロンドンスモッグ事件** や **四日市ぜんそく** などの大気汚染問題、さらに化石燃料の大量消費に伴う二酸化炭素（CO_2）の排出が**地球温暖化**の原因とされている。

化石燃料や核燃料は枯渇性の資源。いつまでも枯渇性の資源に依存することはできない。したがって、2015年9月に採択された**持続可能な開発目標（SDGs）**ではエネルギーの効率的利用の促進がうたわれ、さらに2015年12月には、**パリ協定**が採択され、全世界で脱炭素を加速する機運が高まった。このような状況のもと、我々一人一人が、よりエネルギーと環境の問題に関心を持ち、根本的解決を考えていく必要がある。

エネルギーの分類：**一次エネルギー**と**二次エネルギー**に分けられる。

① **一次エネルギー**：自然から直接得られるエネルギー源。化石燃料（石炭、石油、天然ガスなど）、核燃料、自然エネルギー（水力、地熱、バイオマス、太陽光、風力など）。日本は一次エネルギーの多くを船舶で輸入している。

② **二次エネルギー**：一次エネルギーを利用しやすいように「**エネルギー転換**」して得られるエネルギー源。電力、ガソリン、灯油、都市ガスなど。

エネルギー利用による自然環境への影響

(1) 地球温暖化への影響

- 人間活動に必要なエネルギーの約85%は化石燃料から得ている。産業革命以来、大量の化石エネルギー使用に伴うCO_2が地球温暖化の主原因となっていることや資源の有限性を考えると、化石エネルギーに代わるエネルギーの確保が必要である。

- 天然ガスは、他の化石エネルギーに比べてCO_2の排出が少ない点が長所であるが、インフラの整備が必要。CO_2や硫黄酸化物などの発生を抑えた「**石炭ガス化複合発電** 」や発電所から排出されるCO_2を回収し地中深くに閉じ込める「**CO_2回収・貯留（CCS）** 」などの技術開発が進められている。

⑵ 大気への影響

- 化石燃料の燃焼により、大気汚染の原因になる**硫黄酸化物 (SOx)**、**窒素酸化物 (NOx)**、**粒子状物質**、**揮発性有機化合物 (VOC)**、各種化学物質などが放出され、ぜんそくなどの健康被害のおそれが出ている。日本ではこれらの施設は厳しい規制基準に対応している。また、化石燃料では、硫黄酸化物を含まない天然ガスへの転換が大気環境改善に寄与している。

⑶ 原子力利用による環境への影響

東日本大震災による福島第一原子力発電所の事故は、自然界に大量の放射性物質を放出させ、広範囲にわたり放射能汚染が広がった。今後は、このような事故の防止及び事故時の対応を検討する必要がある。

発電後の高レベル放射性廃棄物は深層に埋め立てて処分する必要があるが、現在、原子力発電環境整備機構 (NUMO) が処分事業を進めようとしている。しかし、その処分地の選定が進んでいない。

⑷ エネルギー利用の各段階で生じる環境への影響

利用の各段階		具体的な例	主な環境への影響の具体例
一次エネルギー	採取	掘削 (石油・石炭・天然ガス・シェールガス)、大規模ダム開発	自然生態系の破壊 石油資源採掘時の河川汚染 (例：ナイジェリア) **シェールガス**採掘時の水質汚染、地震発生リスク
	輸送	タンカー、タンクローリーなどによる輸送	大気汚染、輸送中の事故による海洋汚染など **エクソン・バルディーズ号原油流出事故**、 **ナホトカ号重油流出事故**、**メキシコ湾原油流出事故**
エネルギー転換		火力発電、石油精製、コークス生産、原子力発電、太陽光発電、風力発電	大気汚染、CO_2排出、熱汚染、放射性物質放出など 太陽光発電の太陽パネルの光反射 (住宅への影響) 風力発電での**低周波振動**、**シャドーフリッカー**や**バードストライク**
二次エネルギー	輸送	送電・配電、タンクローリーによる輸送、都市ガス配管	輸送中の事故やガス漏れによる環境汚染など ベンゼンなどの化学物質の排出による環境汚染 自動車排気ガスによる微量化学物質の排出
	消費	電気製品、ガソリン自動車、都市ガス暖房	大気汚染、CO_2排出、熱汚染
処分・廃棄		低温熱として拡散 専用施設での保管	排熱による**ヒートアイランド現象** 放射性物質の拡散

ロンドンスモッグ事件－1952年12月ロンドンで生じた大気汚染。石炭やディーゼル油からの亜硫酸ガスにより霧状の汚染物質が拡散し、気管支炎などにより4,000人以上の死者が出た。

石炭ガス化複合発電－石炭をガス化して、ガスタービンと蒸気タービンを組み合わせて発電する方式(コンバインドサイクル発電)。従来の石炭火力に比べて高効率で発電することができる。

CO_2回収・貯留(CCS)－P67の解説「CCS(Carbon Capture and Storage)」を参照。CO_2排出量が大きい発電や製鉄業などにおける有効な削減手法として注目されている。

シェールガス－地下数百～数千mの頁岩層(シェール層)に含まれるガス。主成分はメタンでLNG(液化天然ガス)と変わらないが、従来のガス田とは異なる場所にあるため、「非在来型天然ガス」と呼ばれる。急激な生産量増により世界的に注目されており、2014年のアメリカの天然ガス生産量のうち48%を占めている。2040年には約70%になると予想されている。

エクソン・バルディーズ号原油流出事故－1989年3月、エクソン社の巨大タンカーがアラスカ沖で座礁し、4.2万KLの原油を流出。魚類、海鳥、海獣などに大きな被害を与えた。原油流出事故に対応するための国際条約採択の契機となった。

ナホトカ号重油流出事故－1997年1月、島根県隠岐島沖でロシア船籍ナホトカ号が荒天のため船体が分断し沈没。積載していた重油が流出し、福井県や石川県など広域に漂着。

メキシコ湾原油流出事故－2010年4月、メキシコ湾沖の海底油田掘削施設の爆発事故で大量の原油が流出し、メキシコ湾沿岸地域に大きな被害を与えた。

シャドーフリッカー－回転する羽で起こる光の明滅。住民に不快感を与える懸念がある。

バードストライク－鳥が構造物に衝突する事故をいう。主に航空機が鳥と衝突する事例を指すことが多い。このほか、鉄道、自動車、風力発電の風車などにおいても起きている。

問題　　　　　　　　　　　　check ☒ ☒ ☒

次の文章の(　)にあてはまる最も適切な語句を、下記の語群から選べ。

1. エネルギー資源を次の2つに分類する考え方がある。1つは、石炭、(　**①**　)、天然ガス、水力、地熱、太陽光、バイオマス、風力など自然界に存在するままの形のエネルギー源で、(　**②**　)と呼んでいる。

もう1つは、このエネルギーを人間が使いやすい形に(　**③**　)して得られる

電力、（　④　）、石油製品である（　⑤　）などで、（　⑥　）と呼んでいる。

2. 現在、人間活動に必要なエネルギーの（　⑦　）％は化石燃料から得ている。産業革命以来、大量の化石燃料の利用によって排出される（　⑧　）が今日の（　⑨　）の主原因といわれている。化石燃料を利用する際は、（　⑧　）の発生をできるだけ抑える必要がある。例えば通常の石炭火力発電に比べてクリーンかつ高効率に石炭を燃焼できる（　⑩　）の技術や、発電所から出る（　⑧　）を回収し地中深くに閉じ込める（　⑪　）などの技術が注目を浴びている。

3. 地球温暖化対策として、再生可能エネルギーの１つである風力発電の導入が進められているが、風力発電については低周波騒音やシャドーフリッカーによる被害とともに（　⑫　）と呼ばれる事故が起こっている。

4. 火力発電所や工場などでは、石油・石炭・天然ガスなどの化石燃料を燃焼することにより、大気汚染の原因になる窒素酸化物（NOx）、（　⑬　）、粒子状物質、各種化学物質などが排出され、（　⑭　）などの健康被害を引き起こすおそれがある。また、窒素酸化物（NOx）や炭化水素（HC）は、強い日差しのもとでオゾンなどの酸性化物質を増加させ、（　⑮　）の原因となることもある。

語群

(a) 都市ガス　　(b) ガソリン　　(c) 石油　　　(d) 地球温暖化

(e) 約85　　　(f) 約95　　　(g) CO_2　　　(h) ぜんそく

(i) 光化学スモッグ　　　(j) バードストライク

(k) 一次エネルギー　　(ℓ) 二次エネルギー　　(m) 大規模ダム開発

(n) 石炭ガス化複合発電　　(o) エネルギー転換

(p) 硫黄酸化物（SOx）　　(q) CO_2回収・貯留（CCS）

解答　①…(c)、②…(k)、③…(o)、④…(a)、⑤…(b)、⑥…(ℓ)、⑦…(e)、⑧…(g)、⑨…(d)、⑩…(n)、⑪…(q)、⑫…(j)、⑬…(p)、⑭…(h)、⑮…(i)

第3章　環境問題を知る

3-07 エネルギーの動向

07 エネルギー

重要ポイント

check ☒ ☒ ☒

世界のエネルギー需要と供給

エネルギー需要は人口増加と経済発展に伴い増大してきた。主要なエネルギー供給源は、石炭、石油、天然ガスである。これまでエネルギー消費の中心は石油であったが、現在は石油、ガス、石炭の割合は拮抗しつつある。また今まで増加していた石油は2020年に減少に転じた ⬤。

⬤ 世界のエネルギー消費の推移（エネルギー源別、一次エネルギー）

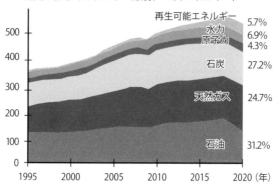

〔出典：BP「Statistical Review of World Energy 2021」より作成〕

エネルギー源別エネルギー消費の推移 ⬤

石油：発電用の消費は他のエネルギー源へ転換が進んでいるとともに、輸送用燃料もハイブリッド車や電気自動車が普及し始め、2020年には減少に転じた。

石炭：2000年代、安価な燃料として中国をはじめアジアで増加したが、近年は中国の需要は鈍化し、米国の天然ガス代替による需要減少から石炭消費量は減少。

天然ガス：気候変動への対応を強く求められる先進国で、発電用、都市ガス用の消費量が増加している。また世界的に石炭火力発電から天然ガス火力発電への転換が進んでいる。

その他：原子力は1970年代後半から、再生可能エネルギーは太陽光・風力を中心に2000年代後半から、その消費量を大きく伸ばしている。水力を除く再生可能エネルギーのエネルギー消費全体に占める割合は5.7％に上昇している。世界全体の電力増加の最も大きなエネルギー源は再生可能エネルギーである。太陽光発電、風力発電のコストが低下しており、今後とも再生可能エネルギー

のシェアは拡大すると予測される。

🌱 エネルギー需給の将来展望と最近の状況

- 国際エネルギー機関（IEA）は、3つの将来シナリオ（公表政策、表明政策、ネットゼロシナリオ）を想定して2050年の世界エネルギー供給を展望している。公表政策及び表明政策のシナリオでは2050年の世界の一次エネルギー消費量は大幅に増加する。一方、ネットゼロシナリオは、気温上昇1.5℃に抑えるパリ協定の目標であるが、この場合、2050年の世界一次エネルギー消費量は2020年比約0.92倍、石油換算で約130億トンへ減少する。またエネルギー源別の内訳は、石炭、石油の消費量は大幅に減少し、水力を含む再生可能エネルギー及び原子力を増やすことになり、特に再生可能エネルギーは2050年には2020年比3.91倍に増加する見通しである。

- 最近のエネルギー状況は、新型コロナウイルス感染症からの経済回復に伴ってエネルギー需要が拡大しているが、化石燃料への投資不足とともにロシアのウクライナ侵攻があり、それに対するロシアへの経済制裁及びロシアの報復制裁などにより世界的にエネルギー需給が逼迫している。日本は、エネルギー安定供給の見地から既設原子炉の運転延長や次世代革新原子炉の開発・建設の議論を始めている。

問題　　　　🌲🌲🌲　check ☒☒☒

次の文章の中で、内容が不適切なものをすべて選べ。

① 世界の一次エネルギー供給は、主要なエネルギー供給源である石炭、石油、天然ガスのいずれも供給量が増加している。

② IEAの分析によると、ネットゼロシナリオを実行できれば、2050年の一次エネルギーの消費量は2020年比0.92倍と減少する。

③ 石炭は安価なエネルギー源として中国を始め途上国を中心に消費量が増加しつづけている。

④ 日本の今後のエネルギー政策は、既設原子炉の運転延長と次世代革新原子炉を充実させることである。

⑤ 再生可能エネルギーの消費量はまだ少ないが、その伸び率は各種エネルギー源の中で最も高い。

解答　①③　①：石炭は減少傾向。　③：近年、中国の需要も鈍化するとともに、米国で天然ガス代替が進み需要は減少傾向にある。

3-08 日本のエネルギー政策の経緯

07 エネルギー　13 気候変動　17 実施手段

重要ポイント

check ☒ ☒ ☒

(1) 日本のエネルギー政策の系譜

時期	主な出来事
戦後復興期	国産エネルギー資源 (石炭と水力) により経済復興。
高度成長期	・急速に石油転換が進む。 ・1970年代の二度にわたる石油危機で石油価格高騰 (4倍)。資源の9割以上を輸入に依存していた日本は、**省エネ法**の制定など省エネルギー政策を推進。過度な石油依存からの脱却が不可欠となり、「**エネルギーミックス**✎」という考え方に転換した。 ・原子力を含め、液化天然ガス (LNG)、新エネルギー等の導入も進み、以下の2つをエネルギー政策の基本 (**2つのE**) とした。 ①「**安定供給の確保 (Energy security)**」、 ②「**経済効率性の向上 (Economic efficiency)**」
1990年代	・地球温暖化への対応から、もう一つのE (③「**環境への適合 (Environment)**」) が必要となり、エネルギー政策は3Eを柱に。
2000年代	・2002年「エネルギー政策基本法」が成立し、国は「**エネルギー基本計画**✎」を策定することとなった。 ・2010年6月に策定された「エネルギー基本計画」は、**3E**を重視し、2030年までに原子力の比率を約5割にするなど、原子力を電力供給の基幹にした。
2010年代	・2011年3月、福島第一原発事故が発生。「**安全性 (Safety)**」の重要性を再認識。「**3E＋S**」の実現がエネルギー政策の基本課題となった。 ・民主党政権は、2011年に「エネルギー・環境会議」を設置し、将来のエネルギー選択肢について国民的議論を行い「革新的エネルギー・環境戦略」を決定。 ・2014年に政権交代後、「第4次エネルギー基本計画」を閣議決定。 ・2015年にパリ協定の採択により脱炭素を加速する機運が高まる。 ・2020年政府は「2050年にカーボンニュートラル、2030年にGHG排出量46%削減、更に50%の高みへの挑戦」を宣言。 ・2021年10月「第6次エネルギー基本計画」を閣議決定。

(2) 第6次エネルギー基本計画

📌 日本はパリ協定採択後の世界情勢 (再生可能エネルギー価格の大幅な低下など) を受け、2020年の「2050年カーボンニュートラル」の宣言のもと、以下の「第6次エネルギー基本計画」を2021年10月閣議決定した。

- 2050年カーボンニュートラル、2030年度の46%の削減、更に50%の高みへの挑戦の実現に向けたエネルギー政策の道筋を示す。
- 安全性の確保を大前提に、気候変動対策を進めながら、安定供給の確保やエ

ネルギーコスト低減および「3E+S」に向けた取り組みを進める。

⑶ 第6次エネルギー基本計画の2030年向け対応の具体的な施策

①**再生可能エネルギー**：再生可能エネルギーを最優先の原則で取り組み、再生可能エネルギーの主力電源化を徹底。再生可能エネルギーが石炭火力等より優先的に基幹送電系統を利用できるように系統利用ルールの見直しを行う。

②**原子力**：安全を優先し、可能な限り依存度を低減する。使用済み燃料対策、核燃料サイクル、最終処分、廃炉などの課題があり、その対応が必要。

③**化石燃料**：CO_2排出を実質ゼロにするように抜本的に転換を進める必要がある。再生可能エネルギーの変動性を補う調整力としての重要な機能を踏まえ、その機能をいかに脱炭素電源に置き換えるかがカギとなる。

④**産業・業務・家庭・運輸部門**：これらの部門では、まず徹底した省エネルギーによりエネルギー消費効率を改善する。また脱炭素化された電力による電化が可能な分野は電化を進める。電化が困難な熱需要や製造プロセスでは、水素・合成メタン・合成燃料などの利用や革新的技術の実装が不可欠。

⑤**2030年におけるエネルギー需給の見通し**：2030年のGHG46%削減に向け、徹底した省エネルギーと非化石エネルギーの拡大を進める。2030年の一次エネルギー供給は、石油等31%、再生可能エネルギー22〜23%程度、天然ガス18%程度、石炭19%程度、原子力9から10%程度、水素等1%程度と見込む。

⑷ 再生可能エネルギーの推進施策

🌱再生可能エネルギーは、初期投資費用が高く、導入は進まなかった。

2002年にRPS制度✏️、2009年に余剰電力買取制度を導入、さらに2012年7月にこれらの制度の代わりに再生可能エネルギー特別措置法に基づいて導入された**固定価格買取制度（FIT、フィードインタリフ制度）**✏️は設備導入を急速に促進した。一方、高額な買取価格による**再生可能エネルギー賦課金（再エネ賦課金）**の増大が問題となり、2017年7月から買取価格が入札制度へ移行し、再生可能エネルギーのコスト抑制の取り組みが始まった。

🌱再生可能エネルギーの導入は地域活性化にも役立つが、その促進には規制緩和、技術開発、および送配電網や蓄電などのインフラ整備の推進が重要である。

⑸ 省エネルギーの推進施策

省エネルギーの施策は、省エネ法（2021年改正）及び**建築物省エネ法**（2021年改正）の規制措置と省エネ診断、技術開発、補助金等の支援措置がある。

省エネ法及び建築物省エネ法における施策

施策・工夫	内容
省エネ法	・事業者にエネルギー使用の合理化を求め、毎年度省エネ対策の取り組み状況の報告を義務付け、中長期的にエネルギー消費原単位を年平均1%以上低減の努力目標を課している。 ・自動車、家電製品、建材の製造業者に対し、業務・家庭・運輸部門で使用する機器等では**機器・建材トップランナー制度**により、エネルギー消費効率の向上。
建築物省エネ法	・新築・増改等を行う際に建築物エネルギー消費性能基準への適合義務。 ・一定規模以上の事業者が新たに供給する住宅は、省エネ基準を超えるトップランナー基準を平均的に満たす努力義務。

エネルギーミックス―エネルギー源を多様化し、火力、水力、原子力などのエネルギー源の特徴を生かして利用する考え方。

エネルギー基本計画―エネルギー政策基本法に基づき、政府が定めるエネルギー需給の基本的な計画。少なくとも3年ごとに見直し、また必要に応じて変更。

RPS制度―電力会社に一定割合の再生可能エネルギーの導入を義務付ける制度。新エネルギー利用法により2002年に導入されたが、2012年以降、固定価格買取制度に統一された。

固定価格買取制度（FIT、フィードインタリフ制度）―再生可能エネルギーを用いて発電された電力を、国が定める期間、国が定める価格で電力会社が買い取ることを義務付けた制度。買取に必要な費用は再生可能エネルギー賦課金として電気料金に上積みして各家庭や需要家が電気使用量に応じて負担する。

機器・建材トップランナー制度―製造メーカーなどに対して、現存する最も効率の良い製品を基に設定した省エネ基準（トップランナー基準）を目標年までに達成することを義務付ける制度。乗用自動車、エアコン、テレビ、照明器具、断熱材サッシなど32品目対象（2020年4月現在）。このうち19品目は、「省エネラベリング制度」により基準達成なら緑、未達ならオレンジの「省エネ性マーク」でトップランナー基準の達成度を表示することが決められている。さらに、エアコン、テレビ、冷蔵庫・冷凍庫、電気便座、家庭用蛍光灯器具については、統一省エネラベルが定められている。

問題

�|�| |弉 check ☒☒☒

次の文章の（　）にあてはまる最も適切な語句を、下記の語群から選べ。

1. 従来、エネルギー政策の基本は、安定供給の確保（Energy security）、経済効率性（Economic efficiency）、（　①　）の3Eであったが、福島第一原発事故が起き（　②　）の重要性が再認識され、現在は（　③　）の実現が基本課題となった。

2. 日本は、2020年に「2050年カーボンニュートラル」宣言をした。その内容は"2050年までに日本で排出するGHGを（　④　）にする。そのために、2030年までにGHG排出量を少なくとも（　⑤　）％削減、可能であれば（　⑥　）％削減に挑戦する。"というものである。したがって、2021年に作成した（　⑦　）は、上記宣言を達成するためのエネルギー政策の道筋を明確にした計画となっている。

3. 省エネ法では、（　⑧　）を定め、車や家電製品をはじめ32品目（2021年4月現在）の一層の省エネルギー化を進めている。

4. 再生可能エネルギーは初期費用が高く、導入がなかなか進まなかったが、再生可能エネルギー特別措置法に基づいて2012年7月に導入された（　⑨　）により設備の導入が急速に進んだ。しかし、高額な買取価格から（　⑩　）も高額になるという問題が発生し、現在は買取価格を入札制にして買取価格のコスト抑制に取り組んでいる。

第**3**章 環境問題を知る

語群　(a) 省エネ法　　　　(b) 50　　　　　(c) 再生可能エネルギー賦課金
　　　(d) 実質ゼロ　　　　(e) 46　　　　　(f) 第6次エネルギー基本計画
　　　(g) 3E＋S　　　　　(h) 安全性（Safety）
　　　(i) 機器・建材トップランナー制度
　　　(j) 環境への適合性（Environment）　　(k) 固定価格買取制度（FIT）

解答　①…(j)、②…(h)、③…(g)、④…(d)、⑤…(e)、⑥…(b)、⑦…(f)、⑧…(i)、⑨…(k)、⑩…(c)

3-09 エネルギー供給源の種類と特性

07 エネルギー

重要ポイント

check ☒ ☒ ☒

🌱エネルギーの供給源として、化石燃料（石炭、石油、天然ガス）、原子力、再生可能エネルギー（水力、太陽光、風力、地熱など）がある。日本は、石油や天然ガスのほとんどを海外からの輸入に依存している。

🌱2020年における日本のエネルギー自給率は11%と諸外国と比較して非常に低い。国内にある再生エネルギーの資源量は、洋上風力のみでも現在の日本の総発電量をはるかに超える500GW以上と推定されており、エネルギー自給率向上のカギとなる。

🌱近年、地域単位でエネルギーの自給自足を目指す試みがある。これは、地域の災害時のレジリエンシィの強化につながることから、政府は配電網管理を地域に移管する制度を設けた。

🌱2020年の日本の**一次エネルギー供給構成**は、石炭25%、石油36%、天然ガス24%で、化石燃料依存率は約85%と依然として高い。

🌱2020年の電源構成比は、石炭31%、石油6%、天然ガス39%、原子力4%、**再生可能エネルギー**20%（うち水力8%）となっている。

■主なエネルギー供給源の特徴

種類		用途、輸入先、特徴など
化石燃料	石炭	①**用途**：火力発電、鉄鋼生産、セメント生産や紙パルプ産業などの燃料。 ②**主な輸入先**：オーストラリア、インドネシア、カナダ、ロシア ③**特徴**：最も低コストの燃料であるが、単位エネルギー当たりのCO_2排出量が大きく大気汚染物質の放出が大きい。
	石油	①**用途**：原油を蒸発温度の違いによって蒸留・精製し、ガソリン、軽油、灯油、重油などの液体燃料として利用。液体のため輸送や取り扱いが容易。主な使用先は、輸送用・暖房用・産業用燃料。火力発電向けの割合が小さくなっている。 ②**主な輸入先**：中東からの輸入割合88.3%（2018年） ③**石油備蓄**🖊：石油危機の経験から、年間消費量の242日分に相当する石油（8,271万kL）を備蓄している（2020年4月末）。
	天然ガス	①**用途**：発電用と都市ガス用（**コージェネレーション**🖊、空調用、産業用熱源） ②**主な輸入先**：マレーシア、カタール、オーストラリア、ロシアなど ③**特徴**：輸送時には低温で液化してLNG（液化天然ガス）タンカーで輸送。燃焼に伴うCO_2排出量は石炭の半分、石油の4分の3で大気汚染物質の発生が少ない。近年は、**シェールオイル・シェールガス**の開発が進んでおり、大きな資源量が見込まれている。米国における増産は顕著で、2018年には、世界最大の産油国・産ガス国になった。

原子力	①**経緯**：石油危機以来、石油代替エネルギーとして原子力発電を拡大してきた。2011年の福島第一原発の事故により、原子力への信頼が崩れた。この結果、原子力規制委員会による新規制基準を満たし、地元の了解を得た原発のみ再稼動することになった。 ②**課題**：使用済核燃料、再処理と放射性廃棄物の処理・処分方法の研究・開発。
再生可能 エネルギー	①**種類**：水力、地熱、太陽光、太陽熱、風力、バイオマスなどの自然エネルギー ②**特徴**：エネルギー自給率を向上させ、枯渇せず、永続的。発電時CO_2を排出しない。

 石油備蓄—国家備蓄（国の直轄）と民間備蓄（民間石油会社に法律で義務付け）の2本立てで進められている。

コージェネレーション— 3-11参照。

問題

 check ☒ ☒ ☒

次の文章の中で、その内容が不適切なものをすべて選べ。

① 日本は化石燃料のほとんどを海外に依存している。2020年における日本のエネルギー自給率は11％と諸外国と比較して非常に低い。

② 2020年の日本の一次エネルギー供給構成の約85％は、化石燃料である。

③ 2020年の日本の一次エネルギー中の化石燃料の内訳は、トップは天然ガス、次いで石油及び石炭が続いている。

④ 日本は、再生可能エネルギーの推進により、2018年では発電電力量で見た電源構成比中の水力を除く再生可能エネルギーの割合は20％を超えている。

⑤ 再生可能エネルギーとは、太陽光、風力、地熱など、自然環境の中で繰り返し補給されるエネルギーである。

解答 ③④ ③：トップは石油、次いで石炭、天然ガスの順であるがその差は縮まっている。
④：水力を除く太陽、風力等の再生可能エネルギーは12％である。

3-10 再生可能エネルギー

未来未来 | 07 エネルギー

重要ポイント

check ☒ ☒ ☒

再生可能エネルギー

自然環境の中で繰り返し補給される太陽光、風力、波力・潮力、流水・潮汐、地熱、地中熱利用、温度差熱利用、雪氷熱利用、バイオマスなど。

長所	短所
①枯渇しない　②多くを国内で自給できる　③発電時にCO₂を排出しない　④地域内でエネルギーを作り消費する分散型エネルギーシステム☑に適する	①エネルギー密度が低く広い面積を必要とする　②出力変動が大きい

- 従来、太陽光発電、風力発電はコストが高く技術開発の要素が大きいといわれていたが、最近の欧米では市場競争力を持つまでにコストが低下している。2020年における平均発電コストは、太陽光で0.06ドル/kWh、風力は0.04ドル/kWhである。
- 太陽光発電、風力発電は、気象条件により発電量が乱高下する。それを緩衝するために揚水発電や火力発電が必要。
- 再生可能エネルギーは分散型なので、電力系統の運用方法の変更が必要。

以下に主な再生可能エネルギーの概況を記す。

(1) 太陽光発電

- 太陽光を15～20%の効率で直接的に電力に変換する発電システム。
- 気象条件、時間帯、季節によって発電量が大きく変動する。日照が良いときは大量に発電するので余剰電力を揚水発電のダム等で吸収貯蔵が必要。
- 2020年時点の世界の発電設備容量は7.7億kWで、日本は、メガソーラー☑を含め7,187万kWで、中国、米国に次いで世界第3位。
- 安全面、防災面、環境への影響、FIT調達期間の終了後の事業継続や再投資が行われないことへの懸念が高まっているが、需給一体の地域電源として利用する取り組みも拡大している。

(2) 風力発電

- 風が持つエネルギーの30～40%を電力に変換することができる。
- 太陽光と同じように気象条件で発電量が大きく変動する。
- 世界の風力発電設備容量は近年急速に増加し、2020年に約7.4億kWになっ

た。導入量が多いのは中国（約2.9億kW）、米国（約1.2億kW）、ドイツ（約0.6億kW）である。

- 日本では、北海道、東北、九州を中心に**ウインドファーム** 🖊 の建設が進んでおり、2020年時点で約437万kWになった。
- 近年、洋上風力発電の市場も拡大している。周囲が海に囲まれている日本にとって洋上風力発電の導入は重要。2019年に「海洋再生可能エネルギー発電設備の整備に係る海域の利用の促進に関する法律」が施行され、公募による事業者の選定が行われている。

(3) バイオマスエネルギー

- 化石資源を除く動植物に由来する有機物でエネルギー源として利用可能なものを指し、**カーボンニュートラル** 🖊 な再生可能エネルギーとされている。
- **FIT** 🖊 による導入や廃棄物を燃料とする廃棄物発電など、バイオマス発電の設備容量は近年増加している。
- 輸送用に使われるバイオ燃料としては、**バイオエタノール** 🖊 や**バイオディーゼル** 🖊 及び航空機の燃料として**SAF** 🖊 がある。
- 発電用及び輸送用のバイオ燃料では、原料となる有機物をバイオ燃料にするためにエネルギーが必要である。したがって、カーボンニュートラルの観点からは、バイオ燃料の原料の製造、流通、使用、廃棄、リサイクルに至るライフサイクル全体の温室効果ガス排出量を評価することが必要。

(4) 水力発電

- 再生可能で純国産のクリーンなエネルギーの供給源として重要。
- 大規模タイプは開発し尽くされており、今後は中小水力発電の活用が必要。
- 小水力発電はエネルギーの地産地消にもつながる。
- FIT制度の効果で、2020年度末までに70万kWの小水力発電が新たに稼働。
- **揚水発電** 🖊 は電力需要の低い夜間などにダムに揚水し、必要な時にその水で発電することができるので、蓄電設備の機能を有している。

(5) 地熱発電

- 地熱エネルギーは枯渇の心配はなく、発電は連続して行われる。温泉水によるバイナリー発電 🖊 の導入が始まり、地産地消エネルギーとして期待されている。

第**3**章 環境問題を知る

- 課題：開発期間が長くリスクが高いことや立地地域が国立公園や温泉などの施設が点在する地域と重なるので、行政や地元関係者との調整が必要。

 分散型エネルギーシステム―一般的には、電力システムの上流からの電力供給に依拠するのではなく、比較的下位の系統において、地域に存在する分散型エネルギー等を活用しながらエネルギー供給を行うようなエネルギーシステム。エネルギーの地産地消に適している。一方、大型火力発電や原子力発電など大規模な発電所で発電し、各需要家に送電するシステムは集中型発電システムという。

メガソーラー―発電規模が1,000kW（1MW）以上の出力を持つ太陽光発電施設のこと。

ウインドファーム―風力発電設備を集中的に設置した大規模な発電施設。

カーボンニュートラル―二酸化炭素の増減に影響しない性質。

FIT（固定価格買取制度）―2012年7月スタート。再生可能エネルギー（太陽光、風力、水力、地熱、バイオマス）による電気を、一定期間・一定価格で電力会社が買い取ることを義務付けた制度。

バイオエタノール―サトウキビ、トウモロコシなどの農産物、廃木材などを発酵させて製造されるエタノール。ガソリンと混合してガソリン車に使用。

バイオディーゼル―大豆、菜種油、パーム油などの植物油や廃食用油などが原料。そのまま、または軽油に混合してディーゼル車に使用される。

SAF―主に植物などのバイオマス由来の原料や、飲食店や生活の中で排出される廃棄物・廃食油などを原料にして製造される航空機用燃料で、原料となる植物は光合成を行うため、二酸化炭素を一方的に排出するだけではなく、リサイクルしながら燃料として使用できるのが特徴の持続可能な燃料。

揚水発電―大発電所をはさんで上部と下部に水を貯えるための調整池を作り、上部調整池から下部調整池に水を流下させて発電する。電力の使用量が少ない時間に水車を逆回転させて上部調整池に水をくみ上げ、必要な時に水を流下させて電気を作る。

バイナリー発電―加熱源より沸点の低い媒体を加熱・蒸発させてその蒸気でタービンを回す方式である。加熱源系統と媒体系統の2つの熱サイクルを利用して発電することから、バイナリーサイクル発電と呼ばれており、地熱発電などで利用されている。

問題 ☘☘☘ check ☒☒☒

次の文章の示す内容に最も関連の深い語句を、下記の語群から1つ選べ。

① 廃棄物など化石資源以外の動植物に由来する有機物をエネルギー源として利用する再生可能エネルギー。

② 地域ごとにエネルギーを作り、その地域内で使っていこうとするシステム。

③ 発電規模が1,000kW以上の出力の太陽光発電施設。

④ 植物油や廃食用油などを原料として作られる燃料で、軽油に混合して使われる。

⑤ 二酸化炭素の排出を完全にゼロにすることは難しいが、実際に排出した二酸化炭素については同じ量を吸収又は除去することで差し引きゼロにすること。

⑥ バイオマス由来の原料や飲食店や家庭などから排出される廃棄物、廃食用油などを原料に作られる航空機用燃料。

⑦ 発電所の上流部と下流部に調整池を設け、電力需要の少ない時に下部調整池から水をくみ上げ、上部調整池に貯め、電力が必要となったときに、上部調整池から水を流して発電する方式。

⑧ 再生可能エネルギーによる電気を、一定期間・一定価格で買い取ることを電力会社に義務付けた制度。

⑨ サトウキビ、トウモロコシなどの農産物、廃木材などを発酵させて製造される燃料で、ガソリンと混合して使われる。

⑩ 地熱発電などで利用されているシステムで、加熱源より低い沸点の媒体を加熱・蒸発させてその蒸気でタービンを回して発電するシステム。

(a) メガソーラー　　　(b) SAF　　　(c) 揚水発電　　　(d) FIT

(e) バイオエタノール　　(f) バイオマスエネルギー

(g) バイオディーゼル　　(h) バイナリー発電

(i) 分散型エネルギーシステム　　　(j) カーボンニュートラル

第3章 環境問題を知る

解答 ①…(f)、②…(i)、③…(a)、④…(g)、⑤…(j)、⑥…(b)、⑦…(c)、⑧…(d)、⑨…(e)、⑩…(h)

3-11 省エネルギー対策と技術

耒耒耒 **07** エネルギー **09** 産業革新

重要ポイント

check ☒ ☒ ☒

⑴ 省エネルギー技術

①ヒートポンプ

✈エアコン、冷蔵庫、乾燥洗濯機などに活用されている。

✈気体を圧縮すると温度が上昇し、膨張すると温度が下がる原理を利用して熱を移動させる技術。消費電力の約3倍以上の熱エネルギーを生み出すことができる。

② 燃料電池

✈都市ガスなどから得られる水素と空気中の酸素を電気化学反応させて発電する装置。火力発電は部分負荷運転では発電効率が大きく低下するが、燃料電池は部分負荷でも40%程度の高い発電効率であることが特徴である。また、反応時の熱を利用できるコージェネレーションでありエネルギー効率の高いシステム。

✈自動車用、産業用、家庭用で技術開発が進んでいる。携帯電話などモバイル機器の電源としても注目。家庭用燃料電池(「**エネファーム**」)の普及も進んでいる。

③ インバーター

✈交流電気をいったん直流に変え、この直流を周波数の異なる交流に変える装置。

✈エアコン、冷蔵庫、洗濯機など多くの家電製品に使用されている。電力の周波数を変えることで、モーターの回転数を細かく制御し消費電力を抑える。

④ 複層ガラス、断熱サッシ

✈住宅では窓などの開口部から大きな熱の出入りがある。窓を複層ガラスや断熱サッシにすることにより、省エネになる。

⑵ システムとしての省エネルギー対策

① ZEH、ZEB（ネット・ゼロエネルギー・ハウス、ビル）

✈ZEH（ゼッチ）は、外壁の断熱性向上、高効率設備の導入による大幅な省エネルギーの実現と再生可能エネルギーの導入により、年間エネルギー消費量収支ゼロを目指した住宅。ZEB（ゼブ）も先進的な建築設計によるエネルギー負荷の抑制や自然エネルギーの積極的な活用により年間エネルギー消費量の収支ゼロを目指した建築物。

② コージェネレーション（熱電併給）

✈都市ガス、LPG、重油などを燃料として発電を行い、発生する排熱で温水や蒸気をつくり、給湯や冷暖房などに使用するシステム。

🖋冷却水や排熱を活用で、エネルギー効率は75〜80%（火力発電所は40%程度）。

🖋これを地域に導入すれば、スマートコミュニティとしてエネルギー供給の効率化や非常時のエネルギー確保に役立つ。

③ スマートグリッド、スマートコミュニティ

🖋スマートグリッドは、**スマートメーター**などの通信・制御機能を活用した次世代の送電網。通信・制御機能を利用し電力の需要と供給のバランスをとることで、再生可能エネルギーの有効活用、送電ロスの低減や電力の安定供給が図れると期待されている。地域でスマートグリッドを導入すると、**スマートコミュニティ**としてエネルギー供給の効率化、大幅な省エネルギー、非常時のエネルギー確保が可能。

④ ESCO（Energy Service Company）事業

🖋工場・事業所の省エネルギーを推進するため、省エネルギーに必要な技術、設備、人材、資金などを提供し、省エネルギー効果を保証し、低減されたエネルギー費用をESCO事業の対策費用や報酬にあてる。2019年の市場規模486億円。

> 🖋 スマートメーター—ビルや家庭で消費する電力量をリアルタイムにデータ化し、ネットワークで電力事業者に自動送信できる高機能の電力量計。

第**3**章　環境問題を知る

問題　🌾🌾🌾 | check ☒ ☒ ☒

次の文章の示す内容に最も関連の深い語句を、下記の語群から1つ選べ。

① 電気の周波数を変えることで、無駄な電気を省く。

② 発電時の排熱を回収し利用して、電気と熱を同時に供給する。

③ 利用しにくい低い温度の熱を利用する。

④ 水素と酸素を反応させて電気を発生させる。

⑤ 年間エネルギー収支ゼロを目指した住宅。

⑥ 省エネに必要な技術、設備、人材、資金などを包括的に提供する。

⑦ 情報・通信技術を活用した次世代の送電網。

(a) ZEH	(b) コージェネレーション	(c) ESCO事業
(d) インバーター	(e) スマートグリッド	(f) ヒートポンプ
(g) 燃料電池		

解答　①…(d)、②…(b)、③…(f)、④…(g)、⑤…(a)、⑥…(c)、⑦…(e)

3-12 生物多様性の重要性

素素素 **14** 海洋資源 **15** 陸上資源

重要ポイント

✈ 「生物多様性条約 ✎」では、**生物多様性**を「すべての生物の間に違いがあること」と定義し、3つのレベルでの多様性があるとしている。

3つの多様性	内容
生態系の多様性	干潟、サンゴ礁、森林、湿原、河川などいろいろな生態系
種の多様性	いろいろな動物・植物・菌類・バクテリアなど。既知のもので約175万種。知られていない生物を含めて3,000万種（推定）
遺伝子の多様性	同じ種でも、個体や個体群の間に遺伝子レベルでの違い

✈ 私たちと生物多様性の関わり

生物多様性基本法 ✎ の前文では、生物多様性と人類の関わりを次のように述べている。

- 生命の誕生以来、様々な環境に適応して進化し、今日多様な生物が存在する。
- 環境の自然的構成要素との相互作用により、多様な生態系が形成されている。
- 人類は、生物の多様性のもたらす恵沢を享受することにより生存している。
- 生物の多様性は、地域独自の文化の多様性をも支えている。
- 私たちは、生物多様性がもたらす恵沢を次世代に引き継いでいく責任がある。

✈ 自然の恵み（生態系サービス）

私たちの生活は、食料、水、清浄な大気、気候の安定など、多様な生物が関わる生態系からの恵みによって支えられている。生態系から得られる恵みは「**生態系サービス**」と呼ばれている。

国連が行った「ミレニアム生態系評価（MA） ✎」では、生態系サービスを4つに分類している。

分類	具体例
供給サービス	食料、水、木材、繊維、燃料、医薬品の原料などの提供
調整サービス	水質浄化、気候調節、洪水の制御など自然災害の防止や被害の軽減、疾病制御など
文化的サービス	自然景観などの審美的価値や宗教などの精神的価値、教育やレクリエーションの場の提供など
基盤サービス	栄養塩の循環、土壌形成、光合成による酸素供給など

✈ バイオミメティクス（バイオミミクリー・生物模倣） ✎

「バイオ」は生物、「ミメティクス」は真似たものの意味。生物の真似をして最先端の科学技術を開発することをいう。これも供給サービスの1つ。

生物多様性条約－1992年の国連環境計画 (UNEP) で採択。生物多様性の包括的な保全とその持続的利用を目的としている。2016年12月現在、日本を含めて194か国、EU及びパレスチナが締結。ほぼ2年毎に締約国会議 (COP) が開催されている。

生物多様性基本法－2008年6月施行。生物多様性の保全及び持続可能な利用について基本原則を定めている。政府による「生物多様性国家戦略」の策定を義務づけした。また、地方自治体による「生物多様性地域戦略」の策定を促している。

ミレニアム生態系評価 (MA) －国連の主唱によりUNEPを事務局として2001年から2005年にかけて実施された地球規模の生態系に関する総合的評価。

バイオミメティクス－以下は具体例。
- カワセミのくちばしの形状：低空気抵抗により騒音を軽減した新幹線
- 野ごぼうの実が服や犬の毛に沢山つく：マジックテープ
- フクロウの羽：騒音を低減したパンタグラフ
- 蚊に刺されても痛くない：痛くない注射器

第 **3** 章 環境問題を知る

問題

 check ☒ ☒ ☒

次の①～⑨の文章と関係の深い語句を、下記の語群から1つ選べ。

① 干潟、サンゴ礁、森林、湿原、河川などの生態系。

② いろいろな動物・植物・菌類・バクテリアなど既知のもので約175万種。

③ 同じ種でも個体や個体群の間の遺伝子レベルでの違い。

④ 生物多様性の保全や持続可能な利用について基本原則を定めた日本の法律。

⑤ 人間の活動に必要な多くのものを自然環境から受け取っている。

⑥ 生物の真似をして最先端の技術を開発する。

⑦ 食料、水、木材、燃料、医薬品の原料などの提供。

⑧ 水質の浄化、気候調節、洪水緩和、疾病制御など。

⑨ レクリエーション・観光の場の提供など。

(a) 生態系サービス　　(b) 文化的サービス　　(c) 生態系の多様性

(d) 供給サービス　　(e) 調整サービス　　(f) 種の多様性

(g) 生物多様性基本法　　(h) バイオミメティクス　　(i) 遺伝子の多様性

解答 ①…(c)、②…(f)、③…(i)、④…(g)、⑤…(a)、⑥…(h)、⑦…(d)、⑧…(e)、⑨…(b)

3-13 生物多様性の危機

14 海洋資源　15 陸上資源

重要ポイント

check ☒ ☒ ☒

急速に失われている生物多様性

- 過去に生物の大量絶滅は5回あった。平均では1年間に0.001種絶滅。
- 現在の生物の絶滅速度は大きく、1975年以降1年間に4万種程度絶滅。

野生生物種絶滅の現状

- 世界の現状：2021年12月に公表された**国際自然保護連合（IUCN）**のレッドリストによると、既知の173万種のうち、14万7517種についての評価の結果、4万48種を絶滅危惧種として選定。また、982種が絶滅または野生絶滅している。
- 日本の現状：日本で確認されている生物種の数は約9万種。**環境省のレッドリスト2020**によると、絶滅危惧種は、3,716種。環境省レッドリスト2019から40種増加（松茸が絶滅危惧種に！）。日本の野生動物は依然として厳しい状況。

野生生物種減少の原因

直接的な原因（人間活動が影響）として以下のことが指摘されている。

①生息環境の変化：大規模な開発や森林伐採による生息環境の破壊、地球温暖化や化学物質などによる環境汚染による生息環境の劣化

②生物資源の過剰な利用：魚などの乱獲

③外来種の侵入：大型で競争に強い外来種の侵入による食物連鎖のバランス崩れや在来種との交雑による遺伝子のかく乱

④水質汚濁など過度の栄養塩負荷

⑤地球温暖化などの気候変動：今後の大きな懸念材料

「種の宝庫」といわれる熱帯林では、非伝統的な焼畑耕作、過剰放牧、商業的伐採、森林火災などによる生息地の減少が進んでいる。

- 象牙や毛皮の採取や密漁などにより多くの野生動物が絶滅の危機にある。
- 途上国の貧困や急激な人口増加、豊かな生活の追及などの問題が背景にある。

日本の生物多様性の危機の構造

日本の生物多様性の危機には、次の4つがある。これらの危機は進行している。

第1の危機：開発など人間活動による危機（開発などによる種の減少・絶滅、生態系の破壊、分断、劣化による生息・生育空間の縮小・消失）

第2の危機：自然に対する働きかけの縮小による危機（人口減少など社会経済の変化に伴う、自然への人の働きかけの縮小による<u>里地里山</u>などの質の変化）

第3の危機：人間により持ち込まれたものによる危機（外来種や化学物質など）

第4の危機：地球環境の変化による危機（地球温暖化や海洋酸性化など）

🌱**生物多様性のモニタリング**…調査結果は「生物多様性情報システム」により公開。

- **自然環境保全基礎調査** ：植生や野生動物の分布など自然環境の状況を調査。
- **モニタリングサイト1000**：全国の様々なタイプの生態系について1,000か所程度を目安として調査サイトを設置し、生物種の減少など自然環境の変化状況について、長期にわたり継続的なモニタリングによりデータ収集が進められている。収集結果は「生物多様性情報システム（J−IBIS）」により公開。

> **国際自然保護連合（IUCN）**─1948年設立。国や政府機関、NGOなどが参加。地球の自然環境、生物多様性の保全などを実現するための政策提言などを目的とする。
> **レッドリスト**─絶滅のおそれがある野生動植物種のリスト。
> **自然環境保全基礎調査**─「**緑の国勢調査**」と呼ばれている。陸域、陸水域、海域の現地調査から、全国の動植物の分布、植生、干潟、藻場、サンゴ礁の現状を調査し、生物多様性に関する基礎情報を収集。

問題 ☀☀☀ | check ☒☒☒

次の文章の（　　）にあてはまる**最も適切な語句**を、下記の語群から**1つ選べ**。
　現在の生物の絶滅は、過去とは桁違いの速さで進んでおり、1975年以降は1年間に（　**①**　）程度が絶滅している。国際自然保護連合のレッドリストでは、既知の（　**②**　）のうち、約15万種について評価し、そのうちの（　**③**　）が絶滅危惧種として選定されている。環境省のレッドリスト2020によると、日本では絶滅のおそれがある種は（　**④**　）となっている。

(a) 6万種　　　(b) 4万種　　　(c) 約16,000種　　(d) 約40,000種
(e) 約173万種　(f) 約1,730万種　(g) 約3,700種　　(h) 約37,000種

解答　①…(b)、②…(e)、③…(d)、④…(g)

3-14 生物多様性に対する国際的な取り組み

| 13 | 気候変動 | 14 | 海洋資源 | 15 | 陸上資源 | 17 | 実施手段 |

重要ポイント

check ☒ ☒ ☒

🌿国際協力の枠組み

①ラムサール条約

1971年、イランのラムサールで採択。1975年に発効。

- 水鳥の生息地である湿地とそこに生息・生育する動植物の保全が目的。
- 日本では釧路湿原、尾瀬、琵琶湖に加え、2021年出水ツルの越冬地(鹿児島県)が追加され53か所が条約湿地として登録(2022年10月現在)。

②ワシントン条約🖊

1973年、アメリカのワシントンD.C.で採択。1975年に発効。

- 絶滅の危機にある野生生物の国際取引を規制する条約。約3万種が対象。
- 日本は1980年11月に批准し締約国となった。

③世界遺産条約

1972年に採択。1975年に発効。事務局はユネスコ管轄「世界遺産センター」。

- 文化遺産及び自然遺産を人類全体のための世界の遺産として、損傷・破壊等の脅威から保護し保存するための国際的な協力・援助の体制確立が目的。
- 締約国の分担金からなる遺産保護のための「世界遺産基金」を設立。
- 「**文化遺産**」「**自然遺産**」「**複合遺産**」に分類される。
- 登録されている世界遺産は1,154件(2022年11月)。
  日本では、文化遺産20件、自然遺産5件の25件(2022年6月現在)。

🌿生物多様性条約

1992年5月、**国連環境計画(UNEP)** 🖊の会合で採択。1992年6月、地球サミットで署名開始。日本を含む157か国が署名。1993年12月発効。

- 次の3つを目的として生物多様性の包括的な保全と持続可能な利用を促進する。
  ①生物多様性の保全
  ②生物資源の持続可能な利用
  ③遺伝資源の利用から生じる利益の公正で衡平な配分
- 締約国は、生物多様性の保全と持続可能な利用を進めるために、国家戦略の策定、重要な地域や種の特定とモニタリング、保護地域の指定管理等を行うこと、および先進国による途上国への資金・技術支援などが定められている。

🌱バイオセーフティに関する「カルタヘナ議定書📝」

- 近年バイオテクノロジーの進展により、生物の遺伝子を人為的に組み換えることで病害虫に強い農作物や新たな医薬品の開発が可能になっている。
- 一方で、遺伝子組み換え生物の利用には、食品としての安全性、野生種との競合・交雑による生物多様性への影響など、解決すべき課題が残っている。
- 生物多様性保全と遺伝子組み換え生物について、遺伝子組み換え生物の国境を越える移動に関する手続き等を定めた国際的枠組み「**カルタヘナ議定書**」が、2000年コロンビアのカルタヘナでの会議で採択、2003年9月発効した。
- カルタヘナ議定書では、バイオテクノロジーにより**改変された生物 (LMO)** が及ぼす、生物多様性の保全及び持続可能な利用への悪影響防止措置を規定。
- 日本はこの議定書を受けて、2004年に「**カルタヘナ法**」を施行。

🌱生物多様性条約第10回締約国会議 (COP10)

2010年10月名古屋市で開催され、愛知目標📝と名古屋議定書📝が採択された。

🌱生物多様性条約第15回締約国会議 (COP15) と新たな目標

- 2022年12月カナダ・モントリオールで開催されたCOP15第2部において、2030年までの新たな世界目標「昆明・モントリオール生物多様性枠組」が採択された。
- この目標では、2050年ビジョンとして「自然と共生する世界」を、2030年ミッションを「生物多様性を保全し、持続可能に利用し、遺伝資源の利用から生ずる利益の公正で衡平な配分を確保しつつ、必要な実施手段を提供することにより、生物多様性の損失を止め反転しつつ回復軌道に乗せるための緊急行動をとる」とした。
- このため、陸域と海域の少なくとも30%の以上の保全、侵略的外来種の半減、資金の確保など23のターゲット (行動目標) が定められた。

🌱生物多様性に富むサンゴ礁の白化現象

サンゴ礁は、海の生き物の25%が関わって生きている重要な生息環境で、海の熱帯林ともいわれる。海水温が高くなり過ぎたことで、サンゴが白変し、栄養を取れなくなる白化現象が進んでおり、サンゴ礁の絶滅リスクが高まっている。

第3章 環境問題を知る

🐟 国際的なネットワークと国内の取り組み

① 生物圏保存地域（ユネスコエコパーク）

ユネスコで実施される「<u>人間と生物圏計画（MAB）</u> 」の生物多様性保全と持続可能な発展との調和を図る研究フィールドとして指定された地域。

日本では、志賀高原、白山、屋久島、南アルプスなど10地区が登録（2022年6月現在）。「ユネスコエコパーク」は日本での通称。

② ユネスコ世界ジオパーク

国際的重要性を持つ地質学的遺産を有し、地域社会の持続可能な発展に活用している地域を「**世界ジオパークネットワーク（GGN）**」が認定。2015年ユネスコの正式事業となり、名称が「**ユネスコ世界ジオパーク**」となった。日本では、洞爺湖有珠山、糸魚川、隠岐、阿蘇、伊豆半島などの9地区が認定（2022年6月現在）。国内版ジオパークとして「日本ジオパークネットワーク」が認定する46地域（2022年1月現在）もある。

③ 世界農業遺産

地域環境を生かした伝統的農法や生物多様性が守られた土地利用のシステムを保全し、次世代に継承することを目的として国連食糧農業機関（FAO）が認定する。2022年11月現在23か国72地域が認定されている。

日本では、2022年現在「森・里・湖（うみ）に育まれる漁業と農業が織りなす琵琶湖システム」などを含め13地域が認定されている。

④ SATOYAMAイニシアティブ

日本の里地里山のような地産地消等の持続可能なライフスタイルにより形成・維持されてきた二次的な自然環境の持続可能な維持・再構築を通じて自然共生社会の実現を目指す国際的な取り組み。

SATOYAMAイニシアティブ国際パートナーシップの会員は2022年3月現在73ヵ国・地域の293団体と広まっている。

ワシントン条約―生体だけではなく、剥製や皮革製品などの加工品も規制対象。
国連環境計画（UNEP）―1972年国連人間環境会議で採択された「人間環境宣言」及び「環境国際行動計画」を実施するための機関として設立。ナイロビの本部のほか、世界に6つの地域事務所がある。ワシントン条約、ウィーン条約、バーゼル条約、生物多様性条約などの事務局として指定されている。
カルタヘナ議定書―遺伝子組み換え生物（LMO：Living Modified Organism）の輸出入にあたり、事前に輸入国に通報し合意が必要であることなどを規定。

愛知目標―「戦略計画2011-2020」における中長期目標（ビジョン）の実現を目指し、短期目標を達成するための20の個別目標（自然生息域の損失速度の半減など）。

名古屋議定書―遺伝資源へのアクセスと利益配分（ABS）に関する国際的な枠組みを決めた条約。

人間と生物圏計画（MAB）―生物多様性の保護を目的に、自然及び天然資源の持続可能な利用と保護に関する科学的研究を行うユネスコの政府間事業。

SATOYAMAイニシアティブ―生物多様性を保全するためには、農業や林業等の人間の営みを通じて形成・維持されてきた二次的自然環境（里地里山）の保全も重要であるとして、日本が提唱し発足した。

問題 　　　　🌱🌱🌱 check ☒ ☒ ☒

第3章 環境問題を知る

生物多様性への取り組みを示す次の文章を、(a)〜(h)の語句と結びつけよ。

① 水鳥の生息地である湿地とそこに生息・生育する動植物の保全を目的としている。

② ユネスコで実施される「人間と生物圏計画（MAB）」に指定された地域。

③ 文化遺産および自然遺産を人類全体のための世界の遺産としている。

④ 「遺伝資源の利用から生ずる利益の公正かつ衡平な配分」に関する国際的な枠組み。

⑤ 国際的に重要な地質学的遺産を有し、地域社会の持続可能な発展に活用している地域。

⑥ 農業や林業等の人の営みで形成・維持されてきた二次的自然環境の持続可能な維持・再構築を通じて自然共生社会の実現を目指す国際的な取り組み。

⑦ 絶滅の危機にある野生生物の国際取引を規制している。

⑧ 現代のバイオテクノロジーにより改変された生物が生物の多様性の保全および持続可能な利用に及ぼす悪影響を防止するための措置を規定している。

(a) 世界遺産条約　　　　　　　　(b) ラムサール条約

(c) ユネスコエコパーク　　　　　(d) 名古屋議定書

(e) カルタヘナ議定書　　　　　　(f) ユネスコ世界ジオパーク

(g) ワシントン条約　　　　　　　(h) SATOYAMAイニシアティブ

解答　①…(b)、②…(c)、③…(a)、④…(d)、⑤…(f)、⑥…(h)、⑦…(g)、⑧…(e)

3-15 生物多様性の主流化

🌲🌲🌲 08 経済成長 | 14 海洋資源 | 15 陸上資源

重要ポイント

check ☒ ☒ ☒

✈多様な主体の連携の促進（生物多様性の主流化）

- 生物多様性の主流化とは、生物多様性保全と持続可能な利用の重要性が、国・企業など様々な主体に広く認識され、それぞれの行動に反映されることをいう。
- 生物多様性の恵みを享受できる社会を実現するには、日常生活や社会経済活動の中に生物多様性保全と持続可能な利用を組み込むことが必要。
- 愛知目標では、「各政府と各社会において生物多様性を主流化することにより、生物多様性損失の根本原因に対処する」としている。
- COP15で採択された「昆明・モントリオール生物多様性枠組」でも、政府及び社会全体で生物多様性を主流化することの重要性が再認識されている。
- 日本ではその達成に向けて、産官民からなる「国連生物多様性の10年日本委員会」を設立し、生物多様性の普及啓発などの取り組みを行ってきた。2021年にはその後継組織として「2030生物多様性枠組実現日本会議」を設立。

✈ビジネスにおける自然資本の組み込み

- 2021年2月、英国財務省より「ダスグプタレビュー🖊」が公表され、自然資本が経済活動の基盤であるという国際認識が広がった。
- 民間では、生物多様性・自然資本に関する情報開示を求める**自然関連財務情報開示タスクフォース（TNFD）**🖊やインパクト評価などの仕組み作りが加速。

✈生物多様性の経済学：ダスグプタレビュー

- 我々の経済、生活、幸福は貴重な自然によってもたらされている。
- 我々の物や恵みに対する需要は、自然の供給力を上回っており、世界が現在の生活水準を維持するには、地球1.6個分必要になると指摘。
- 回復がほぼ不能な臨界点に至る危機への流れを逆転させることは、コストの大幅な削減とともに気候変動への対応、貧困の軽減などの社会的目標を達成する力となる。

✈ビジネスと生物多様性

- 事業者による生物多様性の保全と持続可能な利用に関する取り組みについては、事業者が主体的に考え、自主的な取り組みがなされるべきとして、環境省は**生物多様性民間参画ガイドライン**🖊第2版（2017年12月）を策定。

- 日本経団連は、<u>日本経団連生物多様性宣言・行動指針</u> を改訂（2018年）するとともに、<u>経団連生物多様性宣言イニシアチブ</u> （2020年）を策定した。

🌱国際生物多様性の日

5月22日。生物多様性条約が締結された日であり、国連で制定。

🌱花粉媒介をしてくれる訪花昆虫（ポリネーター）

世界の作物生産量の5〜8%がハチなど動物の花粉媒介に依存し、経済的価値は世界全体で最大年5,770億ドル（約64兆円）に上るという報告がある。

> **ダスグプタレビュー**―パーサ・ダスグプタ・ケンブリッジ大学名誉教授がまとめた報告書。自然資本へのダメージを考慮した新たな基準や情報開示の枠組みを提唱。
>
> **自然関連財務情報開示タスクフォース（TNFD）**―企業による生物多様性にかかる情報開示の枠組みを策定し、自然に有益な活動に対して資金フローを振り向けるために2020年に発足した非公式のワーキンググループ。
>
> **生物多様性民間参画ガイドライン**―多くの分野の事業者が生物多様性の保全と持続可能な利用に取り組んでいくために必要な情報や考え方などをまとめている。
>
> **日本経団連生物多様性宣言・行動指針**― 2018年に改訂された生物多様性に関する7つの宣言と行動指針。
>
> **経団連生物多様性宣言イニシアチブ**―賛同企業・団体のロゴ及び「取組方針・事例」等を、冊子や経団連ウェブサイトに掲載し、賛同企業・団体の顔が見える形で、内外に発信する取り組み。

問題　　　　🌾🌾🌾 check ☒☒☒

次の文章の示す内容に最も適切な語句を、下記の語群から1つ選べ。

① 花粉を授粉するミツバチなどの昆虫。

② 我々の物や恵みに対する需要は、自然の供給力を上回っており、世界が現在の生活水準を維持するには、地球1.6個分必要になると指摘。

③ 企業が生物多様性保全の活動を行っていく上で、必要な情報や考え方をまとめている。

④ 生物多様性の重要性を広く認識し、それぞれの行動に反映する。

(a) 生物多様性民間参画ガイドライン　　(b) ポリネーター

(c) ダスグプタレビュー　　　　　　　　(d) 生物多様性の主流化

解答　①…(b)、②…(c)、③…(a)、④…(d)

3-16 国内の生物多様性の取り組み

未 未 未　08 経済成長　14 海洋資源　15 陸上資源　17 実施手段

重要ポイント

check ☒ ☒ ☒

生物多様性の保全

生物多様性条約を実行するために、1995年に日本で最初の国家戦略として「生物多様性国家戦略✐」が策定された。2008年施行の生物多様性基本法✐では、生物多様性国家戦略の位置づけを法的に明確にするとともに、地方自治体による「生物多様性地域戦略✐」の策定を促している。

30by30（サーティー・バイ・サーティー）

- 30by30とは、2030年までに生物多様性の損失を食い止め、回避させる（ネイチャーポジティブ）というゴールに向け、2030年までに陸と海の30%以上を健全な生態系として効果的に保全しようという目標である。
- 2021年6月のG7コーンウォール・サミットで採択された「2030年自然協約」でG7各国の目標となった。
- 日本では、現在陸地の約20.5%、海洋の約13.3%が国立公園等の保護地域に指定されているが、この目標達成には更なる拡張が不可欠。
- このため政府は、民間と連携したOECM✐登録を推進するため、適切な自然資源管理が行われている民間企業所有地、都市公園、社寺林、庭園など、生物多様性に貢献する地域を「自然共生サイト」として公的に位置付ける認証制度を2020年から導入。

重要地域の保全

生物多様性の保全上重要な地域は、各種法律により地域指定がなされている（自然環境保全地域、自然公園、鳥獣保護区、生息地等保護区、保安林、保護林、特別緑地保全地区など）。

自然環境保全地域と自然公園の指定・管理

- 自然環境保全地域の指定…自然環境保全法✐及び都道府県条例に基づく地域
  ほとんど人の手が加わっていない原生の状態を維持する原生自然環境保全地域、優れた自然環境を維持する自然環境保全地域、沖合の優れた海底の自然環境を維持する沖合海底自然環境保全地域、または都道府県自然環境保全地域がある。

- **自然公園の指定…自然公園法または都道府県条例に基づく地域**

  自然公園とは、優れた自然の風景地として指定される地域で、環境大臣が指定する国立公園・国定公園 ✎、都道府県知事が指定する**都道府県立自然公園**がある。2021年3月には、北海道の厚岸霧多布昆布森が58番目の国定公園に指定。

- **文化財保護法に基づく指定・選定**

  文化財として価値のある自然環境を名勝や天然記念物として指定・保護および文化的景観で特に重要なものを重要文化的景観として選定。

国土のグランドデザイン

- 国土のグランドデザインは、100年先を見通した自然共生社会における国土の目指す方向性イメージを提示するものである。
- 日本は、重要地域の保全、生物の生態特性に応じた生息・生育空間のつながりや、適切な生態系ネットワーク（緑の回廊）✎ の形成を通じて、国土全体にわたる生物多様性等も保全されるような自然環境の質の向上を目指している。

自然再生の推進

過去に失われた自然環境を取り戻すため、2003年1月に施行された「自然再生推進法 ✎」に基づき、国や地方公共団体、地域住民やNPOなどによって自然再生協議会が全国27か所（2022年3月末現在）組織され、そのうち22ヵ所で事業実施計画が作成されている。

種の保存法（絶滅のおそれのある野生動植物種の保存に関する法律）

絶滅のおそれがある野生動植物種の保存を図ることを目的とした法律。

①国内に生息、または生育する絶滅のおそれのある野生動植物427種（2022年1月現在）を国内希少野生動植物 ✎ に指定し、捕獲・販売・譲渡・輸出入を禁止。

②生息地など保護区の指定や保護増殖事業を実施している。

外来生物法

- 生態系などに被害を及ぼす海外起源の外来生物 ✎ を特定外来生物 ✎ として指定し、その飼養、栽培、保管、運搬、輸入を規制。特定外来生物は、「入れない」「捨てない」「拡げない」ことが重要。
- 2022年6月現在の指定外来生物は、156種。

✈️民間資金による保全の取り組み

- 民間資金よる取り組みは、利用者負担によるもの、寄付金等による土地取得で自然環境を守るものなどがある。
- 2015年4月、「**地域自然資産法**」が施行された。この法律は入域料を収受して行う保全事業や**自然環境トラスト活動** を行う地域などを、地域自然資産区域として都道府県・市町村が設定し、地域計画を作成して活動を実施するものである。

✈️エコツーリズム

- エコツーリズムの概念は、「自然環境や歴史文化を対象とし、それらを体験し、学ぶとともに、対象となる地域の自然環境や歴史文化の保全に責任を持つ観光のあり方」としている（エコツーリズム推進会議）。
- 2008年4月、エコツーリズムを推進するための総合的な枠組みを決めた**エコツーリズム推進法**が施行された。自然環境の保全、地域の創意工夫を活かした観光振興、環境の保全に関する意識の啓発等の環境教育の推進を目的としている。この考え方を実践するための旅行は、**エコツアー**と呼ばれている。
- エコツアーには、農村や里山に滞在して休暇を過ごす都市農村交流の**グリーンツーリズム**、**アグリツーリズム**及び漁村での体験活動を通じて水産業などに対する理解を深める**ブルーツーリズム**がある。

生物多様性国家戦略―生物多様性の保全と持続可能な利用に関する国の基本的な計画。

生物多様性基本法―生物多様性保全とその持続可能な利用についての基本原則と方向を示す。

生物多様性地域戦略―生物多様性基本法は地方公共団体に策定を努力義務としている。2019年度末で、43都道府県、18政令指定都市、77市区町で策定。

OECM―保護地域以外で、生態系の機能、サービス、文化的・精神的・社会経済的価値の域内保全を、継続的に統治・管理されている地域。

自然環境保全法―自然環境保全に関する基本的事項を定めた法律。1972年制定。

国立公園・国定公園―国立公園は、日本の景観を代表する風景地として環境大臣が指定した自然公園で国の予算で管理。国定公園は、国立公園に準じたすぐれた風景の場所を環境大臣が指定し、都道府県の予算で管理。

生態系ネットワーク（緑の回廊）―分断された野生生物の生息地を森林や緑地、開水面などで連絡することで、生物の生息空間を広げ多様性の保全を図ろうとするもの。

自然再生推進法—自然再生を総合的に推進し、生物多様性の確保を通じて自然と共生する社会の実現を目的にしている。

国内希少野生動植物—日本国内に生息・生育する絶滅のおそれがある野生動植物種。

外来生物—海外起源の生物（交雑によって生じた生物を含む）。

特定外来生物—外来生物で在来生物（日本に本来の生息地または生育地を持つ）と性質が異なることにより生態系などに被害を及ぼし、または及ぼす可能性のある生物。カミツキガメ、ブルーギル、オオクチバスなど。

自然環境トラスト活動—国民の寄付によって自然環境保全上重要な土地を取得したり、その土地の維持管理を行ったりする活動。

問題

check ☒ ☒ ☒

次の語句と最も関係の深い文章を、下記の選択肢から選べ。

① 生物多様性国家戦略　② 生物多様性基本法　③ 種の保存法

④ 外来生物法　⑤ 外来生物　⑥ 30by30

⑦ エコツーリズム　⑧ エコツーリズム推進法　⑨ 自然再生推進

(a) 海外起源の生物。

(b) 生物多様性条約に基づく、生物多様性の保全と持続可能な利用に関する国の基本的な計画。

(c) 人間活動などで荒廃した自然環境を総合的に再生し、生物多様性の確保を通じて自然共生社会の実現を目指している。

(d) 特定外来生物の飼養、栽培、保管、運搬、輸入を規制している。

(e) 生物多様性の損失を食い止める目標で、2030年までに陸と海の30%以上を健全な生態系として効果的に保全しようというもの。

(f) 生物多様性保全とその持続可能な利用についての基本原則と方向を示す。

(g) 絶滅のおそれがある野生動植物種の保存を図っている。

(h) 自然環境や歴史文化を対象とし、それらを体験し学ぶとともに、対象となる地域の自然環境や歴史文化の保全に責任を持つ観光のありかた。

(i) エコツーリズムを推進するための総合的な枠組みを決めている。

第3章　環境問題を知る

解答　①…(b)　②…(f)　③…(g)　④…(d)　⑤…(a)　⑥…(e)　⑦…(h)、⑧…(i)、⑨…(c)

3-17 自然共生社会へ向けた取り組み

| 08 | 経済成長 | 11 | まちづくり | 14 | 海洋資源 | 15 | 陸上資源 | 17 | 実施手段 |

重要ポイント

check ☒ ☒ ☒

🦅 生態系サービスでつながる自然共生社会

- 生物多様性国家戦略2012-2020では、「**自然共生圏** ✎」という新しい考え方を示した。さらに、2018年に策定された第5次環境基本計画では、「循環」と「低炭素」も同時に達成する**地域循環共生圏**の創造に発展させた。
- 自然の恵みである生態系サービスは、地方が主な供給源となっているが、その恩恵は都市を含めた広い地域が受けている。地域循環共生圏では、これらの関係を見直し、それぞれの地域の特性に応じて近隣地域と共生・対流し、**森・里・川・海のつながり**など、自然的なつながりをパートナーシップにより構築し、地域資源を補完し支えあう地域循環社会を目指している。

🦅 里地里山及び里海の保全活用

- **里地里山** ✎は、人が手を加えることにより特有の環境が形成・維持され、多くの野生生物が育まれる地域である。
- **里海** ✎も**魚付き林** ✎などのように人の手を加えることで生物生産性や生物多様性が高くなる沿岸地域である。
- 里地里山、里海の多くは人口の減少や高齢化の進行、産業構造の変化などにより、人の自然に対する働きかけが縮小した結果、大きな環境変化を受け、質と量の両面からの生物多様性の劣化が進行している。

🦅 鳥獣被害対策とジビエ利活用の推進

- 野生鳥獣の農作物被害は、営農意欲の減退をもたらし耕作放棄や離農など、農山村に深刻な影響を及ぼしている。このため、地域に応じた鳥獣被害対策と有害鳥獣をプラスに変える**ジビエ** ✎利活用の取り組みは重要である。
- 鳥獣被害の6割以上が**ニホンジカ**と**イノシシ**である。
- この対策として、2013年に環境省と農林水産省は「**抜本的な鳥獣捕獲強化対策**」を策定し、ニホンジカとイノシシの個体数を2030年度までに2011年度比半減を目標に捕獲の強化を進めている。
- さらに、2015年に鳥獣保護法を**鳥獣保護管理法** ✎に改正し、鳥獣の保護とともに管理、狩猟の適正化が追加された。
- ジビエの利用拡大には、ジビエの食肉処理施設の**HACCP** ✎による衛生管理を義務付けるとともに、2018年からは国産ジビエ認証制度が実施されている。

自然共生圏―生態サービスの需給関係にある地域や人々を一体としてとらえ、その中で連携や交流を深めていき相互に支えあっていくという考え方。
里地里山―原生的な自然と都市との中間に位置し、集落とそれらを取り巻く二次林、それらと混在する農地、ため池、草原などで構成される地域。特有の生物の生息・生育環境として、また、食料や木材など自然資源の供給、良好な景観、文化の伝承の観点からも重要な地域。
里海―人手が加わることにより生物生産性と生物多様性が高くなった沿岸地域。古くから水産・流通をはじめ、文化と交流を支えてきた。里山と同じく人と自然が共存する場所。
魚付き林―魚類繁殖のために保護されている海岸沿いの森林。
鳥獣保護管理法―鳥獣を「鳥類又は哺乳類に属する野生動物」と定義している。鳥獣の保護及び管理を図るための事業の実施、猟具の使用による危険の予防を図っている。
ジビエ―シカ、イノシシなど狩猟によって食材として捕獲される野生鳥獣やその肉。
HACCP―原料の受け入れから加工・出荷までの各工程で、微生物による汚染や異物の混入などを除去または低減し、製品の安全性を確保する衛生管理手法。

第3章 環境問題を知る

問題

非非非 check ☒ ☒ ☒

次の文章の示す内容に最も適切な語句を、下記の語群から1つ選べ。

① 原生的な自然と都市との中間に位置し、集落とそれらを取り巻く二次林、それらと混在する農地、ため池、草原などで構成される地域。

② 各地域がそれぞれの地域の特性に応じて異なる資源の循環、相互補完によって相乗効果を出すとともに、これらの活動を通して低炭素化を同時に達成するという考え方。

③ 人と自然が共存する場所で、人手が加わることにより生物生産性と生物多様性が高くなった沿岸地域。

④ 野生生物の保護とともに増えすぎた野生動物等を適正な数まで減らすこともできるように決めた法律。

(a) 鳥獣保護管理法 　　　　(b) 地域循環共生圏
(c) 里地・里山 　　　　　 (d) 里海

解答 ①…(c)、②…(b)、③…(d)、④…(a)

3-18 オゾン層保護とフロン排出抑制

禾禾禾 12 生産と消費 13 気候変動 17 実施手段

重要ポイント

check ☒ ☒ ☒

✈️オゾン層

成層圏（地上からの高さ約10数kmから50kmまで）に存在し、人間や動植物に悪影響のある太陽光の紫外線を吸収し、地球上の生物を守っている。1980年代以降、南極上空のオゾン濃度が減少し、**オゾンホール**（オゾン層破壊）が観測された。現在では回復傾向にあるが、オゾンの量は現在も少ない状態が続いている。

✈️オゾン層破壊の原因

自然界には存在しない化学物質**フロン**✏️が原因物質。

大気に放出されたフロンは、分解されることなく拡散・上昇し、成層圏に達する。そこで紫外線により分解され塩素原子を放出する。この塩素原子が触媒となって大量のオゾンを破壊する。

✈️オゾン層破壊の影響

有害な紫外線の増加により、①皮膚がんや白内障の増加、②感染症に対する免疫作用の抑制、③動植物の生育阻害、農作物の収穫減少、が懸念される。

✈️オゾン層保護への取り組み

①国際的な取り組み

- **ウィーン条約**：オゾン層保護のための国際的な対策の枠組みを定めた条約。1985年採択、日本は1988年に加入。
- **モントリオール議定書**：1987年制定。ウィーン条約に基づき、**オゾン層破壊物質**の具体的な全廃スケジュールを定めた議定書。オゾン層を破壊する**特定フロン**✏️のうち、CFCの生産を先進国では1996年以降全廃（途上国は2010年）、同じく特定フロンのHCFCの生産は、先進国で2020年（途上国は2030年）全廃と定めている。

②国内の取り組み

- **オゾン層保護法**：1988年制定。ウィーン条約とモントリオール議定書の採択にあわせて制定。オゾン層破壊物質の生産や輸出入の規制などを規定。
- **フロン排出抑制法**：2013年、従来の「**フロン回収・破壊法**」を改正。製造から廃棄まで、フロン類とそれを使用する機器のライフサイクル全体でフ

ロン類が放出されないよう対策を行う法律。使用済み機器からのフロン類の回収・破壊などを義務付け。

有効な対策が実行されたため、オゾン層は今世紀末には元の状態に回復すると言われており、地球環境問題の中でオゾン層保護は最も効果を上げた取り組みと言われる。

地球温暖化への対策

特定フロンに代わり使用されている代替フロン／(HFC) は、オゾン層を破壊しないものの、CO_2 の100倍〜1万倍もの温室効果がある事が問題に。2016年にモントリオール議定書が改正され、代替フロンの削減が開始された。これに対応するため CO_2 やアンモニアなど、ノンフロンの冷媒や発泡剤が開発・実用化されている。

> フロン―化学的に安定し無毒であるなど優れた性質を持つため、冷蔵庫やエアコンの冷媒、断熱材の発泡剤、スプレー噴霧剤、電子部品の洗浄剤などに使用されていた。特定フロンを使用する冷蔵庫やエアコンなどは家庭やオフィスに未だ残っており、特定フロンが大気に放出・漏洩しないよう回収・処理が必要である。
> 特定フロン・代替フロン―フロンのうち、特定フロンはオゾン層を破壊する性質のあるもの、代替フロンは破壊しないものを指す。

問題

次の文章の（　）にあてはまる最も適切な語句を、下記の語群から1つ選べ。

1980年代ごろから、オゾン層のオゾン濃度が減少しはじめた。南極上空でオゾン濃度が極端に薄くなっているところを（ **①** ）と呼んでいる。

オゾン層破壊防止のための国際的な取り組みとして（ **②** ）及びそれに基づく（ **③** ）がある。日本の取り組みには、オゾン層破壊物質の生産や輸入入の規制などを規定している（ **④** ）、フロン類の製造から廃棄までのライフサイクル全体にわたる対策を進める（ **⑤** ）がある。

(a) オゾン層保護法　　(b) 京都議定書　　(c) モントリオール議定書
(d) フロン排出抑制法　(e) ウィーン条約　(f) ワシントン条約
(g) オゾンホール

解答　①…(g)、②…(e)、③…(c)、④…(a)、⑤…(d)

3-19 水資源や海洋環境に関する問題

06 水・衛生 | **12 生産と消費** | **14 海洋資源** | **17 実施手段**

重要ポイント

check ☒ ☒ ☒

地球上の水は約14億km³。そのうち約97.5%は海水、淡水は2.5%程度。この中で、人間を含む動植物が利用できる淡水は約0.8%。そのほとんどが地下水で、河川や湖沼の淡水は約0.01%。さらに水資源として循環・再生利用可能な量（<u>水資源賦存量</u>✏️）は、わずか0.004%の5.5万km³/年に過ぎない。

この水資源賦存量は地域間差や時間的な変動が大きい。

🌐 地球上の水の量

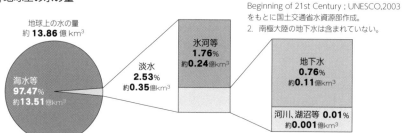

(注) 1. World Water Resources at the Beginning of 21st Century ; UNESCO,2003 をもとに国土交通省水資源部作成。
2. 南極大陸の地下水は含まれていない。

地球上の水の量
約 **13.86** 億km³

氷河等
1.76%
約**0.24**億km³

淡水
2.53%
約**0.35**億km³

地下水
0.76%
約**0.11**億km³

海水等
97.47%
約**13.51**億km³

河川、湖沼等 **0.01**%
約**0.001**億km³

〔出典：令和元年 版日本の水資源の現状（国土交通省）より作成〕

世界の年間水使用量：世界人口増加に伴い過去100年で6倍となり、現在は4,600km³、2050年には5,500〜6,000km³に増加の見込み。取水量の約70%を占める農業用水は、その大部分を占める灌漑用水が2050年までに5.5%増加し、また産業用水、生活用水の使用量も増大し、2030年までに需要量の40%不足と予測。

水の使用量とその影響を示す1人当たりの<u>ウォーターフットプリント</u>✏️は世界平均で1,387m³/人/年で、そのうち農業が約90%を占めている。

水資源問題の基本的な原因は、人口増加、食料増産、産業発展による需要増にある。さらに気候変動が降雨量の変化、氷河や氷雪の融解、洪水や干ばつの頻度増加を招き、水資源問題を深刻化している。

水資源問題は、食料問題、エネルギー・気候変動問題と密接に関係しており、これらを統合的に考えるため<u>バーチャルウォーター</u>✏️という指標が使用される。世界のバーチャルウォーターの8割弱（1996年〜2005年）が農産物であり、貿易により輸出国側の水資源の過剰利用を引き起こす恐れがあることに注意が必要である。

水資源問題の影響

- 安全で衛生的な水を適正なコストで使用できることは、基本的人権として重要。

- **SDGs** では「**すべての人々の水と衛生の利用可能性と持続可能な管理を確保する**」(目標6) と定めている。2020年現在、水資源問題は改善傾向にあるが、まだ世界で20億人が安全な水を利用できず、36億人が安全で衛生的なトイレを利用できていない。

水資源の有効な活用に向けた技術展開の動き

- セラミック膜などを利用した水処理 (海水の淡水化、廃水の再処理、飲料水製造時の省エネ化など) の導入。

- 漏水率改善の技術ノウハウなど日本の技術を丸ごと輸出する「水ビジネス」も近年盛んになっている。

海洋の汚染

- 海洋は、漁業での直接利用のほか、地球の環境システム維持に大きな役割を担っているが、人間活動により海洋汚染や地球温暖化などの影響を受けている。

- 海洋汚染には、船舶事故による油汚染、富栄養化による赤潮の発生、**マイクロプラスチック汚染**、有害物質 (重金属や化学物質など) による生態系や人体への影響、漂流ごみや船舶の**バラスト水**による水生生物の越境移動、海水の酸性化などがある。

- 海洋汚染の主な原因には、陸上起因の汚染、海底鉱物資源の開発、廃棄物の海洋投棄、船舶からの汚染、大気からの汚染物の降下などがあるが、全体の7割が直接または河川などを経由した陸上起因の汚染であるといわれている。

海洋汚染の対策

　SDGsでも海洋資源を保存し、持続的な利用を定めているが、海洋汚染を防止するには、各国の船舶からの汚染を含めて国際的な取り組みが重要である。

①**海洋法に関する国際連合条約**：締約国に海洋汚染防止のための国内法令の制定義務を課す。

②**ロンドン条約**：陸上発生の廃棄物の海洋投棄及び洋上焼却を原則禁止した国際条約。

③**北西太平洋地域海行動計画 (NOWPAP)**：日本海及び黄海における海洋汚染の防止と海洋環境の保全の枠組み (大規模油流出時等の防除体制の整備、漂

流・漂着ゴミ対策など）。参加国は日本、中国、韓国、ロシアなど。

🐟 海洋プラスチックごみの問題

- 現在、海洋プラスチックごみは、1.5億トン以上が海中に漂流し、また、世界全体で毎年約800万トンが海洋に流出している。これを海鳥、ウミガメや魚類などが飲み込み死亡するなど海洋生態系や漁業に大きな問題を起こしている。2050年には海中のプラスチックの重量が魚の重量を超えるとの試算もある。
- 海洋プラスチックごみは波や紫外線により細分化され**マイクロプラスチック**になる。化学物質を吸着して有害物質を含むことがあるため、具体的な影響はまだ明らかではないものの、食物連鎖を介して生物や人間に悪影響を与えることが懸念されている。
- 海洋プラスチックへの対策

①国際的な取り組み

- 大阪ブルーオーシャン・ビジョン：2020年G20大阪サミットで合意。2050年までにプラスチックによる追加的な汚染をゼロにすることを目指す。
- プラスチック製品の規制：EUでは2021年から使い捨てのプラスチック皿やストロー等を禁止した。また世界60か国以上がプラスチック製レジ袋の規制や課徴金を導入している。
- バーゼル条約：廃棄物の国際的な取引を規制する条約。プラスチックが途上国に輸出され不適正に処理される事が相次いだことを背景に、2019年から汚れたプラスチックごみを規制対象に追加した（2021年発効）。

②日本の取り組み

- 海岸漂着物処理推進法：海洋プラスチックごみ対策アクションプランを策定し、海洋ごみの回収・処理の推進。
- 「**プラスチック資源循環戦略**」：**3R＋Renewable**の基本方針のもと、使い捨てプラスチック🖊の抑制およびリユース、リサイクルの促進戦略を策定（2019年）。この一環として2020年7月から**レジ袋の有料化**を実施。

> 🖊 水資源賦存量―人間が最大限利用可能な水の量で、降水量から蒸発散によって失われる量を引いたもの。地域によって自然条件から利用可能な水の量は異なる。
> ウォーターフットプリント―食料や製品などの生産から消費までの全過程において、直接的・間接的に消費・汚染された水の量を示す指標。

バーチャルウォーター―食料や工業製品を輸入している国において、もしその輸入品を仮に自国で生産した場合、どの程度の水が必要かを推定した水の量。

バラスト水―船舶が空荷のときに、船舶の安定性を保つために、「おもし」として積載する海水。この海水は到着した港で排出される。バラスト水に混入した生物が世界中に拡散しており、生態系の破壊などの影響が懸念されている。

ロンドン条約―正式名称「廃棄物その他の投棄による海洋汚染の防止に関する条約（ロンドン・ダンピング条約）」。日本は1980年に批准。

使い捨てプラスチック―ペットボトル、レジ袋、食品容器、ストローなど、1回限りの使用でごみとなるプラスチック製品。日本の1人あたり排出量は米国に次ぐ世界2位。

問題 🌲🌲🌲 check ☒☒☒

次の文章の（　　）にあてはまる最も適切な語句を、下記の語群から1つ選べ。

1. 地球上の水の（**①**）が海水であり、淡水は（**②**）程度しかない。河川や湖沼の淡水は（**③**）で、水資源として利用可能な水の量は（**④**）といわれている。

2. 海洋プラスチックごみ対策として、日本は2019年に（**⑤**）を策定し、使い捨てプラスチックの抑制およびリユース、リサイクルを促進している。

3. 食料や工業製品などの輸入品を、仮に自国で生産した場合、どの程度の水が必要かを推定した水の量を（**⑥**）と言う。

4. 廃棄物投棄による海洋汚染防止のための国際条約は（**⑦**）である。

5. 廃棄物の国際的な取引を規制する（**⑧**）条約は、2019年から汚れたプラスチックを規制対象に追加した。

6. プラスチックが海中で細かく砕かれたものを（**⑨**）と言う。

(a) 約0.004%　(b) 約0.01%　(c) 約2.5%　(d) 約7.5%　(e) 約10%
(f) 約90%　(g) 約92.5%　(h) 約97.5%　(i) バーチャルウォーター
(j) ウォーターフットプリント　(k) プラスチック資源循環戦略
(ℓ) 容器包装リサイクル法　(m) ヘルシンキ条約
(n) ロンドン条約　(o) バーゼル条約
(p) 生分解性プラスチック　(q) マイクロプラスチック

解答 ①…(h)、②…(c)、③…(b)、④…(a)、⑤…(k)、⑥…(i)、⑦…(n)、⑧…(o)、⑨…(q)

第**3**章 環境問題を知る

3-20 酸性雨などの長距離越境大気汚染問題

🐟🐟🐟 | 03 | 保　健 | 12 | 生産と消費 | 13 | 気候変動 | 15 | 陸上資源 |

重要ポイント

check ☒ ☒ ☒

✈**長距離越境大気汚染**：酸性雨、黄砂、最近では<u>光化学オキシダント</u>や**PM2.5**の飛来が問題となっている。

✈**酸性雨** 📝：工場や自動車排ガスなどに含まれる硫黄酸化物（SOx）や窒素酸化物（NOx）が、大気中で硫酸や硝酸に化学変化し、**湿性降下物**（雨・雪に溶け込む）、

乾性降下物（塵となって地表に降る）となる。総称して酸性雨という。

　酸性雨は、欧米などの先進国だけではなく、中国、東南アジアなどの途上国にも広がっている。日本では、**酸性雨長期モニタリング計画**により測定を行っており、現在も酸性雨が観測されている。近年の国内の酸性雨は冬～春に集中しており、季節風とともに大陸から飛来していると推定される。

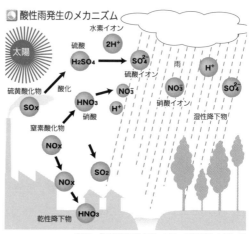

🔲 酸性雨発生のメカニズム

〔出典：「環境学2002年版－大気－」（環境省）より作成〕

✈**黄砂**：中国内陸部のタクラマカン・ゴビ砂漠や黄土地帯から強風により大気中に舞い上がった土壌の微粒子が浮遊・降下する現象。2000年以降、国内11地点での観測日数の合計が100日を超えることもあったが、その後は10日程度の年もあり、長期的な傾向は明瞭ではない。

✈酸性雨や黄砂の影響

	影響
酸性雨	①湖沼生物の生息環境の悪化　②森林の衰退（土壌の酸性化により土中の栄養分が溶出したり、植物に有害な成分が溶出し木々が枯死）
黄砂	①浮遊粒子状物質による大気汚染　②視程障害📝による交通への影響　③洗濯物や車両の汚れ　④有害大気汚染物質を吸着して運搬

✈長距離越境大気汚染への取り組み

　欧米では、1979年に「**長距離越境大気汚染条約**」が採択され、さらにヘルシンキ議定書（1985年）、ソフィア議定書（1988年）が採択され、硫黄酸化物、窒素

酸化物の排出削減が行われた。また、1999年には酸性化・富栄養化・光化学スモッグ軽減のための**グーテンベルグ議定書**が採択されている。

東アジアでは、2001年から「**東アジア酸性雨モニタリングネットワーク（EANET）** 」が本格稼動。モニタリング結果に基づく報告書を作成するほか、参加途上国への技術支援や普及活動などを実施している。

黄砂については、植林による土地の被覆状況の改善、防風林の伐採や開墾の禁止などの人為的影響の緩和策が重要。環境省は、**ライダーシステム** によるモニタリングネットワークを、韓国、中国、モンゴルと構築し、黄砂飛来情報を公表している。

酸性雨―大気中の二酸化炭素が十分溶け込んだ場合の水素イオン濃度（pH）が5.6なので、一般的にはpH5.6以下の雨とされている。
視程障害―視程は気象学上、目視で視認できる最大の距離のこと。
東アジア酸性雨モニタリングネットワーク（EANET）―東アジア地域を中心に酸性雨のモニタリングなどを進め、酸性雨による環境影響を防止するために設立されたネットワーク。参加国は日本、中国、韓国、ロシアなど13か国（2020年現在）。
ライダーシステム―レーザー光線を発射し黄砂を地上で計測するシステム。

問題　　check

次の文章の（　）にあてはまる最も適切な語句を、下記の語群から1つ選べ。

酸性雨とは工場の排煙等に含まれる（ **①** ）や（ **②** ）などを起源とする酸性物質が、雨や雪に溶け込んだ湿性降下物や、塵等の（ **③** ）の形で地表に降ってくる現象である。現在日本では酸性雨が観察されて（ **④** ）。

酸性雨対策として、欧米では（ **⑤** ）に基づき、原因物質の排出削減の取り組みが進められている。東アジア地域では、酸性雨の国際的モニタリングなどを行っている（ **⑥** ）が稼働している。

（ **⑦** ）は中国内陸部の砂漠地域から風で大気中に舞い上がった土壌の微粒子が浮遊・降下する現象である。

(a) 長距離越境大気汚染条約　　(b) 黄砂　　(c) 乾性降下物　　(d) いない

(e) いる　　　　(f) 東アジア酸性雨モニタリングネットワーク（EANET）

(g) 硫黄酸化物（SOx）　　　(h) 窒素酸化物（NOx）

解答　①…(g)、②…(h)、③…(c)、④…(e)、⑤…(a)、⑥…(f)、⑦…(b)　(g)(h)は逆でもよい。

3-21 急速に進む森林破壊

🌲🌲🌲 | 12 生産と消費 | 13 気候変動 | 15 陸上資源 | 17 実施手段 |

重要ポイント

check ☒ ☒ ☒

🔹地球上の森林面積の減少

世界の森林面積は40億ha強で地球の陸地面積の約30%に相当する。

森林面積は、アフリカや南米の熱帯林を中心に減少し続けている。2010年からの10年間で毎年約0.12%、約470万ha（四国2.6個分）の森林が減少。

日本の森林面積は、国土面積の約67%。「森林・林業基本計画」🖊では、2030年までの目標を、森林面積はほぼ同規模、森林蓄積🖊は約10%増加としている。

🔹森林破壊の原因

①非伝統的な焼畑耕作🖊　②薪炭材の過剰伐採　③農地への転用　④過剰放牧
⑤不適切な商業的伐採　⑥森林火災　⑦酸性雨の影響

オーストラリア、米国、ブラジルでは、厳しい干ばつや森林火災が森林減少に拍車をかけている。また、ロシアや東南アジアなどでは、違法伐採が問題となっている。

🔹森林破壊の影響

①木材資源、食糧・農産物の減少

②土壌の流出、洪水・土砂災害などの発生

③野生生物種の減少：熱帯林には地球上の生物種の半分以上が生息

④地球温暖化などの気候変動の促進：発展途上国における森林減少・劣化に由来する二酸化炭素の排出は、世界の総排出量の約1割を占めている。

🔹森林破壊に対する取り組み

①1992年 地球サミット：森林原則声明🖊採択。

②2015年 SDGs採択。森林の保護、回復、持続可能な利用の促進等を目標15に挙げている。

③2017年 国連森林戦略計画2017−2030採択：全世界の森林面積を2030年までに3%増加させるターゲットを設定。

④2017年 クリーンウッド法施行（日本）：海外で違法に伐採された木材の輸入や流通の防止を目的とする法律。木材を扱う事業者は合法的に伐採された木材を扱うことが努力義務とされている。

⑤森林認証🖊：持続可能な経営を行う森林を認証する仕組み。そこから産出

された木材やそれを原料とする製品にはロゴマーク（環境ラベル）が表示される。日本では**森林管理協議会（FSC）**と**緑の循環認証会議（SGEC）**による認証が行われている。

⑥REDD＋ ：途上国における森林破壊と温暖化を防止する施策を実現・促進する仕組み。森林を伐採するよりも保全する方が、経済的に高い利益を生むようにすることで、森林破壊と温暖化を防止する。

森林・林業基本計画—我が国の森林・林業施策の基本方針を定めるもの。
森林蓄積—森林を構成する樹木の幹の体積のこと。
非伝統的な焼畑耕作—数年間作付けした土地の植生の回復を待ち、再び畑として利用する伝統的な焼畑耕作に対して、植生が回復する前に再び畑として利用する地力収奪的な耕作。
森林原則声明—森林の保全などの実現に向け国レベル、国際レベルで取り組むべき15項目の内容を規定。森林問題について初めての世界的な合意。
森林認証—持続可能な経営を行う森林を第三者機関が認証し、その森林からの産出品を分別・表示管理することにより、消費者の選択的な購入を促す仕組み。
REDD＋—開発途上国が自国の森林の保護を行い二酸化炭素の排出を防止する取り組みに対して、経済的な便益を国際社会が提供する仕組み。

問題　　　　　　　　　　手手手 check ☒ ☒ ☒

次の文章の（　）にあてはまる最も適切な語句を、下記の語群から選べ。

世界の森林面積は、地球の陸地面積の（ **①** ）に相当する。我が国の森林面積は国土の（ **②** ）である。世界の森林面積は、（ **③** ）の熱帯林を中心に減少が続いている。その原因としては（ **④** ）の影響が大きい。

消費者が森林の保護に関与する方法として、（ **⑤** ）などの森林認証マークのついた商品を購入する事が挙げられる。

(a) 約1割　　　(b) 約3割　　　(c) 約4割　　　(d) 約7割　　　(e) 中国
(f) アフリカや南米　　　　(g) 伝統的な焼畑耕作
(h) 非伝統的な焼畑耕作　　　(i) MSC　　　(j) FSC

解答　　①…(b)、②…(d)、③…(f)、④…(h)、⑤…(j)

第**3**章
環境問題を知る

3-22 土壌・土地の劣化、砂漠化とその対策

| 02 飢餓 | 06 水・衛生 | 12 生産と消費 | 13 気候変動 | 15 陸上資源 |

重要ポイント

土壌の劣化と砂漠化

干ばつや人間活動による負荷により、世界の多くの農地で土壌の劣化が進んでいる。過剰耕作✎、排水不足の灌漑による土地の塩害✎、機械化による土壌圧縮、化学肥料依存などの持続可能でない農業が主因とされる。

特に、乾燥した地域での気候変動や人間の活動等に起因する土地の荒廃を砂漠化と呼ぶ。

土壌の劣化、砂漠化の状況

砂漠化の影響を受けやすい乾燥地域は、地表面積の約41％を占め、世界人口の1/3以上（20億人）の人々が暮らしている。

世界で約15億人が砂漠化の影響を受けている。

砂漠化が進行しているのは、アフリカ、アジア（中国、インド、パキスタン、西アジア）、南アメリカ、オーストラリアなどである。

土壌劣化、砂漠化の影響

土壌の劣化により、次のような影響が出ている。

①土壌構造の破壊と浸食の増加　②土壌や地下水・表流水の化学物質による汚染
③温室効果ガスの排出　④生物の生息域の破壊

特に乾燥地域では食料確保のために、過剰耕作・放牧により砂漠化が進行。砂漠化による農地減少が食料不足を招くという悪循環が生じている。

土地劣化、砂漠化に対する取り組み

- **持続可能な開発目標（SDGs）**では、「2030年までに飢餓を撲滅するため、気候変動や干ばつへの適応能力がある持続可能な農業を実践する」と掲げている。
- 1977年：「国連砂漠化防止会議（UNCD）✎」の開催…1960～1970年代に起こったサヘルの干ばつ✎をきっかけに開催。
- 1996年：「国連砂漠化対処条約（UNCCD）✎」発効。先進国、途上国が連携して国家行動計画の策定、資金援助や技術移転などの取り組みが本格化。
- 2017年：第13回締約国会議で、土地劣化の中立性✎とSDGsの達成を目指した2018-2030年戦略的枠組みを策定、各国の状況報告と評価の実施を決定。

> ✏ 過剰耕作―収穫と収穫との間で土地を休ませない耕作。
> 塩害―農作物などに地下水を汲み上げてまき続けることなどにより、水中・土中のわずかな塩分が凝結し、地表付近の塩分濃度が上昇する現象。
> 国連砂漠化防止会議（UNCD）―世界各地で進行する砂漠化を食い止めるためケニアで開催された国連主催の会議。砂漠化防止行動計画が採択された。
> サヘルの干ばつ―1968〜73年にかけて、サヘル（サハラ砂漠南側の地域）で発生した大干ばつ。多数の餓死者と難民が発生し、国際的に砂漠化対策が行われるきっかけとなった。
> 国連砂漠化対処条約（UNCCD）―アフリカなど深刻な干ばつや砂漠化に直面する国や地域の持続可能な開発を支援することが目的。
> 土地劣化の中立性―生態系の機能とサービスを保持し、食料安全保障を向上させるために必要な土地資源の量と質が、一定規模の中で安定又は増進していること。

問題　🌲🌲🌲 check ☒☒☒

次の文章の中で、不適切なものをすべて選べ。

① 砂漠化が進む乾燥地域以外でも、持続可能でない農業により土壌の劣化が進んでいると指摘されている。

② 砂漠化の原因は、気候変動や干ばつなどの自然的な要因である。

③ 砂漠化に対処するための国際的な取り組みに、国連砂漠化防止会議の開催や国連砂漠化対処条約がある。

④ 砂漠化の影響を受けやすい乾燥地域は、地表面積の約41%を占め、20億人の人が暮らしている。

⑤ 国際的な砂漠化に対する取り組みが先進国と開発途上国との協力により進み、最近では砂漠化の進行は止みつつある。

⑥ 乾燥地域では食料確保のため、過剰耕作などで砂漠化が進行し、砂漠化による農地減少が食料不足を招くといった悪循環が生じている。

解答　②⑤　②：自然的要因のほか、人為的要因がある。⑤：アフリカ、アジア、南アメリカ、オーストラリアなどで砂漠化は進行している。

3-23 循環型社会を目指して

🌲🌲🌲 **07** エネルギー **08** 経済成長 **09** 産業革新 **11** まちづくり **12** 生産と消費

重要ポイント

check ☒ ☒ ☒

✈「一方通行型の社会」から「循環型社会」へ

　これまでの大量生産・大量使用・大量廃棄型の「一方通行型の社会」の仕組みを根本から見直し「<u>循環型社会 ✎</u>」を構築するため、2000年6月に「<u>循環型社会形成推進基本法 ✎</u>」が公布された。この法律では、循環型社会を構築するための基本原則を**3R（リデュース、リユース、リサイクル）**とし、優先順位を次のようにしている ◯。

　第1番：Reduce（リデュース）廃棄物の発生抑制
　第2番：Reuse（リユース）再使用
　第3番：Recycle（リサイクル）再資源化
　第4番：熱回収、第5番：適正処分

◯ 循環型社会に向けた処理の優先順位

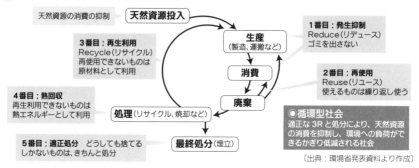

〔出典：環境省発表資料より作成〕

　日本は2004年のG8サミットで「<u>3Rイニシアティブ ✎</u>」を提唱し、国際的にも3Rの取り組みが進められることとなった。

✈日本における物質フロー

　循環型社会を目指すためには、私たちがどれだけの資源を採取、消費、廃棄しているか（**物質フロー：ものの流れ**）を知ることが第一歩となる。

　2019年度の日本の物質フローを概観すると、約15億トンの<u>総物質投入量 ✎</u>があり、その3割程度の約4.5億トンが建物や社会インフラなどとして蓄積されている。また、約5.5億トン近くの廃棄物が発生しているが、その約4割の約2.4億トンが循環利用されている ◯。

我が国における物質フロー（2019年度）

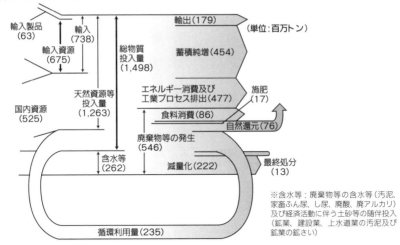

〔出典：令和4年版 環境白書・循環型社会白書・生物多様性白書（環境省）より作成〕

循環型社会実現のための基本理念

循環型社会基本法では、施策の基本理念として**排出者責任**と**拡大生産者責任**という2つの考え方を定めている。

排出者責任	汚染者負担原則（PPP）が基本である。 廃棄物を排出する者が、その適正処理に関する責任を負うべきであるという考え方。例えば、 • 廃棄物はきちんと分別する • 自分が出す廃棄物のリサイクルや処理に責任を持つ　　など
拡大生産者責任	生産者が、製品の生産・使用段階だけでなく、廃棄・リサイクル段階まで責任を負うという考え方。例えば、 • リサイクルや処分がしやすいように製品設計や材質を工夫する • 製品に材質名を表示する • 製品が廃棄物となった後、生産者が引き取りリサイクルを行う　　など

循環型社会形成推進基本計画（循環基本計画）

循環基本計画は、循環型社会形成推進基本法に基づき、循環型社会の形成に関する施策の総合的かつ計画的な推進を図るために定めるものである。

現行の第4次循環基本計画（2018年6月策定）のポイントは、以下の通り。

持続可能な開発目標（SDGs）および第5次環境基本計画を踏まえ、環境的側面、経済的側面および社会的側面を統合的に向上させるとし、以下の柱を示している。

①地域循環共生圏形成による地域活性化

②ライフサイクル全体での徹底的な資源循環

③適正処理のさらなる推進と環境再生

④災害廃棄物処理体制の構築

⑤適正な国際資源循環体制の構築と循環産業の海外展開

循環基本計画は、より少ない資源の投入により高い価値を生み出す資源生産性など4項目について**物質フロー**目標を定めている。

	指標	2025年度目標	内容
入口	資源生産性🖉	49万円／トン	GDP／天然資源等投入量
循環	**入口側の循環利用率**	18%	循環利用量／（循環利用量＋天然資源等投入量）
	出口側の循環利用率	47%	循環利用量／廃棄物等発生量
出口	**最終処分量**	1,300万トン	最終処分量

海洋プラスチック問題等に対応するため、3R＋Renewable（再生可能資源への代替）を基本原則とした「プラスチック資源循環戦略」（2019年5月）が策定された。

🖋廃棄物の処理の現状

一般廃棄物（ごみ）の排出量は2000年をピークに減少している。リサイクル率は約20%。市区町村などによる再資源化が進み、さらに自治体による台所ごみ（食品廃棄物）の分別収集・資源化の試行が始まっている。また、産業廃棄物の再生利用率は約50%である。

🖋循環経済（サーキュラーエコノミー）

持続可能な形で資源を利用する循環経済（サーキュラーエコノミー）への移行が世界の潮流となっている。従来の3Rに加え、原材料の調達や製品・サービス設計の段階から資源の回収・再利用を前提とすることで、廃棄物や汚染物を発生させないことををを目指す。循環型社会構築のためには、社会経済の仕組みが循環経済に変わる必要がある。

> 🖉 循環型社会—製品などが廃棄物となることを抑制し、発生した廃棄物は「循環資源」としてとらえ直し、その適正な循環的利用（再使用、再生利用、熱回収）を図り、天然資源の消費を抑制し、環境への負荷ができる限り低減される社会。
> 循環型社会形成推進基本法—3R推進のための法律。2001年1月完全施行。
> 3Rイニシアティブ—2004年のG8サミットで、当時の小泉総理により提唱された、

3Rに取り組むことで循環型社会構築を目指す道筋。

総物質投入量―天然資源などの投入量（国内資源、輸入資源・輸入製品）及び資源循環量の総量。

汚染者負担原則（PPP）―公害防止のための費用負担のあり方についての考え方。環境を汚染する者が、汚染防止、環境の復元及び被害補償費用を負担する。

循環型社会形成推進基本計画（循環基本計画）―循環型社会のあるべき姿についてのイメージを示し、循環型社会形成のための数値目標を設定するとともに、国などの取り組みの方向性を示す。

地域循環共生圏―地域の特性を生かし、資源循環する自立・分散型社会をつくり、近隣地域とは共生し、広域的なネットワークにより地域資源を補完・支え合うこと。

資源生産性―投入された資源をどれだけ有効に利用しているかを表す指標。「GDP÷天然資源等投入量」で計算する。より少ない資源の投入量で効率的に経済的価値を生み出すことが望まれる。

第**3**章　環境問題を知る

問題

check ☒☒☒

次の①～⑥の文章と最も関係の深い語句を、下記の語群から選べ。

① 商品の簡易包装、長寿命化に取り組み、廃棄物の発生を極力少なくする。

② 廃棄物を排出する際に分別廃棄する。

③ いったん使用された製品を回収し、必要に応じて適切な処置を行い製品として利用する、または部品を利用する。

④ GDPを天然資源等投入量で割った数値。産業や人々がいかに資源を有効に利用しているかを示す指標。

⑤ リサイクルや処分しやすいように製品設計や材質を工夫する。

⑥ いったん使用された製品を回収し、原料として利用する。

(a)発生抑制（リデュース）　**(b)再使用（リユース）**　**(c)再資源化（リサイクル）**
(d)排出者責任　　　　　　**(e)拡大生産者責任**　　　**(f)資源生産性**

解答　①…(a)、②…(d)、③…(b)、④…(f)、⑤…(e)、⑥…(c)

3-24 廃棄物処理に関する国際的な問題

未 未 未 | 08 経済成長 | 09 産業革新 | 11 まちづくり | 12 生産と消費

重要ポイント

check ☒ ☒ ☒

世界中で増える廃棄物

世界全体では、発展途上国での急激な経済発展と人口増加を背景に、2050年には今の倍以上の廃棄物の発生が予想されている 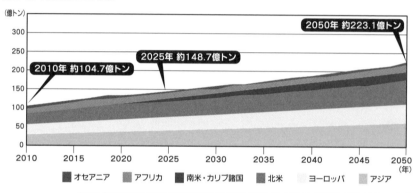。増加する廃棄物処理に対応しきれなくなり、環境問題が顕在化している。

世界の廃棄物量の推移

〔出典：「世界の廃棄物発生量の推定と将来予測に関する研究」（田中勝／廃棄物工学研究所）より作成〕

有害廃棄物の越境移動

先進国の有害な廃棄物が発展途上国に持ち込まれ、適切な処理・処分がなされずに環境汚染につながる事例が多く、地球規模の環境問題となっている。この問題に対処するため、1989年「バーゼル条約 ✎」が国際条約として採択された。有害廃棄物の輸出時の事前通告制や許可制などが規定されている。

同条約では不適正な輸出や処分行為が行われた場合、返送（**シップバック**）の義務が規定されており、日本へのシップバック事案も発生している。

2021年から汚染されたプラスチックがバーゼル条約の規制対象に加えられた。日本は廃プラスチックの輸出大国だったが、中国はじめ各国が禁輸措置を取り国内処理が増えている。

E-waste（電気・電子機器の廃棄物）問題 ✎

日本を含む先進国から、使用済のテレビ、パソコン、冷蔵庫などの電気・電子機器廃棄物（E-waste）がアジア太平洋地域を中心とする途上国に輸出されてい

る問題。リサイクルの過程での不適切な処理の結果、これらの廃棄物に含まれている有害物質により、輸出先の途上国で環境汚染及び健康被害が生じている。

電気・電子機器の廃棄物には鉛、カドミウムなどの有害性物質や、**レアメタル** などの有用な金属が含まれている。国内で適切にリサイクルされるべきものである。しかし、廃家電が中古利用などと偽って途上国に輸出され、E-waste問題に拍車をかけていることが指摘されている。

> バーゼル条約—有害な廃棄物の国境を越える移動は、1970年代から欧米諸国を中心に行われてきた。1980年代に入り、ヨーロッパの先進国からの廃棄物がアフリカの開発途上国に放置されて環境汚染が生じるなどの問題が発生したことが本条約につながった。日本を含めて180カ国以上が条約加盟国となっている。
> E-waste問題—中古利用目的を含めて相当数の使用済み電気・電子機器を途上国向けに輸出している日本としては、当事国としてこの問題に取り組む必要がある。
> レアメタル—P39参照。

レアメタル—P39参照。

問題　　　　★★★ check ☒ ☒ ☒

次の文章の中で、不適切なものをすべて選べ。

① 人口増加に伴う経済発展の過程で廃棄物の発生量は増加する。世界全体では、発展途上国での急激な経済発展と人口増加を背景に、2050年の廃棄物発生量は今の倍以上となることが予想されている。

② バーゼル条約は、有害廃棄物の越境移動を規制しているが、汚染されたプラスチックは対象外である。

③ バーゼル条約の施行により、有害廃棄物の越境移動による環境問題はほとんど発生していない。

④ E-wasteとは、電気・電子製品の廃棄物のことである。

⑤ E-waste問題とは、廃棄された家電や電子機器が途上国に輸出され、廃棄物に含まれる有害物質による環境汚染が発生している問題である。

⑥ 廃棄された家電や電子機器には、カドミウムや鉛などの有害性物質が含まれている。

解答　②③　②：汚染プラスチックも含まれる。③：条約違反の廃棄物による問題がある。

3-25 廃棄物処理に関する国内の問題

08 経済成長　**09** 産業革新　**11** まちづくり　**12** 生産と消費　**17** 実施手段

重要ポイント

check ☒ ☒ ☒

廃棄物とは何か

自ら利用したり、他人に有償で譲り渡しできないため不要になったもの。「**廃棄物処理法**」の定義では「ごみ、粗大ごみ、燃えがら、汚泥、ふん尿などの汚物又は不要物で、固形状又は液状のもの」とされている。

廃棄物は大きく分けて、次の**産業廃棄物**と**一般廃棄物**に区分される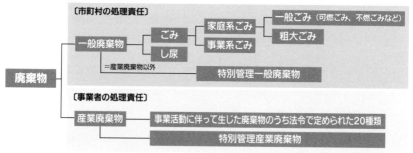。

産業廃棄物：事業活動に伴って生じた廃棄物のうち、**法令で定められた20種類のもの**と輸入された廃棄物をいう。

一般廃棄物：産業廃棄物以外の廃棄物を指し、し尿、家庭から発生する家庭系ごみのほか、オフィスや飲食店から発生する事業系ごみも含む。

廃棄物のうち、爆発性、毒性、感染性その他の人の健康または生活環境に被害を生ずるおそれのあるものは、特別管理廃棄物と呼ばれ、**特別管理一般廃棄物**または**特別管理産業廃棄物**として、他の廃棄物と混合させないなどの厳しい管理が求められている。

廃棄物の区分

〔出典：令和4年版 環境白書・循環型社会白書・生物多様性白書（環境省）より作成〕

廃棄物の排出量・処理の現状

- 総排出量：年間約4億3,000万トン。
- ごみ：経済成長とともに1990年ごろまで急増してきたが、その後横ばいから微増となり、循環基本法制度が整備された2000年を境に減少傾向となった。2020年度の排出量は4,167万トン、1人1日当たり901グラムとなっている。
- 産業廃棄物：1990年度以降、総排出量は4億トン前後で推移。2020年度

の排出量は3億9,215万トン。

　ごみ・産業廃棄物ともに、リサイクル率・再生利用率が増え、<u>最終処分率</u>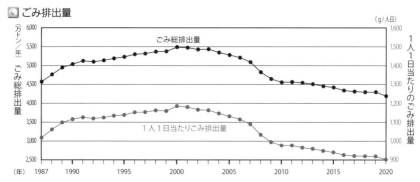
は減少している。ただし、近年はリサイクル率は伸び悩み、減少する傾向も見られる。

◎ごみ排出量

注1：2005年度実績の取りまとめより「ごみ総排出量」は、廃棄物処理法に基づく「廃棄物の減量その他その適正な処理に関する施策の総合的かつ計画的な推進を図るための基本的な方針」における、「一般廃棄物の排出量（計画収集量＋直接搬入量＋資源ごみの集団回収量）」と同様とした。
2：1人1日当たりごみ排出量は総排出量を総人口×365日または366日でそれぞれ除した値である。
3：2012年度以降の総人口には、外国人人口を含んでいる。

〔出典：令和4年版 環境白書・循環型社会白書・生物多様性白書（環境省）より作成〕

✿廃棄物の処理責任

①一般廃棄物：市町村が一般廃棄物処理計画を定め、収集・処理する責任がある。家庭ごみも排出抑制を徹底するため有料化する市町村が増えている。2020年度では全市区町村の65.8％にあたる1,145の市区町村が生活系ごみについて収集手数料を徴収している。

②事業系廃棄物：事業者が排出する廃棄物は、事業者自らの責任で適正に処理する責任がある。処理は自ら行うこともできるが、基本的には専門業者や地方自治体に処理を委託する。

　前年度に1,000トン以上の産業廃棄物（特別管理産業廃棄物は50トン以上）を排出した事業者は、多量排出事業者処理計画を作成し、知事に提出しなければならない。

✿日本の廃棄物対策の系譜

• 廃棄物処理の歴史

1900年：汚物掃除法制定（汚物処理によるコレラなどの対策が主目的）

1954年：清掃法制定（汚物の衛生的処理と公衆衛生の向上）

1970年：**廃棄物処理法**制定（廃棄物の適切な処理）

2000年：**循環型社会形成推進基本法**制定（3Rの促進）

- 日本の廃棄物処理の特徴

　日本は狭い国土で最終処分場の確保が困難、活発な産業活動により廃棄物の発生量が多い、地震・豪雨などの災害が多い、高温多湿で廃棄物が腐敗しやすいなどの事情から、廃棄物の体積を減らし腐敗を防ぐ焼却を積極的に進めてきた。2020年度におけるごみの直接焼却率は79.6％で、他国と比べて極めて高い。

　ごみの焼却に伴う余熱の利用が盛んであり、温水や蒸気を発生させるほか、発電も広く行われている。全国のごみ焼却施設1,082か所のうち379か所（約35％）で発電が行われている（2020年度）。

- ごみ焼却の問題点

　ごみは不適切に燃焼させるとダイオキシンが生じるため、1999年以降はダイオキシン類の対策も取られるようになった。

　ごみ焼却はCO_2の発生源であるため、2050年温室効果ガス排出実質ゼロを目指す上では、プラスチックの焼却量や廃棄物処理過程での化石燃料使用量を削減する必要がある。

🔖 廃棄物処理法の仕組み

　廃棄物の排出を抑制し、廃棄物の適正な処理の推進を目的としている。不法投棄や不適正処理の防止を図るための規制を定めている。主な規制は下記の通り。

	項目	内容
産業廃棄物を排出する事業者に対する規制	保管基準	廃棄物の飛散、流出などの防止
	処理委託基準	産業廃棄物の処理を委託する場合の基準 ・専門業者への委託 ・書面での契約　など
	産業廃棄物管理票 （マニフェスト）🖉	事業者が産業廃棄物の処理を専門業者に委託する場合、マニフェストを交付し、その回付により確実に最終処分されたことを確認しなければならない。
廃棄物の処理を行う事業者及び処理施設に対する規制	処理業者の許可制	一般廃棄物処理業：市町村長の許可 産業廃棄物処理業：都道府県知事の許可
	処理施設設置の許可制	一般廃棄物処理施設：市町村長の許可 産業廃棄物処理施設：都道府県知事の許可
不法投棄、不法焼却、不法輸出入		罰則の対象

最終処分率―最終処分とは、埋め立て処分、海洋投棄処分または再生のこと。ほとんどは埋め立て処分。

産業廃棄物管理票（マニフェスト）―産業廃棄物を排出する事業者が、産業廃棄物の収集・運搬及び処分を業者に委託する場合に使用しなければならない、複写式の伝票。排出事業者はマニフェストに産業廃棄物の種類、数量、委託先などの必要事項を記入し、収集運搬業者に渡す。収集運搬業者・処理業者は、その業務の完了後にマニフェストの必要部分を排出事業者に返送する。これにより、産業廃棄物の処理が適正に行われたことを確認できる。紙ではなくコンピュータ上でやりとりする「電子マニフェスト」もある。

問題

check ☒ ☒ ☒

次の文章の中で、不適切なものをすべて選べ。

① 廃棄物は、一般廃棄物と産業廃棄物に区分される。

② 産業廃棄物は、事業活動に伴って生じた廃棄物のうち、法律で決められた種類のもの、輸入されたもの及びオフィスなどから発生する事業系ごみをいう。

③ 1人1日当たりのごみの排出量は1kgを超えている。

④ 廃棄物の処理責任は、一般廃棄物及び産業廃棄物とも事業者である。

⑤ マニフェストとは、産業廃棄物が確実に処理されたことを排出事業者が確認できるようにする伝票であり、産業廃棄物の処理を委託する際には必ず使用しなければならない。

⑥ マニフェストを交付するのは、産業廃棄物の処理を委託された業者である。

⑦ 一般廃棄物、産業廃棄物ともにリサイクル率はここ数年増加を続けている。

⑧ 日本のごみ焼却率は、他国と比べて極めて低い。

解答 ②③④⑥⑦⑧ ②：オフィスなどからの事業系ごみは一般廃棄物。 ③：901g（2020年）である。 ④：一般廃棄物の処理責任は市町村。 ⑥：マニフェストの交付者は、産業廃棄物の排出事業者である。 ⑦：リサイクル率は一時期増加していたが、近年はほぼ横ばいであり、年によっては低下している。 ⑧：ごみ焼却率は他国と比して極めて高い。

3-26 そのほかの廃棄物の問題

09 産業革新 | **11** まちづくり | **12** 生産と消費

重要ポイント

check ☒ ☒ ☒

処理が困難なPCB

ポリ塩化ビフェニル (PCB) は1972年以前に製造されたトランス、コンデンサーなどの電気機器などに広く使用されていた、発ガン性などがある化学物質。PCBは長らく処理体制が整備されなかったため、PCBを含む使用済電気機器は長期保管され、不適正保管や紛失が続発した。2001年に**PCB特措法**が制定され、日本環境安全事業㈱ (現中間貯蔵・環境安全事業㈱：JESCO) により全国5箇所の処理施設において2004年からPCB廃棄物の処理が進められてきた。2023年3月でJESCOに高濃度PCB廃棄物の処理を委託できる処分期間は終了し、低濃度PCB廃棄物の処分期間の終了も2027年3月に迫っている。

廃棄物の不法投棄

適正な場所や方法で処理されない廃棄物の不法投棄は大きな問題。産業廃棄物による大規模な不法投棄が毎年発見されている。2020年度には新たに139件、5.1万トンの不法投棄が判明。その件数の約7割が建設系廃棄物である。

不法投棄の原状回復のための措置

不法投棄に伴う環境保全上の支障の除去は、都道府県知事が実行行為者や不適正に処理を委託した排出事業者に対して措置命令を出すのが基本であるが、実行者が不明な場合や実行者に対応能力がない場合などでは、行政が税金を使用し代執行せざるを得ないこともある。

①**産業廃棄物特別措置法 (産廃特措法)**

1998年以前に不法投棄された産業廃棄物の原状回復を促進するため、国庫補助や地方債などの特別措置による財政支援を行う法。

同法が適用された大規模不法投棄事案に、「**香川県豊島不法投棄事案**」「**青森・岩手県境不法投棄事案**」がある。

②**産業廃棄物適正処理推進基金制度**

1998年6月17日以降 (産廃特措法対象) に発生した不法投棄事案が対象。国と事業者団体などからの資金で運営される基金で、処理経費の支援を行う。

🔖最終処分場 (埋立) の現状

廃棄物処理の最終段階は、最終処分場での埋め立て。最終処分場の建設は莫大な費用と広大な土地が必要であり、また、地域住民にとってはいわゆる "迷惑施設" であることから、新規確保は難しい状況。

最終処分場の**残余容量**✏️、**残余年数**✏️は厳しい状況にある。

また、日本は地震が多く、近年は豪雨も増加しているため、**災害廃棄物**への備えも重要性を増している。

✏️ **ポリ塩化ビフェニル (PCB)** ─絶縁性、不燃性などの特性が優れ、トランス、コンデンサーなどの電気機器をはじめ幅広く使用されていたが、1968年にカネミ油症事件が発生、その毒性が社会問題化し、日本では1972年以降製造は行われていない。1974年からは、化審法により製造・輸入・使用は禁止となった。

PCB特措法─国によるPCB廃棄物処理基本計画の策定、事業者のPCB廃棄物の保管の届出、処理期限、処分期間などを定めている。

豊島不法投棄事案─香川県の島・豊島 (てしま) に1975年頃〜1990年にかけ、悪質な産廃業者によって大量の産廃が投棄され、土壌や地下水汚染も発生した問題。廃棄物の撤去は香川県により行われ、撤去が完了したのは2017年であった。

残余容量─現存する最終処分場に今後埋め立て可能な廃棄物の量。

残余年数─現存する最終処分場が満杯になるまでの残り期間の推計値。現在の年間埋立量を元に計算するため、リサイクルの増加などで埋立量が減ると残余年数は伸びる。

問題　　　　　🌾🌾🌾 check ☒ ☒ ☒

次の文章の中で、不適切なものをすべて選べ。

① ポリ塩化ビフェニル (PCB) 廃棄物は、定められた期限までに処分しなければならない。

② PCBはトランスやコンデンサーなどの電気機器に広く使われていた。

③ 産業廃棄物の不法投棄は取り締まりの強化により減少し、近年新たに発見される事例はほぼなくなっている。

④ 不法投棄された廃棄物の撤去や処理などの費用は、不法投棄した者や処理委託した排出事業者が支払うのが原則である。

⑤ 不法投棄の約7割は医療系廃棄物である。

解答 ③⑤ ③：産廃の不法投棄は依然として発生し続けている。 ⑤：建設系廃棄物である。

3-27 リサイクル制度

| 08 | 経済成長 | 09 | 産業革新 | 11 | まちづくり | 12 | 生産と消費 | 17 | 実施手段 |

重要ポイント

check ☒ ☒ ☒

🔹日本では様々な法律によってリサイクルが推進されている。

🔹容器包装廃棄物：容器包装リサイクル法

缶、ビン、ペットボトル、ダンボール等の容器包装を製造・利用する業者へ、それらの再商品化（リサイクル）義務を課している法律。多くの事業者は自らリサイクルを行うのは難しいため、指定法人にリサイクルを委託し、その費用を負担することで再商品化の義務を果たしている。

また、2020年からはこの法律にもとづき、<u>生分解性プラスチック</u>🖊などを除いたプラスチック製レジ袋の全国一律有料化が行われている。

🔹プラスチック使用製品：プラスチック資源循環法

プラスチック使用製品全般のリデュース・リサイクルを推進する法律。環境配慮設計基準の策定などによるプラスチック廃棄物発生の抑制や、市町村がプラスチックを分別回収しリサイクルを指定法人に委託する仕組み、製造事業者等が自主回収・再資源化を行う仕組みなどが規定されている。

🔹家電廃棄物：家電リサイクル法

エアコン、テレビ（ブラウン管・液晶・プラズマ）、電気冷蔵庫・冷凍庫、電気洗濯機・衣類乾燥機の「家電4品目」のリサイクルを行う法律。これら4品目を廃棄する際、消費者は家電店等へ引き渡し、リサイクル料金を支払う（**後払い**）必要がある。製造・輸入業者は一定水準以上の**再商品化**の義務がある。

🔹小型電子機器等：小型家電リサイクル法

家電リサイクル法の対象ではない使用済み小型家電（携帯電話、デジカメ、プリンターなど）を回収し、鉄や銅、金や銀などの貴金属、レアメタルの回収をはかる法律。市町村が公共施設に設置した回収箱などで回収し、小型家電リサイクル法の許可を受けた民間事業者がリサイクル事業を実施する。

🔹パソコン・周辺機器等：資源有効利用促進法

製造等事業者に回収・再資源化が義務付けられている。PCリサイクルマークが貼付されているパソコンは、新品購入時にリサイクル費用を負担済みであるため、無料で回収してもらえる。

🔹建設廃棄物：建設リサイクル法

コンクリート、アスファルト・コンクリート、建設発生木材などについて、

合計床面積80m²以上等の建設工事の受注者・請負者などに対して分別解体と再資源化を義務付けている。

食品廃棄物：食品リサイクル法

加工食品の製造過程での加工残さ、流通過程での売れ残り、消費段階での食べ残し、調理くずなどの食品廃棄物について肥料・飼料などとして再利用や熱回収を進める法律。一般家庭からの生ごみは対象外である。

近年は本来食べられるにもかかわらず廃棄されている**食品ロス**が注目を集めている。食品製造・流通過程の規格外品やロス商品を福祉施設等に寄付するフードバンク、家庭の余剰食材を寄付するフードドライブ、店舗等で廃棄されそうな食品を消費者がネット注文し購入できるフードシェアリングなどの取り組みが行われている。

使用済自動車：自動車リサイクル法

使用済自動車のシュレッダーダスト 、フロン類、エアバッグの適正なリサイクルを求める法律。リサイクル費用は、新車購入時に支払う（**先払い**）預託金で賄われる。

生分解性プラスチック―一定の条件下で微生物などの働きで分解し、最終的に二酸化炭素と水にまで分解されるプラスチック。

シュレッダーダスト―工業用シュレッダーで廃家電や廃自動車を粉砕し、鉄などの有用物を回収した後に残る、プラスチック・ガラス・ゴム等の混合廃棄物。

問題 禾禾禾 check ☒ ☒ ☒

次の文章の中で、その内容が不適切なものをすべて選べ。

① 「家電リサイクル法」における対象品目は、エアコン、電気冷蔵庫・冷凍庫、電気洗濯機、衣類乾燥機である。

② 「建設リサイクル法」は工事の受注者に分別解体と再資源化を義務づけている。

③ 「フードシェアリング」は廃棄されそうな食品をネットを通じて購入し食品ロス削減に貢献できるサービスである。

④ 「自動車リサイクル法」におけるリサイクル費用は、新車購入時に支払う先払い式である。

解答 ① ①：テレビ（ブラウン管、液晶、プラズマ）も対象である。

第**3**章 環境問題を知る

3-28 地域環境問題

17 実施手段

重要ポイント

check ☒ ☒ ☒

地域環境問題のとらえ方

経済発展の過程で、最初に直面するのは公害と自然環境・生態系の破壊である。このように原因と影響が近い地域に表れ、人為的原因と結果の因果関係が比較的はっきりととらえられる環境問題を「**地域環境問題**」という。

身近な地域環境問題が拡大し、地球環境問題につながることもある（酸性雨、黄砂、PM2.5など）。また地球環境問題による影響が個々の地域における環境問題として顕在化することもある。地球環境問題と地域環境問題はつながっているという認識が重要である。

地域環境問題とは：主な地域環境問題は以下の通り。

大気環境に関わる問題	大気汚染など
水環境に関わる問題	水質汚濁など（河川、湖沼、海、地下水など）
土壌環境に関わる問題	土壌汚染など（市街地、農用地など）
地盤環境に関わる問題	地盤沈下など
生活環境に関わる問題	騒音、振動、低周波音、悪臭など
自然環境に関わる問題	生物多様性の保全、希少種や優れた景観の保護など
そのほかの問題	廃棄物、光害、ヒートアイランド、放射性物質による環境汚染など

〔出典：改訂9版eco検定公式テキスト（日本能率協会マネジメントセンター）より作成〕

公害の定義：環境基本法は次のように定義している。

事業活動その他の人の活動に伴って生ずる相当範囲にわたる①**大気の汚染**、②**水質の汚濁**、③**土壌の汚染**、④**騒音**、⑤**振動**、⑥**地盤沈下**及び⑦**悪臭**によって、人の健康又は生活環境に係る被害が生じることを「**公害**」と定義。この7種類の公害を「**典型7公害**」という。

地域環境問題の原点

日本社会が環境問題と真正面に取り組んだきっかけは、高度経済成長過程で発生した激甚な公害問題である。各地で紛争や訴訟の発生など市民と企業の対立が起こり、一方で公害防止協定の締結、条例の制定など地方の取り組みも進行した。1967年の公害対策基本法✎成立と、1970年の公害国会✎により、国の制度が整備された。

　こうした各種規制法・支援法の成立、世論の動向などを背景に、企業の間では公害対策技術や**クリーナープロダクション**（低環境負荷型生産システム）の開発が進められ、環境対策費用を製品価格に組み込む**環境コストの内部化**にも成功した。

新たな地域環境問題

　産業公害対策は一段落したが、代わりに浮上してきたのが都市・生活型公害である。自動車等による排ガスや騒音、生活雑排水による水質汚濁、プラスチック海洋ごみなどが挙げられる。

> **公害対策基本法**― 1967年施行。日本の公害防止対策の基本であった法律。公害の定義や国・地方自治体・事業者の責務などを定めた。地球環境問題等の新たな課題に対応するため1993年に環境基本法が制定されたことに伴い廃止されたが、内容の大部分は引き継がれている。
> **公害国会**― 1970年11月に開かれた臨時国会。14本の公害対策関連法が成立した。

問題　 check ☒ ☒ ☒

次の文章の中で、その内容が誤っているものをすべて選べ。

① 地域環境問題は、問題とその原因の因果関係がはっきりしていないものが多い。

② 典型7公害とは、大気汚染、水質汚濁、土壌汚染、廃棄物汚染、騒音、振動、悪臭のことである。

③ 1967年、激甚化する公害問題に対処するため、公害の定義や国・地方自治体・事業者の責務などを定めた公害対策基本法が成立した。

④ 国内では大規模な産業による公害問題は収まった一方、市民生活に由来する都市生活型公害の問題が注目されるようになっている。

解答　①② 　①：因果関係は比較的はっきりしている。②：廃棄物汚染は典型7公害ではない。代わりに地盤沈下。

3-29 大気汚染の原因とメカニズム

03 保 健　12 生産と消費　13 気候変動

重要ポイント　　　　　　　　　　check ☒ ☒ ☒

🛫大気汚染とは

工場や自動車などの人為的な発生源から大気汚染原因物質が大気中に排出され、人の健康や生活環境に悪影響をもたらすことをいう。

産業革命以降、化石燃料の利用拡大に伴って先進諸国で大気汚染が顕在化した（<u>ロンドンスモッグ事件</u>✎、<u>四日市ぜんそく</u>など）。近年は中国やインド等の新興国で大気汚染が深刻化している。

🛫大気汚染の主要な原因物質

(1) 硫黄酸化物 (SOx)

石油や石炭などの化石燃料中の硫黄分が燃焼中に空気中の酸素と結合して発生する。呼吸器系の疾患を引き起こす可能性があり、四日市ぜんそくの主原因であった。

(2) 窒素酸化物 (NOx)

燃料の燃焼中に、燃料中や空気中の窒素が空気中の酸素と結合して発生する。自動車、工場、火力発電所、一般家庭など多様な発生源から排出される。

(3) 揮発性有機化合物 (VOC)

常温常圧で大気中に容易に揮発する有機化合物（トルエン、キシレンなど多種多様な物質）の総称。塗料やインクなどの溶剤などに含まれる。

SPMやOxの発生に関与。また、シックハウス症候群の原因の1つ。

(4) 光化学オキシダント (Ox)

窒素酸化物 (NOx) と揮発性有機化合物 (VOC) の混合系が紫外線を受けて反応、発生する。目の痛み、吐き気、頭痛などを引き起こす。

高濃度のOxが大気中に漂う現象を**光化学スモッグ**という。

(5) 浮遊粒子状物質 (SPM)

粒子状物質 (PM) のうち、粒子の直径が10μm以下のものをいう。工場などからのばいじんや粉じん、ディーゼル車の排ガス中の黒煙などが発生源。

大気中のNOx・SOx・VOCが粒子化することで生成されるものもある。

微小、軽量のため大気中に浮遊しやすく、肺や気管支などの呼吸器系に悪影響を与える。SPMのうち粒径が2.5μm以下の**PM2.5**が近年問題となっている。

⑹ 有害大気汚染物質

　低濃度でも長期間暴露すると、発がん性などの健康被害が懸念される物質。ベンゼン、トリクロロエチレン、テトラクロロエチレン、ジクロロメタン等。

🌱アスベスト（石綿）

　かつて建物の断熱材などとして広く使用された物質。吸引すると塵肺、肺線維症、肺がんなどを引き起こす。2006年から製造・輸入・使用が全面禁止に。

 ロンドンスモッグ事件－ P86参照。

問題　┣┣┣ check ☒ ☒ ☒

　次の (a) ～ (h) は大気汚染物質、もしくは吸引すると人体に悪影響を及ぼす物質である。その内容を言い表しているものを①～⑧から選べ。

　(a) 硫黄酸化物（SOx）　　(b) 窒素酸化物（NOx）　(c) 揮発性有機化合物（VOC）

　(d) 光化学オキシダント（Ox）　(e) 浮遊粒子状物質（SPM）　(f) 有害大気汚染物質

　(g) PM2.5　　　　　　(h) アスベスト

①工場などのばいじんに含まれる粒子の直径が10μm以下の粒子状物質（PM）。
②低濃度でも長期間の暴露により、発がん性などの健康被害が懸念される物質。
③燃料中の硫黄分が燃焼中に空気中の酸素と結合して発生する。
④燃料の燃焼中に、燃料中や空気中の窒素が空気中の酸素と結合して発生する。
⑤吸引すると塵肺・肺がんなどの原因となる、建材などとして使用されていた物質。
⑥浮遊粒子状物質（SPM）のうち2.5μm以下の粒子状物質（PM）。
⑦常温で揮発性を有し、大気中で気体状になる有機化合物の総称。
⑧NOxやVOCが紫外線を受けて生成する、光化学スモッグの原因となる物質。

解答　(a)…③、(b)…④、(c)…⑦、(d)…⑧、(e)…①、(f)…②、(g)…⑥、(h)…⑤

3-30 大気環境保全の施策

| 03 | 保　健 | 12 | 生産と消費 | 13 | 気候変動 |

重要ポイント

check ☒ ☒ ☒

🌱**大気汚染対策の法制度**：次の2つの法規制がある。

1：大気汚染防止法

(a) 固定発生源（工場や発電所など）の規制

- SO_x、NO_xなどのばい煙の排出基準を定める。
- 通常の措置ではばい煙の環境基準達成が困難な地域には総量規制を行う。地域全体で許容される総排出量を算出し、そこから工場ごとに排出できる量を定める。
- VOC、粉じんの排出も規制している。

(b) 自動車の規制

- 排出ガスの許容限度を定める。

2：自動車NO_x・PM法

- 首都圏、愛知・三重圏、大阪・兵庫圏が対象。
- NO_xとPMの排出基準を満たさない自動車は、上記地域で登録が行えない（新車登録ができず、車検が通らない）。

🌱**大気の環境基準**

SO_2（二酸化硫黄）、SPM（微小粒子状物質）、NO_2（二酸化窒素）、O_x（光化学オキシダント）などに環境基準が設けられている。

SO_2、SPM、NO_2の環境基準はほぼ達成されているが、O_xはほとんど達成されていない。ただしこれはO_xの環境基準の評価方法が厳しいためで、長期的な観測値は横ばいである。また、SPMは黄砂が発生すると達成率が下がる。

🌱**大気汚染防止の対策**

大気汚染の発生源には、工場・発電所といった固定発生源と、自動車などの移動発生源がある。両者に共通する対策方法としては、以下のような手法がある。

- エンドオブパイプ型対策：排ガス処理装置などで、発生した排ガスを浄化
- 燃料の転換：汚染物質排出の少ない燃料に変更
- 排ガスを出さない方式への転換：電気自動車など

固定発生源における主な対策は次の通り。

対策	主な具体例
排ガス処理装置の新設	排煙脱硫装置、排煙脱硝装置、集じん装置などにより、排ガス中から汚染物質を除去
燃料の転換	低硫黄重油、天然ガスなどへ転換
クリーナープロダクション	低NOx燃焼技術、省エネ対策など、製造工程の改善

 排煙脱硫装置―排ガス中の硫黄分を石灰石などと接触させて石膏として除去する。
排煙脱硝装置―排ガス中の窒素酸化物をアンモニアと反応させて分解し除去する。
低NOx燃焼技術―燃焼中に発生する窒素酸化物（NOx）を抑制する技術。

第3章 環境問題を知る

問題　　check ☒☒☒

次の文章のうち内容が誤っているものをすべて選べ。

① 大気汚染防止法は、工場などの固定発生源の規制と自動車の排ガスの許容限度を定めている。

② 自動車NOx・PM法は、東京23区及び政令指定都市内で登録できる自動車を規制している。

③ 大気汚染物質の環境基準達成率は、SOx、NOx、Oxのいずれも良好な状況が続いている。

④ 大気汚染対策の排煙脱硝装置は、排ガス中の硫黄分を除去する装置である。

解答　②③④　②：首都圏、愛知・三重圏、大阪・兵庫圏の3つの大都市地域が対象である。③：Oxの達成状況は低い。④：窒素酸化物を分解し除去する装置。

3-31 水質汚濁の原因とメカニズム

非非非 03 保 健 06 水・衛生 12 生産と消費

重要ポイント

水質汚濁の歴史と現状

明治時代に日本の公害運動の原点である**足尾銅山鉱毒事件**✎が発生した。高度経済成長期には水俣病、イタイイタイ病などの深刻な公害病が発生した。東京湾、伊勢湾、瀬戸内海などでは**赤潮**✎が頻発し周辺の漁業に被害をもたらした。

近年では、内海や湖沼などの**閉鎖性水域**✎や都市部の中小河川の水質汚濁が課題である。有害物質の地下浸透や廃棄物投棄による地下水汚染、農地への過剰施肥や畜産排水による汚染も問題となっている。

水質汚濁の原因

河川・港湾・海域などに、工場・事業場からの産業排水や家庭からの生活排水が大量に流入し、自然の自浄作用の限界を超えると、水質汚濁が発生する。

水質汚濁の原因は、以下の2つに分類される。

分類	原因物質	原因排水
有害物質	カドミウム、有機水銀、鉛、六価クロムなどの重金属 ベンゼンなどの化学物質	鉱山、工場・事業場などからの産業排水
有機物・栄養塩類✎	有機物、窒素化合物、リン酸塩など	生活排水、農業・畜産、食品関連事業場からの産業排水

〔出典：改訂9版eco検定公式テキスト（日本能率協会マネジメントセンター）より作成〕

水質汚濁の現状

公共用水域では、次の2種類の**環境基準**が設定されている。

環境基準の種類	項目
健康項目（人の健康の保護に関する項目）	重金属類、化学物質など
生活環境項目（生活環境の保全に関する項目）	BOD✎、COD✎ など

(1) 公共用水域における水質汚濁の現状

環境基準の達成状況

健康項目：ほとんどの地点で達成している。

生活環境項目：湖沼の達成率が50％前後で課題。**富栄養化**✎による**アオコ**✎の発生が続いており、対策が求められている。

(2)地下水における水質汚濁の現状

調査対象の井戸の5.9％が環境基準を達成していない（2020年度）。

主な地下水汚染の原因物質	主な排水源
硝酸性窒素、亜硝酸性窒素	農業・畜産業、家庭など
VOC（揮発性有機化合物）：トリクロロエチレンなど	機械工業、クリーニング業など

足尾銅山鉱毒事件—P26参照。

赤潮—プランクトンの異常繁殖により海水が赤色などに変色する現象。魚介類は窒息して死んでしまう。

閉鎖性水域—内湾、内海、湖沼など水の出入りが少ない水域。水質汚濁が進みやすい。

栄養塩類—植物の栄養となる、窒素、リンなどの物質。

BOD—生物化学的酸素要求量（Biochemical Oxygen Demand）。水中の有機物系汚濁物質を分解するために、微生物が必要とする酸素の量。主に河川の汚濁指標。

COD—化学的酸素要求量（Chemical Oxygen Demand）。水中の有機物系汚濁物質を化学的に酸化するために必要とする酸素の量。主に海域や湖沼の汚濁指標。

富栄養化—窒素化合物やリン酸塩などの水中の栄養塩類が過剰となり、プランクトンなどの生物生産性が高くなる現象。湖沼などの閉鎖性水域でおこりやすく、赤潮やアオコなどの原因となり生態系に悪影響を与える。

アオコ—藻類の異常繁殖により湖沼が緑色に変色する現象。

硝酸性窒素・亜硝酸性窒素—肥料、家畜のふん尿や生活排水に含まれるアンモニアが酸化されたもので、富栄養化の原因となる。

問題

check ☒ ☒ ☒

次の文章のうち内容が誤っているものをすべて選べ。

① 自然環境には自浄作用があり、自浄作用の限界を超えた量の汚水が河川や海に流れ込むことで水質汚濁が進む。

② 水質汚濁物質には、カドミウムなどの重金属類などや生活排水などからの有機物、窒素、リンなどがある。

③ 環境基準である「健康項目」には、BODやCODが含まれる。

④ 環境基準の「生活環境項目」の達成率は、すべての水域で良好で推移している。

⑤ CODとは、水中の有機物を分解するために微生物が必要とする酸素の量である。

⑥ 富栄養化とは、水中に栄養分が十分に供給され、生態系の維持に適度な状態となっていることを言う。

解答 ③④⑤⑥　③：健康項目はカドミウムなどの重金属類。④：湖沼などの閉鎖性水域の環境基準達成率は60％を切っており課題となっている。⑤：設問の記述はBODである。⑥：富栄養化は栄養分が過剰な状態。赤潮などを引き起こし、生態系に悪影響を与える。

3-32 水環境保全に関する施策

| 06 | 水・衛生 | 14 | 海洋資源 | 15 | 陸上資源 | 17 | 実施手段 |

重要ポイント

check ☒ ☒ ☒

🌊水質汚濁対策の制度

環境基本法により公共用水域及び地下水の環境基準が設定されている。

公共用水域及び地下水は、**水質汚濁防止法**によって規制が定められている。水質汚濁防止法では、人口や産業が集中して汚濁が著しい東京湾、伊勢湾、瀬戸内海（広域的閉鎖性海域）におけるCODや窒素・リンの排出総量を計画的に抑制する**水質総量規制制度**を定めている。

水質汚濁防止法のみでは十分でない湖沼や閉鎖性海域については、「湖沼水質保全特別措置法」、「瀬戸内海環境保全特別措置法」、「有明海及び八代海を再生するための特別措置に関する法律」などにより、施策が進められている。

🌊水質汚濁対策の技術

排水に含まれている成分の濃度や種類、処理目標などに応じて、「**物理化学的方法**」と「**生物化学的方法**」を組み合わせて処理されている。

排水処理方法	主な具体例
物理化学的方法	物理的方法（沈殿、沈降、ろ過など） 化学的方法（凝集、中和、イオン交換など）
生物化学的方法	**活性汚泥法**

生活排水は、**浄化槽**、下水道、コミュニティプラント（市町村設置の小規模下水処理施設）などで処理されている。下水道が普及している地域では下水処理場、それ以外の地域では各家庭や事業所内に設置された浄化槽が水処理を行う。日本の汚水処理人口割合は約90％。政府は生活排水処理施設の整備を下表のように進めている。

処理施設	内容
浄化槽整備	**単独処理浄化槽**から**合併処理浄化槽**への転換を促進
下水道整備	**雨水合流式下水道**から**分流式下水道**への転換促進 下水道工事のコスト縮減や工期短縮

🌊水循環の保全に向けて

自然界には、蒸発、降水、貯水、浸透、河川流出という大きな水循環がある。
自然のもたらす水循環の恩恵を再認識し、水循環が有する機能を損なわない健

全な治水・利水に努めることが求められている。

2014年に**水循環基本法**が制定された。健全な水循環を維持回復するための施策を総合的かつ一体的に推進するための法。河川や地下水の流域全体で水環境保全に取り組んでいる流域マネジメント等の取り組みを、流域水循環計画として認定する。

活性汚泥法―家庭排水やし尿処理施設からの排水のように、有機性汚濁物質を多く含む排水の処理方法として広く採用されている。排水に空気を吹き込んでバクテリアを繁殖させ、生成する沈殿物（汚泥）を除去する。

合併処理浄化槽―し尿だけでなく生活排水全般を処理する浄化槽。し尿のみを処理する単独処理浄化槽よりも処理能力が高い。

分流式下水道―汚水と雨水を別の管で流す下水道。汚水は浄化施設へ、雨水は河川へ流す。合流式の方がコストは低いが、大雨の際に汚水が逆流するなどの問題がある。

問題　　　羊羊羊 check ☒ ☒ ☒

次の文章のうち内容が誤っているものをすべて選べ。

① 公共用水域や地下水は、環境基本法によって環境基準が定められている。

② 水質総量規制制度は、人口や産業が集中して汚濁が著しい太平洋や日本海などの海域で導入されている。

③ 水質汚濁防止法のみでは十分でない湖沼などの規制には「湖沼水質保全特別措置法」などがある。

④ 水質汚濁対策の技術には、物理化学的方法と生物化学的方法があり、排水の性質に応じていくつかの方法を組み合わせて処理されている。

⑤ 生物化学的方法の活性汚泥法は、主に汚水中の重金属類の除去に使われる技術である。

⑥ 従来の分流式下水道から、大雨時のデメリットの少ない合流式下水道への転換が推進されている。

⑦ 水循環基本法にもとづいて地域単位で「流域水循環計画」が策定され、健全な水循環の保護に取り組んでいる。

解答　②⑤⑥　　②：総量規制の対象は閉鎖性海域（湾）であり、東京湾、伊勢湾、瀬戸内海の3つが対象となっている。　⑤：活性汚泥法は、有機性汚濁物質を含む排水の処理技術。⑥：事実と逆。合流式下水道から分流式下水道への転換が進められている。

3-33 土壌環境・地盤環境

11 まちづくり 12 生産と消費

重要ポイント check ☒☒☒

(1) 土壌環境

土壌汚染の特徴

直接的リスク（直接接触、経口）と間接的リスク（汚染地下水で栽培された農作物を食べるなど）がある。土壌汚染の特徴は以下の3つ。

①水や大気と比べ移動性が低く土壌中の有害物質が拡散・希釈されにくい。

②長期に汚染が継続し、自然浄化は困難。放置すると人の健康に影響を及ぼし続ける。

③範囲は局所的であるが発見が困難。ただし地下水が汚染された場合は汚染の範囲が広がる。汚染物質の土壌への排出を未然に防止する対策が重要。

土壌汚染の現状

<u>土壌汚染対策法</u>🖊に基づく汚染調査、工場跡地の再開発・売却時や環境管理の一環として自主的汚染調査を実施する事業者の増加などで、市街地などの土壌汚染事例の判明件数は増加している。

物質別の汚染事例を見ると、フッ素・ホウ素化合物、鉛、六価クロムなどの重金属に加え、金属の脱脂洗浄や溶剤として使用されるトリクロロエチレン、テトラクロロエチレンなどの**VOC**によるものが多い。

土壌汚染の調査と浄化

①土壌汚染対策法にもとづく土壌汚染調査の実施

有害物質使用施設が廃止された土地や一定面積以上の土地の<u>形質変更</u>🖊を行う場合などに土壌汚染調査を義務付け。基準を超える<u>特定有害物質</u>🖊が検出され健康被害のおそれがある場合、**要措置区域**となり汚染の除去・浄化などが必要となる。

②汚染された土壌の措置方法

- 直接口に入れるリスクを下げる対策：舗装、盛土など
- 地下水への浸透防止対策：遮断工事による封じ込めや不溶化など
- 汚染土壌の除去：掘削除去
- <u>原位置浄化</u>🖊：土壌汚染をその場で浄化する方法。掘削除去より時間は掛かるが費用負担は少ない。<u>バイオレメディエーション</u>🖊など。

　最近では、かつて立地していた都市ガス製造工場に由来すると見られる化学物質により、豊洲市場の土壌が汚染されていたことが問題となった。

(2) 地盤沈下

　地面が相当範囲にわたり徐々に沈んで行く現象。主に、地盤の弱い地域で地下水の過剰な採取が行われ、水分を失った粘土層が収縮して生じる。地下水が生活・工業・農業用水として多用された高度経済成長期に多発したが、工場用水法など地下水の過剰な採取を防ぐ法規制が行われ、ほぼ沈静化した。

　土壌汚染対策法―土壌汚染の状況の把握、土壌汚染による人の健康被害の防止を目的として2003年に施行された。
形質変更―土地の形状または性質を変更する行為で、例えば宅地造成や土地の掘削や盛土を伴う工事などをいう。
特定有害物質―土壌から地下水に溶出し、それを飲むと健康障害を生じるおそれがある、鉛、トリクロロエチレンなど29の物質。土壌汚染対策法で指定。
原位置浄化―汚染現場で掘削などの大規模な工事を伴わず、その場所にある状態で抽出または分解などの方法により特定有害物質を基準値以下まで除去する方法。
バイオレメディエーション―微生物の働きを利用して、揮発性有機化合物等の有害物質で汚染された土壌を元の状態に戻す技術。

問題　　　🌲🌲🌲｜check ☒☒☒

　次の文章の（　　）にあてはまる最も適切な語句を、下記の語群から1つ選べ。
　土壌汚染は、汚染の範囲は（ ① ）、汚染の期間は（ ② ）、汚染は発見（ ③ ）という特徴がある。土壌汚染が起きてから対処するより、起きる前に対処することが望ましい。
　地盤沈下は、地盤が徐々に沈んでいく現象である。国内での主な原因は（ ④ ）である。

(a) 拡散しやすい　　　(b) 拡散しにくい　　　(c) 長期間にわたる

(d) 自然浄化されるため短期　(e) しやすい　　　(f) しにくい

(g) 鉱山開発　　　(h) 地下水の採取　　　(i) 地殻変動

解答　　①…(b)、②…(c)、③…(f)、④…(h)

3-34 騒音・振動・悪臭

03 保健　11 まちづくり

重要ポイント

check ☒ ☒ ☒

📎騒音・振動・悪臭など、人の感覚を刺激して不快感を与える公害を感覚公害と言う。

(1) 騒音の原因と苦情の発生状況

騒音は、精神的ストレスや健康被害の原因になる。騒音対策として、環境基本法での環境基準、騒音規制法による騒音の許容限度が定められている。**航空機騒音✏**、**新幹線騒音✏**に関しては訴訟に発展したケースもある。騒音規制法は工場、建設作業、自動車を規制しており、家庭や店舗からの騒音への法規制はない。

近年では、<u>低周波音✏</u>による苦情が増えている。これについては、現在法的な規制基準はない。発生源には、工場・事業場の機械類や道路・鉄道の高架橋、風車などがある。

(2) 振動の原因と苦情の発生状況

振動は、騒音と同じく精神的なストレスや健康被害を与える。振動に関する苦情の7割は建設作業であり、他に工場、自動車、鉄道などから生じる。**振動規制法**により工場や建設作業から生じる振動の許容限度が定められている。

(3) 悪臭の原因と苦情の発生状況

悪臭の発生源として、野外焼却(野焼き)や飲食店などがある。**悪臭防止法**では、工場・事業場から生じる悪臭を、悪臭原因物質の濃度、または人間の嗅覚により測定する臭気指数により規制している。臭気指数の測定は**臭気測定業務従事者(臭気判定士)**の資格を持つ者が行う。

(4) 騒音・振動・悪臭の苦情件数の推移

騒音・振動に関する苦情の件数は横ばいだが、悪臭は減少傾向にある🌀。主要な原因であった野外焼却(野焼き)が2001年に廃棄物処理法により禁止されたため。

🌀 騒音・振動・悪臭に関わる苦情件数の推移

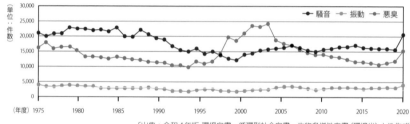

〔出典：令和4年版 環境白書・循環型社会白書・生物多様性白書 (環境省) より作成〕

⑸ 騒音・振動・悪臭防止対策

　建築現場での低騒音・低振動型の建設機械の導入、工場・事業場などでの脱臭装置の設置などハード面の対策のほか、作業内容・調理内容の見直し、作業時間帯の変更・短縮などのソフト面での対応もとられている。

　個々の事業者による取り組みに加え、住宅地域と工業地域の分離などの都市計画、交通・物流システムの再編など、環境に配慮した「まちづくり」も必要である。

 航空機騒音―1960年代以降、航空機のジェット化に伴い、空港周辺において問題化した。1973年に「航空機騒音に係る環境基準」が設定され、飛行機の低騒音化などの対策が実施されている。

新幹線騒音―1975年に「新幹線鉄道騒音に係る環境基準」が設定され、防音壁の設置などの対策が実施されている。

低周波音―人の耳には感知しにくい低い周波数（0.1Hz～100Hz）の空気振動のこと。現在、法的な規制基準はない。圧迫感などの心理的影響、睡眠への影響、建具などのガタつきなどを訴えるケースがある。低周波空気振動ともいう。

第3章　環境問題を知る

問題 羊羊羊 check ☒ ☒ ☒

　次の文章の中で、その内容が不適切なものをすべて選べ。

① 騒音、振動、悪臭は、人間の感覚を刺激する感覚公害である。

② 人の耳に聞こえない低い周波数の空気振動を、超音波と言う。

③ 人の耳には聞こえない周波数の振動について、法的な規制基準はない。

④ 悪臭の苦情は、この20年あまり増加傾向を続けている。

⑤ 騒音や振動を規制する法律はあるが、悪臭は数値化が難しいことから、規制する法律はない。

解答 ②④⑤　②：低周波音である。超音波は周波数が高い。　④：2003年をピークに減少している。　⑤：悪臭防止法がある。

3-35 都市と環境問題

| 03 保健 | 07 エネルギー | 09 産業革新 | 11 まちづくり |

重要ポイント

check ☒ ☒ ☒

✈ 都市の問題点

環境汚染は通常、汚染物質の拡散・希釈などによりある程度軽減されるが、限定的な地域に大きな負荷がかかるとこうした機能は十分働かない。人口・産業が集中する都市は環境負荷が集中しやすく、環境面の問題が起こりやすい。

✈ 日本で指摘される都市問題

日本は狭い国土に約1億2,493万人（2022年1月）が住み、東京・名古屋・大阪圏にその4割が集中している。その結果、様々な環境問題が起こっている。

日本の都市が抱えている主な環境問題は次の通り。

要因	環境問題
人口・活動量の多さ	大量に発生する汚水、廃棄物の処理、自動車交通量の増大（渋滞）による騒音、大気汚染など
土地利用のあり方	住宅・工場・商業施設などの密集による騒音・振動・悪臭などの感覚公害✎、光害✎、災害時リスクの増大など
自然の改変・人工物（建造物・舗装等）の増大	都市型洪水✎、都市景観✎悪化、身近な自然とのふれあいの減少、ヒートアイランド現象✎など

〔出典：改訂9版eco検定公式テキスト（日本能率協会マネジメントセンター）より作成〕

高度経済成長期の都市では著しい大気汚染や水質汚濁が発生したが、法規制の強化等により改善した。現在は**都市型洪水**、**ヒートアイランド現象**、**光害**などが、都市化に伴う主な問題となっている。

✈ 人口減少・高齢化を踏まえたまちづくり

地方都市では、中心市街地の衰退、スプロール化✎、スポンジ化✎といった問題が発生している。店舗や住宅が郊外に広がる事は自家用車への依存度を高め、環境負荷が増加し、高齢者に住みにくい街となる。

これを防ぐため**コンパクトシティ**が考え出された。これは都市の中心から日常生活を賄う近隣の中心まで、段階的にセンターを配置し、都市の拡大を抑制した、公共交通機関や徒歩で暮らせるコンパクトな都市計画や街づくりの概念をさす。自動車交通量が減り、排気ガスの排出量やエネルギー消費量が削減される。市街地の活性化や行政運営の効率化も見込める。

市町村の低炭素まちづくり計画の作成や、低炭素建築物の普及などを促進する法律として「**エコまち法**」がある。

 感覚公害—騒音・振動・悪臭など、人の感覚を刺激して不快に感じさせる公害。都市特有の感覚公害として、近所の住宅などから発せられる近隣騒音がある。

光害（ひかりがい）—屋外照明の増加などにより、まぶしさといった不快感、信号などの認知力の低下、農作物や動植物への悪影響、天体観測への影響などが報告されている。

都市型洪水—コンクリートやアスファルトに覆われ、土壌の保水機能や遊水機能が失われた都市特有の洪水。降った雨が短時間に一気に川に流れていこうとすることで発生。

都市景観—人間が見て感じる都市の様子をいう。好ましい都市景観を確保するには、屋外広告、電線、建築物などの規制や都市計画による保全対策が必要になる。

ヒートアイランド現象—都市の気温が周囲よりも高くなる現象。3-37参照。

スプロール化—都市の無秩序な郊外への拡大。

スポンジ化—都市にスポンジの穴のように未利用地が増えること。

問題　　　　　　　　未未未 check ☒ ☒ ☒

次の①〜⑥の語句の内容を説明している文章を下記の語群の中から選べ。

①**光害**　　　　　②**ヒートアイランド現象**　　　③**都市型洪水**

④**都市景観**　　　⑤**コンパクトシティ**

(a) 土壌の保水機能や遊水機能が失われた地域において、降った雨が短時間に一気に川に流れていこうとすることで発生する災害。

(b) 都市の中心から日常生活の中心まで、断続的にセンターを設置し、都市の拡大を抑制した都市計画や街づくり。

(c) 屋外照明の増加などにより発生。不快感、信号などの認知力の低下、農作物や動植物への悪影響が報告されている。

(d) 都市の気温が周辺地域よりも高くなること。

(e) 人間が見て感じる都市の様子。

解答　①…(c)、②…(d)、③…(a)、④…(e)、⑤…(b)

第3章 環境問題を知る

3-36 交通と環境問題

禾禾禾 **11** まちづくり **13** 気候変動

重要ポイント

交通に伴う環境問題の種類

交通機関の発達に伴い、様々な環境問題が発生してきた。

要因	環境問題
自動車の排ガス	**地球温暖化**：二酸化炭素排出量の部門別割合では、運輸部門は全体の約18.6％を占め、産業部門に次ぐ第2位となっている。 なお、運輸部門の約46％は自家用乗用車が占めている (2019年度)。
	大気汚染：自動車排ガスには一酸化炭素 (CO)、炭化水素 (HC)、**窒素酸化物 (NOx)**、**粒子状物質 (PM)** が含まれ、**光化学スモッグ**や**酸性雨**などの原因となっている。
騒音・振動	自動車、航空機、鉄道の走行時・飛行時に発生する騒音・振動。

交通に伴う環境問題に対する対策

(1) **交通手段による対策**：モーダルシフトと各交通手段単体での対策がある。

①**モーダルシフト**

輸送手段を自動車 (トラック) から鉄道・船舶へ、マイカー移動をバス・鉄道へ切り替えることで、環境負荷を削減する手法。

②**各交通手段での対策**

(a)環境負荷の少ない交通手段 (エコカー、エコシップ、エコレールライン) の普及　(b)エコドライブ✎の推進　(c)バイオ燃料✎　(d)カーシェアリング✎の普及。

国は環境負荷の小さい自動車を普及させるため、エコカー減税などの施策を行い、エコカーの普及を推進している。

③**ガソリン車の販売停止**

世界各国でガソリン車の新規販売を停止し、電気自動車や燃料電池車に転換する動きがある。

- イギリスでは2030年、フランスでは2040年までにガソリン車新規販売停止
- 日本では2035年までに新規販売車をすべて電動車に (ハイブリッド車は電動車に含む)

(2) **空間に対する対策**

交通手段の対策だけではなく、空間に対する対策も進められている。

①カーナビゲーションやETCなどの**ITS（高度道路交通システム）**の普及

　……道路交通の効率化を図る取り組み。

②**パークアンドライド**、**ロードプライシング**の導入

　……国、地域として自動車の利用を削減しようという試み。

③**コンパクトシティ**、移動量削減、緩衝地帯の整備、遮音壁の敷設など

　……地域計画・都市計画による対策。

> エコドライブ―アイドリングストップ、ふんわりアクセルなど、環境負荷の少ない運転方法。
>
> バイオ燃料―バイオマスから製造される燃料。サトウキビなどから製造されるバイオエタノール、廃食用油などから製造されるバイオディーゼル燃料がある。
>
> カーシェアリング―車を複数の会員で共同利用するサービス。利用者は必要な時だけ自動車を借りて利用する。利用時間や距離に応じて料金が発生するため、マイカーに比べ移動距離が短くなる効果が期待されている。
>
> ITS―Intelligent Transport Systems。情報通信技術を使い人と道路と車両とを情報ネットワークで結ぶことにより、交通事故、渋滞などの問題の解決を図る。
>
> パークアンドライド―最寄りの駅まで自動車を利用し、電車やバスに乗り換えて目的地まで移動する方式。
>
> ロードプライシング―都市中心部や混雑時間帯での車利用を有料化すること。

第3章　環境問題を知る

問題　　　check ☒ ☒ ☒

次の文章の内容に最も適切な語句を、下記の語群から選べ。

① 輸送手段を自動車から鉄道や船舶へ切り替え、環境負荷を削減する。

② 最寄りの駅まで自動車を利用し、電車やバスに乗り替えて目的地まで移動する。

③ 都市中心部や混雑時間帯での自動車利用者に対して課金する。

④ IT技術を使い交通事故や渋滞などの道路交通問題を解決するシステム。

⑤ 自動車を複数の会員で共同利用するサービス。

　(a) ロードプライシング　　(b) モーダルシフト　　(c) カーシェアリング

　(d) パークアンドライド　　(e) ITS

解答　①…(b)、②…(d)、③…(a)、④…(e)、⑤…(c)

3-37 ヒートアイランド現象

斥斥斥 | 07 エネルギー | 11 まちづくり | 13 気候変動

重要ポイント

ヒートアイランド現象とは

都市の中心部の気温が郊外に比べて島状に高くなる現象。東京周辺では都市化の影響により、1.5～2℃以上の気温上昇が起きている。

ヒートアイランド現象の原因：以下が挙げられる。

要因	背景
人工排熱の増加	建物・工場・自動車からの排熱
地表面被覆の人工化	緑地の減少、アスファルト・コンクリート面の拡大
都市形態の高密度化	密集した建物による風通し阻害、天空率🖊の低下

ヒートアイランド現象の影響

人の健康	・真夏日🖊・熱帯夜🖊・猛暑日🖊の増加、睡眠阻害、熱中症発生の増加 ・光化学オキシダント濃度が高くなる頻度の増加 ・熱対流現象により大気拡散が阻害され、大気汚染濃度が高まる
人の生活	・夏季の冷房エネルギー消費の増加 ・地表の高温化により積乱雲が発生し、都市型洪水の原因に
植物	・春の開花時期の変化、紅葉時期のおくれ

ヒートアイランド対策：2つの視点がある。

①緩和策：ヒートアイランド現象を生じさせないよう、その原因を削減する

②適応策：ヒートアイランド現象はある程度避けられないとして、健康影響や大気汚染などの影響を可能な限り軽減する

緩和策	人工排熱の減少	省エネルギー推進、交通渋滞緩和対策
	輻射熱の減少	緑地、水面等の面積を増加し水分の蒸発促進
	地中温度上昇防止	地下水涵養🖊の促進
	行政の対策	政府：「ヒートアイランド対策大綱🖊」策定 自治体：（例）東京都「自然保護条例」 　　　　　屋上緑化の義務付け
適応策	・日射を避けるテントの設置、樹木による木陰の創出 ・エアコンから歩行者空間に放出される排熱の削減 ・クールスポット🖊の創出	

天空率―ある地点からどれだけ天空が見込まれるかを示す。100%は全方向に天空を望む状態。

真夏日・熱帯夜・猛暑日―真夏日：1日の最高気温が30℃以上の日。熱帯夜：夜間の最低気温が25℃以上の日。猛暑日：1日の最高気温が35℃以上の日。

地下水涵養―雨水や河川水などが地下に浸透して帯水層に流れ込むこと。地下水は蒸発時に潜熱を奪うため、地下水涵養の確保はヒートアイランド対策になる。その他、都市型洪水、河川の増水、地下水の塩水化、地盤沈下の対策にもなる。

ヒートアイランド対策大綱―国、地方公共団体、事業者などの取り組みを適切に推進するための対策要綱（2004年公表）。ヒートアイランド対策の基本方針として、①人工排熱の低減、②地表面被覆の改善、③都市形態の改善、④ライフスタイルの改善の4つの対策を柱としている。

クールスポット―水辺、川べり、公園、緑地など涼しく（クール）過ごせる空間や場所（スポット）のこと。樹木による太陽光の遮断や風通しの確保、ミストの噴霧などで人工的に創出することもできる。

問題

奉奉奉 check ☒ ☒ ☒

ヒートアイランド対策に「緩和策」と「適応策」がある。

緩和策と適応策の説明として適切なものを[A]群から1つずつ選びなさい。また、[B]群の対策を、緩和策と適応策に分類しなさい。

[A]群　①ヒートアイランド現象を防止するための対策

②ヒートアイランド現象が生じた場合でも、その影響を軽減する対策

[B]群　**(a)** クールビズの実施

(b) 緑地や水面を増やす

(c) 日傘をさす

(d) 省エネが進んだエアコンを使用する

(e) 街路樹を増やす

(f) ITSの活用により交通渋滞を削減する

(g) 雨水浸透施設を道路脇に設置する

(h) 信号待ちのための緑陰の整備

解答　緩和策：①(b)(d)(f)(g)、適応策：②(a)(c)(e)(h)

3-38 化学物質のリスクとリスク評価

未未未 **03** 保 健 **12** 生産と消費

重要ポイント

 check ☒ ☒ ☒

(1) 化学物質による汚染

　私たちの身の周りは膨大な化学物質であふれている。化学物質は多くの利便性をもたらす一方、適切な管理を行わないと重大な環境汚染を引き起こす。

🐟身の周りの主な化学物質

区分	品目	成分例
体内に入るもの	食品類	保存料、合成着色料、香味料、残留農薬・化学肥料など
	医薬品	アセトアミノフェン、イブプロフェン、テトラサイクリンなど
肌に触れるもの	衣類	化学繊維、ドライクリーニング溶剤など
	化粧品・洗剤	殺菌剤、防腐剤、界面活性剤など
使うもの	殺虫剤・農薬・肥料	パラジクロロベンゼン、フェニトロチオンなど
	家電製品	PBDE (難燃剤) など
	塗料・接着剤	トルエン、キシレン、ホルムアルデヒドなど
	自動車	ベンゼン、トルエンなど

〔出典：平成18年版 こども環境白書 (環境省) より作成〕

🐟レイチェル・カーソンが1962年に著した「**沈黙の春**(サイレント・スプリング)」により、化学物質による環境汚染が世界的に知られるようになった。「沈黙の春」は今日の環境保護運動の原点の1つといわれる。

🐟国内では1968年に**カネミ油症事件**✏が発生。原因物質の**PCB (ポリ塩化ビフェニル)** は1973年に制定された化審法により製造・輸入・使用が原則禁止された。このように、化学物質は便利な一方で、気づかないうちに生態系に悪影響を及ぼす危険性もある。かつては世界中で広く使用されていたが、後に生態系への影響を指摘され使用を禁止された物質は**DDT**✏など数多くある。

🐟近年の化学物質による健康被害の例としては、住宅用の塗料や接着剤に含まれる**VOC (揮発性有機化合物)** による**シックハウス症候群**✏が挙げられる。厚生労働省では**室内化学物質濃度指針値**などを定めて対策に取り組んでいる。

(2) 化学物質の環境リスク

🐟化学物質の**有害性**とは、化学物質が人や生態系などに悪影響を及ぼす性質をいう。また、化学物質の**環境リスク**とは、大気や河川、海などに放出された化学物質が人や生態系に悪影響をおよぼす可能性をいう。

🌱環境リスクは、有害性の程度と曝露量（呼吸・飲食・皮膚などを通じて体内に取り込んだ化学物質の量）から決まる。

> **環境リスク ＝ 有害性 × 曝露量（摂取量）**

🌱2016年に改正された労働安全衛生法では、特定化学物質の製造・販売を行う事業場でリスクアセスメント（リスク評価）の実施が義務付けられた。

カネミ油症事件―カネミ倉庫株式会社の製造した米ぬか油にPCBが混入し、これを食べた人々に深刻な中毒症が発生した事件。
DDT―第二次大戦後に殺虫剤として世界中で多用された農薬。分解されにくく土壌や水に残留しやすいことが判明し、先進国の多くで使用禁止となった。
シックハウス症候群―ホルムアルデヒドやトルエンなどのVOCによる室内の空気汚染によって発生する健康障害。目・喉の痛みや違和感、アトピー性皮膚炎や喘息に似た症状などが出る。

問題

🎋🎋🎋 check ☒ ☒ ☒

次の文章の（　）にあてはまる最も適切な語句を、下記の語群から1つ選べ。

一般的に使用されている化学物質に対して、有害性が後から指摘されることは少なくない。トランスやコンデンサー等に使用され、カネミ油症事件の原因となった（ **①** ）、環境中に残留しやすい性質を持ち、「沈黙の春」でその有害性が指摘された殺虫剤（ **②** ）、シックハウス症候群の原因となっている（ **③** ）などが挙げられる。

環境に放出された化学物質が人や生態系に悪影響を及ぼす可能性を（ **④** ）という。（ **④** ）の大きさは、〔化学物質が人や生態系に悪影響を及ぼす性質（ **⑤** ）〕×〔生物が化学物質を体内に取り込む量（ **⑥** ）〕の掛け算で求められる。

(a) VOC　　(b) DDT　　(c) カドミウム　　(d) PCB　　(e) アスベスト
(f) 環境負荷　(g) 環境リスク　(h) 有害性　　(i) 攻撃性　(j) 毒性
(k) 曝露量　(ℓ) 汚染量

解答 ①…(d)、②…(b)、③…(a)、④…(g)、⑤…(h)、⑥…(k)　　カネミ油症や四大公害病など、主要な健康被害と原因物質はセットで記憶しておきたい。

第3章 環境問題を知る

3-39 化学物質のリスク管理・コミュニケーション

未未未 | 12 生産と消費 | 16 平和 | 17 実施手段

重要ポイント

化学物質管理の国際動向

① **SDGs**：3つのターゲットの中で化学物質に言及。化学物質の大気・水・環境への放出削減や、化学物質による疾病・死亡の減少を目標に掲げる。

② **WSSD2020年目標**：2002年のヨハネスブルグサミットで合意。「2020年までにすべての化学物質を健康や環境への影響を最小化する方法で生産・利用する」ことを目指す。これを実現するために2006年に「国際的な化学物質管理のための戦略的アプローチ（**SAICM：サイカム**）」が採択された。

③ **POPs条約**：2001年採択。環境中で分解されにくく、生物体内に蓄積しやすい**PCB**などの削減や廃絶などを目指す。

④ **水銀に関する水俣条約**：水銀による人や生態系への悪影響を防止するため、水銀の産出・使用・環境への排出・廃棄に至るまでのライフサイクル全般にわたって包括的な規制を策定する初めての条約。日本は2016年に締結。

⑤ **REACH規則**：化学物質を年間1トン以上製造または輸入する事業者に対し、扱う化学物質の登録を義務付けているEUの規則。2007年施行。

化学物質のリスク管理のための主要な国内法は以下の2つ。この他にも**ダイオキシン類** ✎ **対策特別措置法**、農薬取締法、PCB特別措置法などが化学物質のリスク管理に関わっている。

① **化審法（化学物質の審査及び製造等の規制に関する法律）**
新規及び既存の化学物質の性状を審査し、そのリスクに応じて製造・輸入・使用などの規制を行う法。

② **化管法（化学物質排出把握管理促進法／PRTR法）**
有害化学物質の環境排出量等を把握するための**PRTR制度** ✎、ならびに化学物質の性状および取り扱いに関する情報を記した**SDS** ✎ の交付を事業者に義務付けることにより、化学物質の管理を促進。

リスクコミュニケーション

環境リスクに関する情報を地域の関係者（住民・企業・行政）が共有し、対話などを通じてリスクを軽減する試み。化学工場や自治体の廃棄物処理施設等で、工場・施設見学と住民説明会を合わせて実施するなどの取り組みがある。

> ✏ ダイオキシン類―ごみ焼却炉・金属精錬・タバコの煙・自動車排ガスなど を発生源とする化学物質。自然界で分解されにくい上に強い毒性・発ガン 性を持ち、奇形や生殖異常などを引き起こす可能性が指摘されている。
> PRTR制度―人の健康や生態系に有害なおそれがある化学物質について、環境中へ の排出量および廃棄物に含まれての事業所外への移動量を事業者が自ら把握して国 に報告。国はこれら報告と統計に基づき排出量・移動量を集計・公表する制度。
> SDS―Safety Data Sheetの略。個々の化学物質について、安全性や毒性に関す るデータ、取り扱い方、救急措置などの情報を記載したもの。化学物質を含む製 品を出荷する際、出荷元が出荷先に交付する。

問題1　🌾🌾🌾 check ☒☒☒

次の文章の（　）にあてはまる最も適切な語句を、下記の語群から1つ選べ。

化学物質のリスク管理の動きが国内外で進行している。国内では（ **①** ）が、有 害化学物質が環境に排出されている量の報告を義務付ける（ **②** ）制度、化学物質 の安全性や扱い方を記した（ **③** ）の交付を義務付けている。EUでは化学物質の 登録を義務付けた（ **④** ）規則がある。国際的には、自然環境で分解されにくく生 物に蓄積しやすい化学物質を規制する（ **⑤** ）条約が締結されている。

(a) 化審法　　(b) 化管法　　(c) WSSD　　(d) POPs
(e) SDS　　(f) WEEE　　(g) REACH　　(h) PRTR

問題2　🌾🌾🌾 check ☒☒☒

次の文章の中で、その内容が不適切なものをすべて選べ。

① 水銀が人の健康や環境に及ぼすリスクを低減するため、包括的な規制を定め た水銀に関するオーフス条約が締結された。
② ダイオキシン類は、ごみ焼却炉や自動車排ガスなどを発生源とする、強い毒 性や発がん性を持つ化学物質である。
③ 市民・企業・行政・専門家などが、化学物質、災害などのリスクに関する情報共有・ 意見交換などを行い、リスクを低減する試みをリスクコミュニケーションという。

解答　[問題1] ①…(b)、②…(h)、③…(e)、④…(g)、⑤…(d)　　化管法は別名PRTR法とも 呼ばれる。化管法、PRTR、SDSの3つをセットで覚えておこう。
[問題2] ①水銀に関する水俣条約である。

3-40 東日本大震災と福島第一原発事故

未未未 | 03 | 保　健 | 06 | 水・衛生 | 09 | 産業革新 | 11 | まちづくり

重要ポイント

check ☒ ☒ ☒

(1) 震災と原発事故

🐟2011年の東日本大震災の揺れと津波により、福島第一原発では全電源を喪失して原子炉が冷却できなくなり、運転中の3つの原子炉の炉心が溶融（メルトダウン）、大量の放射性物質が大気中へ放出された。本件は国際原子力事象評価尺度（INES）で最大の「レベル7（深刻な事故）」にランクされており、これは1986年のチェルノブイリ原発事故に次ぎ2例目である。

🐟「原子力災害対策特別措置法」に基づき、福島第一原発から20km圏内が「警戒区域」、年間積算線量が20mSv[✎]以上と見込まれる地域が「計画的避難区域」、局所的に年間積算線量20mSvを超える地点が「特定避難勧奨地点」に指定された。これらの避難措置は順次解除されている。

🐟現在も、溶け落ちた燃料等を冷却するために水の注入を続けており、放射性物質を含む汚染水が日々発生し続けている。汚染水を処理した水は希釈して海洋放出することが決定したが、漁業への風評被害を懸念する声もある。

(2) 食品の放射線問題

🐟大気中に放出された放射性物質を含む空気塊（放射性プルーム）が通過した地域では、初期被ばくのみならず、地表に沈着した放射性物質が発する放射線からの外部被ばく、農水産物に移行した放射性物質による食物経由の**内部被ばく**を防ぐことが重要となった。

🐟食品による内部被ばくに対しては、「汚染された食品を食べ続けた場合も内部被ばく線量が年間1mSvに達しない」よう、一般食品は100Bq[✎]/kg、乳児用食品・牛乳は50Bq/kg、飲料水は10Bq/kgという基準を厚生労働省が設け、これを上回る食品は出荷規制の対象となる。

(3) 放射性物質汚染対処特別措置法と除染

🐟環境基本法では放射性物質による汚染について、原子力基本法などの他の法体系で定めるとする**除外規定**[✎]が存在していた。しかし、原子炉等規制法や放射線障害防止法は放射性物質を扱う施設での規制を定めたものだったため、放射性物質の施設外への漏洩に対処する法律は当初存在しなかった。

🐟2011年8月に**放射性物質汚染対処特別措置法**が成立し、関係主体の責務と、

汚染廃棄物の処理・土壌等の除染の施策の枠組みが定められた。

この法律のもとでは、警戒区域または計画的避難区域に指定された地域は「除染特別区域」に指定され、国が直轄で除染。「汚染状況重点調査地域」では市町村が策定した除染実施計画に基づき除染する。特に放射線の影響を受けやすい子どもの生活環境である学校や公園で優先的に除染が行われた。福島県内の除染で除去された土壌等は、**中間貯蔵施設**で保管の後、30年以内に県外処分するとされている。

> Sv－シーベルト。放射線による物理的なエネルギーの強さを表すGy（グレイ）に、人体への影響の度合いを加味した単位。
>
> Bq－ベクレル。放射線を出す能力（放射能）の単位。
>
> 除外規定－事故後、環境基本法と循環型社会形成推進基本法からこの除外規定は削除され、その後大気汚染防止法・水質汚濁防止法・環境影響評価法などからも相次いで削除された。
>
> 放射線－放射性物質の崩壊によって生ずる粒子線（α線、β線等）や電磁波（γ線、x線等）の総称。人体を透過すると細胞が傷ついてしまう。

第3章 環境問題を知る

問題

check ☒ ☒ ☒

次の文章のうち、不適切なものをすべて選べ。

(a) 福島第一原発事故は、国際原子力事象評価尺度で最大の「深刻な事故」にランクされた。「深刻な事故」はソ連のチェルノブイリ原発、米国のスリーマイル島原発の事故に続き3件目である。

(b) 内部被ばくとは、避難所など建物の内部にいながら被ばくすることを指す。

(c) 放射性物質汚染対処特別措置法が成立したことで、環境基本法は放射性物質による汚染を管轄する必要がなくなり、これを除外する規定が追加された。

(d) シーベルト（Sv）は放射線による人体への影響を表す単位である。

(e) ベクレル（Bq）は放射線を出す能力（放射能）を表す単位である。

解答 (a)(b)(c)　(a)スリーマイル島原発事故は「深刻な事故」に分類されていない。　(b)放射性物質が移行した食品を食べるなどして体内から被ばくすることを指す。　(c)事実と逆。環境基本法に存在した除外規定は東日本大震災後に削除された。

3-41 災害廃棄物と放射性廃棄物

未未未 | 03 保健 | 06 水・衛生 | 09 産業革新 | 11 まちづくり | 12 生産と消費

重要ポイント

check ☒ ☒ ☒

(1) 災害廃棄物

🐟災害が発生した際、災害廃棄物は一般廃棄物として市町村が処理を行う。しかし東日本大震災では行政機能に甚大な被害が出たため、処理を県に委託した自治体が多かったほか、警戒区域や計画的避難区域の中では国が代行処理を行った。また放射性物質に汚染された廃棄物も多く発生した。**放射能**✏が8,000Bq/kgを超える廃棄物は指定廃棄物と呼ばれ、国が直轄で処理を行う。

🐟東日本大震災では、地表の放射性物質を取り除く除染を行い発生した除染土壌、除染作業で生じる除染廃棄物について、仮置き場や処理・処分施設の確保が問題になった。

(2) 放射性廃棄物

🐟原子力施設からは、特に事故がなくとも放射性物質を含む廃棄物が発生する。これを**放射性廃棄物**と呼ぶ。原発の使用済み核燃料はもちろん、保守作業に使用される道具や衣服、それらを除染する際に使用した水、さらには廃炉になった原発自体も放射性廃棄物となる。また原発以外でも、医療現場や大学・研究機関での研究活動でも放射性廃棄物が生じる。

🐟使用済み核燃料については、国は**核燃料サイクル**✏を行い再利用する方針である。再処理後に残る高い放射能レベルの放射性廃棄物を高レベル放射性廃棄物、それ以外の放射性廃棄物を低レベル放射性廃棄物と呼ぶ。

🐟低レベル放射性廃棄物は含まれる放射能レベルによって、浅い地中に直接埋める方法や、地下50〜100mにコンクリートの囲いを設けて埋める**中深度処分**などの方法で埋め立て処分される。

🐟高レベル放射性廃棄物は**地層処分**✏により地下数百mに埋設する。しかしながら、日本を含めほとんどの国で高レベル放射性廃棄物の最終処分場位置は決まっていない。日本では、**原子力発電環境整備機構 (NUMO)** が処分場の候補地を公募などで探している。2017年に調査対象となりうる地域を**科学的特性マップ**で示すなどした結果、2020年に初めて自治体による公募への応募が行われた。

放射能―放射線を出す能力のこと。放射能を持つ物質が放射性物質。

核燃料サイクル―再処理と呼ばれる工程により、使用済み核燃料からウランやプルトニウムを取り出して再び原子炉の燃料として使用可能にすること。エネルギー自給率の向上になるとして長年研究しているが、当初の想定通りには実現していない。

地層処分―高レベル放射性廃棄物を特殊な容器に入れ、地下数百mに埋設する処分法。人間の管理から離れた後も希釈拡散などの自然のメカニズムによって環境に影響を与えないとされるが、数千～数万年にわたって安全性が本当に保証できるのか疑問の声も少なくない。

問題　❦❦❦ check ☒ ☒ ☒

第3章 環境問題を知る

次の文章の（　）にあてはまる語句を、下記の語群から選べ。

原子力に関してよく使われる言葉に、「放射能」「放射線」「放射性物質」がある。これらは、（　①　）を出す能力が（　②　）であり、（　②　）を持つ物質が（　③　）であり、（　③　）から出る粒子や電磁波が（　①　）である、という関係にある。

原発などから出る放射性物質を含む廃棄物を（　④　）という。日本では、使用済み核燃料を再度燃料として使用できるようにする（　⑤　）を行う方針だが、再処理後に残る極めて放射能レベルの高い（　④　）を高レベル（　④　）と呼ぶ。高レベル（　④　）の処分には地下数百メートルに埋設する（　⑥　）を行うとされているが、そのための最終処分場の建設地は決まっていない。

(a) 放射能　　　　　(b) 放射線　　　　　(c) 放射性物質
(d) 核燃料サイクル　(e) クリアランスレベル　(f) サーマルリサイクル
(g) 指定廃棄物　　　(h) 放射性廃棄物　　(i) 地層処分
(j) 広域処理　　　　(k) 中深度処分

解答　①…(b)、②…(a)、③…(c)、④…(h)、⑤…(d)、⑥…(i)　「放射線」「放射能」「放射性物質」は混同されていることが多い。正確な知識を身につけたい。

第 **4** 章

持続可能な
社会に向けた
アプローチ

4-01 「持続可能な日本社会」の実現に向けた行動計画

重要ポイント check ☒ ☒ ☒

(1) 環境基本法

📡地球サミット直後の1993年、それまでの「公害対策基本法」と「自然環境保全法」を柱としてきた従来の環境政策を根本的に改める必要があることから、環境政策の新たな枠組みを示すための法律として**環境基本法**が制定された。同法の基本理念は以下の3点である。

- 環境の恵沢の享受と継承（第3条）
- 環境への負荷の少ない持続的発展が可能な社会の構築（第4条）
- 国際的協調による地球環境保全の積極的推進（第5条）

📡環境基本法は、国・自治体・事業者・国民の役割分担を示したほか、環境アセスメント（環境影響評価）の導入、経済的手法の採用、事業者による環境保全型製品の供給、民間の自発的な環境保全活動の推進、環境教育の推進などが盛り込まれた。

📡環境基本法に基づき政府が定める環境の保全に関する計画が「環境基本計画」である。1994年の最初の閣議決定から5〜6年ごとに改定されている。環境基本法に定められた理念の実現のため、以下の4つを長期的目標に掲げている。

循環	共生
自然界・生態系・経済社会システムにおける健全な物質循環を確保	健全な生態系を維持・回復し、自然と人間との共生を確保
参加	**国際的取組**
公平な役割分担のもとに、協力・連携しながら、環境保全の行動に自発的に参加	国際社会に占める地位に応じ、各国と協調して地球環境保全に向けて行動

📡2018年に制定された第5次環境基本計画は、SDGsやパリ協定を踏まえ、環境・経済・社会の統合的な向上を図りながら持続可能な社会を目指すとしている。**地域循環共生圏**（P.131参照）の考え方を提唱し、以下の6つの重点戦略を設定している。

- 持続可能な生産と消費を実現するグリーンな経済システムの構築
- 国土のストックとしての価値の向上
- 地域資源を活用した持続可能な地域づくり
- 健康で心豊かな暮らしの実現

- 持続可能性を支える技術の開発・普及
- 国際貢献による我が国のパートナーシップの発揮と戦略的パートナーシップの構築

問題1 ✦✦✦ check ☒ ☒ ☒

次の文章の（　）にあてはまる語句を下記の語群から選べ。

　1992年に開催された国際会議（ **①** ）を受け、日本では環境保全についての基本理念を示す法律として（ **②** ）が1993年に成立した。（ **②** ）の理念を実現するため、（ **②** ）に基づき政府が定める環境の保全に関する計画が（ **③** ）である。（ **③** ）は（ **④** ）年に1度の頻度で改定が行われている。

(a) ヨハネスブルグ・サミット　　　(b) ストックホルム・サミット

(c) リオ・サミット　　(d) 環境基本条例　　(e) 環境基本法

(f) 自然環境保全法　　(g) 公害対策基本法　　(h) 環境基本計画

(i) ローカルアジェンダ　　(j) 1～2　(k) 3～4　(ℓ) 5～6　(m) 7～8

問題2 ✦✦✦ check ☒ ☒ ☒

次の文章の中で、不適切なものを選べ。

① 環境基本法には、環境アセスメント、経済的手法、環境教育などを推進する条文が含まれる。

② 環境基本計画の長期的目標は、循環・共生・参加・国際的取組の4つである。

③ 2018年に策定された第5次環境基本計画は、地域資源を活かした自立・循環・共生に基づく「生態系ネットワーク」の考え方を提唱している。

解答　[問題1]　①…(c)、②…(e)、③…(h)、④…(ℓ)
[問題2]　③　③：「生態系ネットワーク」ではなく、「地域循環共生圏」である。

4-02 環境保全の取り組みにおける基本とすべき原則

重要ポイント

環境関係の法規則をつくる際のよりどころとなるのが、以下の基本原則である。

(1)「誰が環境保全責任を引き受けるのか」

①**汚染者負担原則(PPP)**：汚染の防止と除去の費用は汚染者が負担すべきである。

②**拡大生産者責任(EPR)**：製品の生産時のみならず、消費段階後の環境負荷についても生産者が責任を負う。

③**無過失責任**：公害などについては、加害者に故意・過失がなくとも加害者へ損害賠償を求めることができる。

(2)「どのタイミングで対策を実施すべきか」

①**未然防止原則**：環境への悪影響は、発生してから対応するのではなく、未然に防止すべきである。

②**予防原則**：「科学的に確実でない」ことを、環境保全上重大な事態の発生を予防するための対策を妨げる理由にしてはならない。

③**源流対策原則・3R原則**：汚染物質や廃棄物が発生してから対策を講ずるのではなく、製品の設計や製法の段階(源流段階)で減らすことを優先すべきである。発生抑制(リデュース)＞再使用(リユース)＞再生利用(リサイクル)。

(3)「誰が政策を実施すべきか」

①**対策と政策の違い**：汚染物質の削減や植林など、環境保全のための具体的な活動が対策、社会的課題解決のために社会のルールを変更することを政策という。適切な対策を行うためには、政策によってそのためのルールをつくる必要がある。

②**協働原則**：公共主体が政策を行う場合には、政策の企画・立案・実行の各段階において、政策に関連する民間の各主体の参加を得て行わなければならない。

③**補完性原則**：基礎的な行政単位で処理できる事柄はその行政単位に任せ、そうでない事柄に限ってより広域的な行政単位が処理するという分権に関する考え方。転じて環境分野では、個人で処理できることは個人で処理し、個人では不可能な事柄に限って政府が処理すべき、という官民役割分担の考え方となっている。

拡大生産者責任（EPR）－自動車の排ガスによる汚染者は自動車の利用者ではなく、自動車の生産者である、など。日本では特にごみ処理について市町村から生産者に責任を移管する動きがある。例えば容器包装リサイクル法は、市町村が回収した容器包装類を生産者の費用負担でリサイクルする法律である。

無過失責任－公害等については、民法の基本原則の１つ「過失責任の原則」（ある人が他の人に損害を与えたとき、故意や過失が認められる場合に限って責任を求める）の例外とするというもの。公害は加害者に故意・過失があったことを被害者に立証させるのが難しいため設けられた。大気汚染防止法、水質汚濁防止法、原子力損害の賠償に関する法律に取り入れられている。

予防原則－例えば、地球温暖化の影響がどの程度になるかは不確実だが、取り返しのつかない影響を与える可能性がある以上、対策を講ずるべきである、など。

問題　　　　　　　　　　　check ☒ ☒ ☒

次の①〜⑩の語句の解説として最も適切な文章を、(a)〜(j)から１つずつ選べ。

①未然防止原則　　②予防原則　　③汚染者負担原則

④拡大生産者責任　⑤源流対策原則　⑥無過失責任

⑦補完性原則　　　⑧協働原則　　⑨政策　　⑩対策

(a) 製品の消費・廃棄段階で発生する環境負荷も生産者が責任を負うべきである。

(b) 市民で処理可能な事柄は市民に任せ、不可能な事柄のみを国が処理すべきである。

(c) 加害者に故意・過失なく発生した公害であっても、加害者は賠償責任がある。

(d) 対策を取らないことで重大な環境への悪影響が生じる可能性があるならば、「科学的に確実」ではない点があっても対策を行うべきである。

(e) 廃棄物や汚染物質が排出されてから対処するより、設計や製法の段階で対策を講じるべきである。

(f) 環境汚染の対策費用は、原因となった者が賄うべきである。

(g) 政策の企画・立案・実行のいずれの段階でも、民間主体の参加を得なければならない。

(h) 環境破壊が発生してから対処するより、発生しないよう対策を取るべきである。

(i) 社会的問題解決のため、社会のルールを変えること。

(j) 具体的な環境保全のための活動。

解答　①…(h)、②…(d)、③…(f)、④…(a)、⑤…(e)、⑥…(c)、⑦…(b)、⑧…(g)、⑨…(i)、⑩…(j)
環境政策はこれらの基本原則にもとづいてつくられている。様々な環境政策がそれぞれどの基本原則と関係しているかを考えると理解が深まるだろう。

第4章 持続可能な社会に向けたアプローチ

4-03 環境基準と環境保全手法

重要ポイント

📝環境政策において、**環境基準**とは人の健康を保護し、生活環境を保全する上で維持されることが望ましい環境上の条件、**環境指標**とは環境保全の取り組みの度合いを測る尺度である。環境基準は典型7公害のうち、**大気汚染・水質汚濁・騒音・土壌汚染**について定められている。

📝行政の力のみで環境問題に対応し、環境基準を達成することは困難であり、以下のような手法で民間の主体を動かす必要がある。

	手法の分類	内容	具体例
各主体を動かす手法	規制的手法	ある行為を義務付ける。違反者には罰則など。以下の2つに分類できる。	
		行為規制：環境に影響を及ぼす行為を具体的に指定して禁止する。	国立公園の特別地域における無許可の開発の禁止
		パフォーマンス規制：環境影響のレベル（環境への影響、または環境改善の程度）の確保を求める。	自動車排ガス規制 大気汚染物質排出基準 トップランナー制度
	経済的手法	環境負荷となる行為に経済的負担を求め、環境への負荷が少ない行為の負担を減らすことで、環境負荷が少ない行為に誘導する。以下の2つに分類できる。	
		経済的負担措置：環境税や課徴金のように、環境負荷行為に負担を求める。	環境税：地球温暖化対策税🔖など 課徴金：ごみ有料化など
		経済的助成措置：環境負荷の少ない行為に対し助成を行い環境保全に誘導する。	補助金 税制優遇 環境融資 **再生可能エネルギーの固定価格買取制度**
		※経済的負担措置・助成措置の両方の性質を持つ手法もある。	排出量取引制度🔖 デポジット制度🔖
	情報的手法	環境情報に関する説明責任を求め、社会的プレッシャーをかけることで、環境保全上望ましい行動に誘導する。	環境報告書・環境情報の公開 エコマーク🔖等の環境ラベル PRTR制度 SDS
	合意的手法	どのような行動を行うのか事前に合意することで、その実行を求める。	公害防止協定 環境マネジメント規格の取得
	自主的取組手法	事業者などが自発的に努力目標を設け対策を行う。	自主行動計画
	手続き的手法	環境に影響を与える行為を実施する際に一定の手続きを義務付ける。	環境影響評価制度 PRTR制度
自ら行う手法	事業的手法	環境保全に関する事業を行う、または環境保全に関する財・サービスを購入。	グリーン公共事業 グリーン調達
	調整的手法	問題が発生した際に、事後的に対応する。	被害救済 裁判前の紛争処理

地球温暖化対策税—2012年10月施行。すべての化石燃料にCO_2排出量に応じた負担を求める税。税収はCO_2排出抑制政策にあてられる。

排出量取引制度—国や企業に対し、温室効果ガスなどの「汚染物質を排出する権利」を設定し、その権利（クレジット）の売買を認める制度。汚染物質の排出量を削減した者は削減できなかった者に余剰クレジットを売って利益を得ることができる。

デポジット制度—製品を購入した際に代金に加えて預り金を徴収し、容器などを指定の場所に戻した際に預り金を返還する制度。容器を返還しリユース・リサイクルに協力することに経済的誘因を持たせる。

エコマーク—環境ラベルの１つ。製品ライフサイクル全体を通じて環境への負荷が少なく、環境保護に役立つと認められた製品に貼付。

問題 1　　　　　　　　未未未 | check ☒ ☒ ☒

次の①〜⑤の語句の解説として最も適切な文を、(a)〜(e)から１つ選べ。

①情報的手法　②合意的手法　③規制的手法　④経済的手法　⑤支援的手法

(a) 市民が自発的に環境負荷の少ない行動を取るよう支援する。

(b) 環境負荷となる行為に税金を課し、環境負荷の少ない行為に補助金を出すなど、環境負荷の少ない行為に金銭的に誘導。

(c) 特定の行為を市民や企業に義務付け、違反者には罰則を与える。

(d) 環境情報を公開させ、社会の目によってチェックする状態をつくることで、環境保全行動に誘導する。

(e) 環境に配慮した行動を取ることをあらかじめ合意し、その実行を確約させる。

問題 2　　　　　　　　未未未 | check ☒ ☒ ☒

次の文章の中で、不適切なものをすべて選べ。

① 典型７公害の中で環境基準が存在するものは、大気汚染・水質汚濁・地盤沈下・土壌汚染である。

② 「トップランナー制度」は、パフォーマンス規制の１つである。

③ 製品の購入時に代金に加えてビンなどの容器代を徴収し、容器を販売者に戻すと容器代が返還される制度を「デポジット制度」と呼ぶ。

解答　[問題1]　①…(d)、②…(e)、③…(c)、④…(b)、⑤…(a)
　　　　[問題2]　①：地盤沈下ではなく騒音。

第4章　持続可能な社会に向けたアプローチ

4-04 環境教育・環境学習

04 教育

重要ポイント

check ☒ ☒ ☒

✈政府では、**環境教育・環境学習**の目的を「①：環境問題に関心を持ち」「②：環境に対する人間の責任と役割を理解し」「③：環境保全に参加する態度と環境問題解決のための能力を育成する」こととしている。

✈環境教育は半世紀あまりの時間をかけて世界的な概念となった。1975年に**ベオグラード憲章**が環境教育の目的や内容を明確化し、環境教育の基盤となる考え方を示した。

✈1990年代以降は環境教育を発展させた**持続可能な開発のための教育（Education for Sustainable Development：ESD）**という考え方が広まっている。ヨハネスブルグサミット（2002年）では、日本政府と市民団体の共同発案に基づいて**ESDの10年（持続可能な開発のための教育の10年）**が提案され、2020年からは新たな国際的枠組み「ESD for 2030」が実施されている。

✈国内でも「ESDの10年」提案以降、様々な主体によるESDの取り組みが活発化した。2003年には環境教育・環境学習・環境保全活動の推進を目的とした環境教育推進法が成立し、2011年には「**環境教育等促進法**」に改正された。

> 🖉 持続可能な開発のための教育（ESD）―人類が持続可能な開発を続けるための教育。環境に加えて人権、平和、国際理解などの分野を内包し、地域によっては貧困撲滅、エイズ防止、紛争防止、識字なども含まれる。

問題

 check ☒ ☒ ☒

次の文章の中で、不適切なものをすべて選べ。

① ESDは、「環境教育」の略称である。

② 1975年に採択されたベオグラード憲章は、世界的な環境教育の指針の基盤となる考え方を示している。

③ 1992年のリオ・サミットでは「ESDの10年」を日本政府と市民団体が共同発案した。

④ 環境教育等促進法は2011年に成立した環境教育を推進するための法律である。

解答 ①③ ①ESDは「持続可能な開発のための教育」の略。③「ESDの10年」が発案されたのは2002年のヨハネスブルグ・サミットである。

4-05 環境アセスメント制度

🌲🌲🌲 16 平 和 17 実施手段

重要ポイント

🔖**環境アセスメント(環境影響評価)**は、大規模な開発事業や公共事業を実施する前に環境への影響を事業者が調査・予測・評価し、自治体や住民の意見を参考にしつつ、事業の環境負荷を抑える仕組み。国内では1999年施行の**環境影響評価法**に基づき、道路、ダム、鉄道、飛行場、発電所、埋立・干拓などの13の事業と、港湾計画、交付金事業を行う際に環境アセスメントを行うことが義務付けられている。

🔖事業規模が大きく環境への影響が大きい事業は「第一種事業」に分類され、計画段階と実施段階の両方で環境アセスメントを行う。第一種事業に準ずる「第二種事業」では、アセスメントを行うか否かを判断するスクリーニング(ふるい分け)を行う。

🔖2011年に導入された**戦略的環境アセスメント(SEA)**は、事業実施前の段階で、政策や計画・プログラムを対象に行う環境アセスメント。開発の位置や規模などの大枠が決められてから行っていたこれまでの環境アセスメントと異なり、環境への影響をより未然に防ぐことができる。

問題

🌲🌲🌲 check ☒ ☒ ☒

次の文章の中で、不適切なものをすべて選べ。

① 環境アセスメント制度は、大規模な開発事業や公共事業が行われる前に、その環境への影響を自治体が調査し、環境への影響を減らす仕組みである。

② 環境影響評価法では、環境への影響が大きい「第一種事業」は計画段階と実施段階で、「第二種事業」は計画段階で環境アセスメントを行うことを義務付けている。

③ 2011年より開始された戦略的環境アセスメント(SEA)は、これまでの環境アセスメントと異なり、計画・政策も評価対象としたアセスメントである。

第4章 持続可能な社会に向けたアプローチ

解答 ①② ① 環境アセスメントを行うのは事業者である。② 第二種事業はスクリーニングで環境アセスメントが不要と判断されればアセスメントは行われない。

4-06 国際社会の中の日本の役割

16 平 和　17 実施手段

重要ポイント

check ☒ ☒ ☒

🖊️日本は国際社会の中で以下のような特徴を持つ。

①人口は世界の1.6%にすぎないが、世界のGDPの4.7%の経済活動を行っており、地球環境への負荷が大きい。

②エネルギー・食料の海外依存度が極めて大きい。地球が健全な状態にあってはじめて、豊かな経済社会活動を営むことができる。

③深刻な公害を克服した経験があり、研究開発能力と資金力も有する。

このように、日本は地球全体の環境に影響をおよぼす存在である一方、高い環境問題解決能力を持つ国家でもある。日本には環境関連の国際的枠組みづくりへの貢献、科学技術面での国際貢献、途上国援助の推進、ODAにおける環境配慮の徹底などが求められている。

日本の**ODA（政府開発援助）** 実績は約163億ドルで世界第4位（2020年）。一方で環境を主目的としたODAの実績は83億ドルと世界第1位である（2016～2017年平均）。環境分野に重点的な支援が行われていることがわかる。

 ODA（政府開発援助）—政府または政府の実施機関が開発途上国などに資金・技術援助をすること。

問題

check ☒ ☒ ☒

次の文章の中で、不適切なものをすべて選べ。

① 日本の人口および経済規模は、どちらも世界全体の2%弱に該当する。

② 日本は農産物や鉱物、エネルギーなど、外国から多くの資源を輸入している。よって、地球全体の環境が良好でなければ経済も生活も成り立たない。

③ ODAは「政府開発援助」の略であり、政府が開発途上国などに資金・技術を提供することをいう。

④ 日本のODA実績は世界第1位だが、環境を主目的としたODAの実績は世界第4位であり、より環境に配慮したODAが求められている。

解答 ①④　①：人口は1.6%程度だが、GDPは4.7%に達している。④：ODA実績が4位、環境ODA実績が1位である。日本のODAはかなり環境分野に注力しているといえる。

4-07 エコロジカル・フットプリント

重要ポイント

check ☒ ☒ ☒

持続可能性を評価する指標の研究が、国連機関や研究機関によって進められている。国連が策定する **SDGs** を測るための230の指標群や、国連開発計画（UNDP）が策定したその国の人々の生活の質や国の開発度合いを示す「**人間開発指数（HDI：Human Development Index）**」などが、各国の政策立案・政策評価、環境教育などに使用されている。

エコロジカル・フットプリントは、人間の活動がどれほど自然環境に負荷を与えているかを表す指標。「ある期間、ある集団が消費するすべての資源を生産するため、また排出されるCO_2をすべて吸収するために必要な生態学的資本」を測定するもの。資源の生産に必要な陸域と水域の面積で表される。単位はgha（グローバルヘクタール）。

人類全体のエコロジカル・フットプリント（需要）は、地球の生物生産力（供給）の約1.5倍に達している（2013年）。

日本人の1人当たりエコロジカル・フットプリントは5.0ghaで、G7の中では最も低いが、世界平均2.9ghaの1.6倍である。地球上の人類がすべて平均的な日本人と同じ生活を営むには、2.9個の地球が必要となる。日本を含む先進国は、その多くが自身の国土の生産力を超えた消費を行っている。

問題

check ☒ ☐ ☐

次の文章の中で、不適切なものをすべて選べ。

① 人間開発指数（HDI）は、国民がどの程度教育を受けているかを表す指数であり、識字率や高等教育を受けた割合、女子進学率などから算出する。

② エコロジカル・フットプリントとは、人間の活動が自然環境に与えている負荷を表す指標である。

③ エコロジカル・フットプリントは、消費した資源の再生産や排出されるCO_2の吸収に必要な陸水の面積で表す。

④ 日本のエコロジカル・フットプリントはG7諸国の中で最も低く、世界全体で見ても平均以下である。

解答 ①④　　①：人々の生活の質や国の開発度合を示す。この数値が高い国が先進国である。④：G7の中では最低だが、世界平均よりは高い。

第 **5** 章

各主体の役割・活動

5-01 各主体の役割・分担と参加

16 平和 **17** 実施手段

重要ポイント

check ☒ ☒ ☒

✏️持続可能な社会の実現のためには、行政・企業・市民・NPO・科学者などのあらゆる主体がパートナーシップ（対等な協力関係）を結びそれぞれの役割を果たす必要がある。

✏️市民は**情報公開制度**✐、**パブリックコメント制度**✐、環境アセスメント制度、**参加型会議**✐などを通じ、環境に関わる政策に参加することができる。

✏️環境政策分野における「参加」の推進を目的とした条約として**オーフス条約**✐があるが、日本は批准していない。

 情報公開制度─行政機関の保有する全ての行政文書について、誰でもその開示を請求できる制度。
パブリックコメント制度─行政機関が政策の立案・決定を行う前に市民の意見を公募し、政策に反映させる制度。
参加型会議─社会的問題について、その問題当事者や市民の参加のもと対話を行い、論点や意見の一致点と相違点などを洗い出して可能な限りの合意点を見出そうとする会議。
オーフス条約─①情報へのアクセス、②政策決定過程への参加、③司法へのアクセスを3つの柱とし、環境政策分野における市民参加を促す条約。

問題

check ☒ ☒ ☒

次の文章の中で、不適切なものをすべて選べ。

① ある社会的問題について、そのステークホルダーや一般市民が対話し、解決法・妥協点を探る行為を「パブリックコメント」と呼ぶ。

② パブリックコメントは、市民の意見を政策に反映するために、行政機関が政策の立案・決定を行う前に行われる。

③ 2001年、日本は環境政策分野における「参加」の推進を目的としたオーフス条約を批准し、市民参加の間口が広がった。

解答 ①③ ①：パブリックコメントではなく参加型会議である。③：2023年3月現在、日本はオーフス条約を批准していない。

5-02 国際社会の取り組み

16 平和 17 実施手段

重要ポイント

check ☒ ☒ ☒

様々な国際機関が環境問題に取り組んでいる。

機関名	概要
国連環境計画 (UNEP)	・国連システム内の環境政策の調整、環境の状況の監視・報告を行う。 ・多数の環境条約・議定書の事務局機能を持つ。 ・1997年以来定期的に「地球環境展望 (GEO)」を発行。 ・地域海行動計画の策定・実施の促進。 ・途上国への環境技術の普及事業など。
国連開発計画 (UNDP)	・国連内の最大の技術協力機関。 ・環境と持続可能な開発に関する途上国への技術協力を行う。 ・毎年「人間開発報告書」を発表している。
国連教育科学文化機関 (UNESCO)	・「人間と生物圏計画 (MAB)」など自然環境に関する国際的な研究を推進。 ・世界遺産条約の事務局機能を持つ。
地球環境ファシリティー (GEF)	・途上国等の地球環境問題への取り組みを支援する資金メカニズム。
気候変動に関する政府間パネル (IPCC)	・3つの作業部会に分かれ、各国の研究者が気候変動に関する科学的知見についての国際アセスメントを行う。
国際自然保護連合 (IUCN)	・自然保護を目的とした半官半民の国際団体。レッドリストの作成などを行っている。

問題

check ☒ ☒ ☒

次の文章の示す内容に最も適切な語句を、下記の語群から1つ選べ。

① 世界遺産条約の事務局機能を持つ機関

② 気候変動に関する科学的知見について国際アセスメントを行う機関

③ 国連システム内の環境政策の調整や、地球環境の監視・報告を行う機関

    (a) 気候変動に関する政府間パネル (IPCC)

    (b) 国連開発計画 (UNDP)

    (c) 国連環境計画 (UNEP)

    (d) 国連教育科学文化機関 (UNESCO)

解答 ①…(d)、②…(a)、③…(c)

第5章 各主体の役割・活動

5-03 国・地方自治体による取り組み

16 平 和 **17 実施手段**

重要ポイント

check ☒ ☒ ☒

(1) 国、政府機関の役割

🌱政府機関には、国会、行政機関、裁判所があり、それぞれが環境問題に異なる役割で関わっている。

国会	• 環境法を定める、環境保護のための予算を組む、環境関連の条約を批准するなどの形で、環境保護の枠組みを作る。
行政機関	• 環境政策の中心となるのは環境省／。 • エネルギー政策は経済産業省、森林政策は農林水産省など、他の省庁も様々な形で環境行政に関連。 • 専門性が高い事項については、他の機関から独立した委員会を設置。環境政策に関するものとして原子力規制委員会／や公害等調整委員会／がある。
裁判所	• 国民と事業者、国民と政府との間で紛争が発生した場合、法律に基づき判断を下す。

　法律が施行される際には、政令(施行令)が閣議決定で、省令(施行規則)が各省において定められ、法律に基づくルールが完成する。例えば「大気汚染防止法」については、法律・政令・省令は以下の内容を定めている。

法律	大気汚染防止法	事業者は排出規制を順守しなければならないこと 国は排出規制に関する基準を定めること
政令	大気汚染防止法 施行令	規制対象とする汚染物質の種類 規制対象とする排出施設
省令	大気汚染防止法 施行規則	基準の内容と基準値 基準遵守状況を確認するための測定・分析方法

(2) 地方自治体の役割

🌱地方自治体は、環境保護のための条例／の制定や、公害防止協定などの協定／の締結によって、地域の実情に応じた環境政策を行っている。東京都は独自の排出量取引制度／を導入し、国では制度化されていない温室効果ガスの国内排出量取引を行っている。東京都・神奈川・千葉・埼玉県のディーゼル車粒子状物質規制は、排出基準を満たさない車両の都県内流入を禁止し、大きな成果を上げた。

環境省―環境政策に中心となって取り組む省。1971年環境庁として設置され、2001年に環境省となった。

原子力規制委員会―福島第一原発の事故を受け、原子力規制を専門に担う独立機関として2012年に設置された。

公害等調整委員会―公害にかかわる紛争について、裁判外紛争解決手続による解決を図る機関。時間や資金の負担が大きい訴訟よりも迅速に問題の解決を図る。豊島産廃不法投棄事件やスパイクタイヤ粉塵差し止め事件で活躍。

条例―自治体の議会が制定する規則で、国の法律に該当する。法律と同様、住民に義務・権利・罰則などを設定できる。

協定―自治体や住民と工場などの事務所が締結する約束。公害防止協定であれば、汚染物質の排出抑制、情報提供などを定める。

東京都の排出量取引制度―東京都環境確保条例に基づくキャップアンドトレード型の排出量取引制度。エネルギー使用量が一定以上の事業所に排出量削減を義務付け、目標以上の削減を行った事業所は排出削減クレジットを販売できる。

問題

🌲 🌲 🌲 check ☒ ☒ ☒

次の文章の下線部①〜④のうち、誤りのあるものをすべて選べ。

環境に関するものを含め、法律を定めるのは国会である。法律が施行される際には、内閣は**政令①**、省が**条例②**を制定し、汚染の許容限度などの細かな規定を定める。

都道府県や市町村は、議会で議決を行うことで**協定③**を定め、住民や企業に義務や罰則を設定できる。例えば東京都では**国では制度化されていない④**国内温室効果ガス排出量取引制度を設けて事業者に削減を求めている。

第**5**章 各主体の役割・活動

解答 ②③ ②は省令、③は条例が正しい。

5-04 企業の社会的責任（CSR）

未来未来未来 08 経済成長 12 生産と消費

重要ポイント

check ☒ ☒ ☒

✈**CSR**（Corporate Social Responsibility）とは、企業も社会の一員であり、持続可能な社会の実現に向けて社会的責任を果たすべきとの考え。企業は利益を追求するだけでなく、社会への影響に責任を持ち、**ステークホルダー**📝に配慮する必要がある。組織の社会的責任（SR）に関する国際規格として**ISO26000**がある。

✈日本のCSRの変遷

- 1日本には**三方良し**📝など、古くからCSR的な経営哲学が存在した。
- 1960年代：公害問題が深刻化し、企業は環境活動を行うようになる。
- 1980年代：金銭的寄付、人的貢献やノウハウ提供型の社会貢献活動、**フィランソロピーやメセナ活動**📝などが活発化する。
- 1990年代：地球温暖化など地球規模の環境問題が顕在化し、企業の環境対策も盛んになる。1991年に企業の倫理規程として企業行動憲章を経団連が策定し、CSRの考え方を盛り込む。1997年には「**トリプルボトムライン**📝」が提唱された。
- 2000年代：CSRの概念が日本企業にも広まり、CSR報告書の作成が活発化する。2000年に**国連グローバル・コンパクト**📝が発足。
- 2010年代：**ESG投資**が拡大し、CSRの取り組み不足は、投資を呼び込めなくなる経営上のリスクとの認識が広まる。2011年には、本業を行う中で経済的・社会的価値の創造を両立する**CSV**📝が提唱される。2015年、SDGsが採択される。企業団体が策定に参加しており、企業がCSRに取り組むためのツールとしての性質を持つ。
- 2020年代：**ステークホルダー資本主義**📝が注目される。

ステークホルダー―利害関係者。ある組織の利害と行動に直接的・間接的な利害関係を持つ者。企業のステークホルダーは、消費者、投資家、取引先、従業員、地域社会、行政機関など多岐にわたる。

三方良し―近江商人の経営理念。「売り手よし、買い手よし、世間よし」の3つからなり、売り手と買い手だけでなく社会に貢献してこそ良い商売との考え方。

フィランソロピーやメセナ活動―企業による社会貢献活動をフィランソロピー、企業による社会貢献の一環としての芸術文化支援をメセナ活動と呼ぶ。

> トリプルボトムライン―企業は経済面だけでなく、環境・経済・社会の3分野で結果を出し報告すべき、との考え方。
>
> 国連グローバル・コンパクト―持続可能な成長を実現するための世界的な枠組みづくりへ参加する企業・団体の集まり。世界最大のCSRイニシアティブとも言われる。
>
> CSV―共通価値の創造。例えば、環境の改善に寄与する製品を開発・販売すれば、環境問題が改善するという社会的価値と、自社の売上という経済的価値を同時に生み出すことができるという考え方。
>
> ステークホルダー資本主義―企業は従業員・顧客・地域住民などあらゆるステークホルダーの利益を重視すべきとの考え方。従来の株主資本主義では、企業は株主の利益を第一とすべきとされていた。

問題　　　　　　　　　　禾禾禾｜check ☒ ☒ ☒

次の語句の説明として最も適切なものを(a)〜(k)から選べ。

①CSR　　　　②フィランソロピー　　③ステークホルダー
④CSV　　　　⑤メセナ活動　　　　⑥ISO26000
⑦トリプルボトムライン　　　　　⑧ステークホルダー資本主義

(a) 企業の環境責任　　(b) 企業の社会的責任　　(c) 組織の社会的責任

(d) 企業は環境・経済・社会の3分野で結果を出し報告すべきとの考え方

(e) 企業は従業員・顧客・地域などあらゆる関係者の利益を重視すべきとの考え方

(f) 環境マネジメントシステムの国際規格　　(g) 企業による芸術・文化支援

(h) 企業が本業を行う中で経済的・社会的価値の創造を両立すること

(i) 組織の社会的責任に関する国際規格　　(j) 企業による社会貢献活動

(k) ある組織の利害や行動と利害関係を持つ者

第5章　各主体の役割・活動

解答　①…(b)、②…(j)、③…(k)、④…(h)、⑤…(g)、⑥…(i)、⑦…(d)、⑧…(e)

5-05 環境マネジメントシステム（EMS）

08 経済成長　**12** 生産と消費

重要ポイント

check ☒ ☒ ☒

環境マネジメントシステム（EMS）とは

　事業者等が環境を自ら継続的に改善するための仕組み。様々な環境問題を規制だけで解決することは難しいため、企業などの組織が自主的に環境への取り組みを行うことが必要との認識が世界的に広まったことで誕生した。

　EMSの国際規格として1996年に ISO ✐ から発行された ISO14001 ✐ があり、日本でも多くの企業が全社、または事業所単位で認証を受け継続的改善を行っている。また、中小企業を対象とした日本独自のEMSとして エコアクション21 ✐ 、地域独自のEMSである 地域版EMS も存在する。

EMSの特徴

①計画（Plan）、支援および運用（Do）、パフォーマンス評価（Check）、改善（Act）の「PDCAサイクル（デミングサイクル）」に沿って環境改善を行う 🔵 。

②会社・事業所等の組織単位で導入する。

③何を改善対象とし、どのレベルまで改善するのかは自主的に決める。

④基準に適合しているかどうかの判定のため 第三者認証 ✐ がある。

🔵 ISO14001環境マネジメントシステム

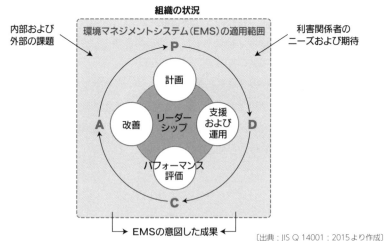

〔出典：JIS Q 14001：2015より作成〕

EMS導入の効果

①従業員の環境意識向上、エネルギー利用量削減、原材料の効率的利用、廃棄

物削減など、組織内の環境改善を進めるためのツールとなる。

②取引先からの取得要請に応える、入札での評価を得る、投資家・金融機関の評価を得るなど、外部のステークホルダーからの評価が得られる。

✒ EMS による改善の対象

EMS では、組織が行っている活動と、その結果生み出される製品・サービスを改善対象とする。例えば製造業なら、自社内での省エネだけでなく、省エネ型の製品を開発・販売することも重要である。

ISO—国際標準化機構（International Organization for Standardization）。電気及び電子技術分野を除く全産業分野の国際規格を作成する団体。

ISO14001—ISOが1996年に発行。全世界で約35万件、国内では約18,000件（2020年）の認証がある。

エコアクション21—環境省が基準を策定した中小企業向けのEMS。2004年から認証制度が開始され、認証数は約7,500件（2022年）となっている。廃棄物や二酸化炭素などが改善対象として規定されていること、環境報告書である「環境経営レポート」の発行を義務付けていることが特徴。

第三者認証—組織の構築したEMSが、ISO14001やエコアクション21ガイドラインなどの基準に適合しているか第三者である認証機関などが確認する仕組み。

問題　　　check ☒ ☒ ☒

次の文章の中で、不適切なものをすべて選べ。

① ISO14001は、環境マネジメントシステムの国際規格である。

② ISO14001ではCO2排出量など各組織が改善すべき分野が定められている。

③ エコアクション21は、環境省が基準を策定した中小企業向けの環境マネジメントシステムである。

④ EMSでは、パフォーマンス評価（Check）、計画（Plan）、支援および運用（Do）、改善（Act）の4つを繰り返すCPDAサイクルによって改善を行う。

解答 ②④　②：エコアクション21ではCO2が改善項目となっているが、ISO14001では改善項目は各組織が自主的に決める。　④：Plan, Do, Check, ActのPDCAサイクルである。

第5章 各主体の役割・活動

5-06 拡大する ESG 投資への対応

木木木 08 経済成長 12 生産と消費

重要ポイント

check ☒ ☒ ☒

✈ESG投資とは

　企業の財務面だけでなく、Ecology（環境）、Social（社会）、Governance（**ガバナンス**✐）の３つの視点を含めて投融資先を判断する投資手法。これら３点で優れた取り組みを行う投資先に優先的に投資し、取り組みが不足している投資先には、ESGへの取り組みの働きかけ（**エンゲージメント**）や、資金の削減・引き上げ（**ダイベストメント**）が行われる。

　ESG投資は2010年代中頃から急速に広まり、**世界の投資残高の３割以上**を占める。国内外の上場企業にとって無視できない存在となっている。

✈企業の温室効果ガス削減

　ESG投資の評価項目の中でも、世界的課題である**温室効果ガスの削減**は特に投資家に注目される。ESG投資での評価を高めるために、具体的な目標年と高い目標値を定めて温室効果ガス排出量の削減に取り組む企業が増加している。

　自社での排出を省エネや創エネ、再生可能エネルギーの導入などで減らすだけでなく、自社に関連する社外での排出量「**スコープ 3**✐」を削減する動きも盛んとなっている。

✈イニシアティブへの参加

　ESG投資先としての評価を高めるため、気候変動や環境に関する**イニシアティブ**✐へ参加する企業も増加している。イニシアティブに加盟したり、イニシアティブの基準に沿った報告や目標設定を行うことは難しくコストもかかるが、それゆえに企業が環境に力を入れている証明となるためである。主なイニシアティブとして以下のものがある。

イニシアティブ名	内容
TCFD （気候関連財務情報開示タスクフォース）	投資家が適切な投資判断を行うための「気候変動がもたらすリスクと機会に関する情報を開示するための推奨事項」（TCFD報告書）を公表。東京証券取引所がプライム市場の企業にTCFD報告書に基づく気候変動関連情報の開示を要請した事もあり、企業の間に広まっている。
SBT （Science Based Targets）	「産業革命後の気温上昇を2℃以内とし、1.5℃以内に抑えることを目指す」というパリ協定の目標に科学的に整合した、企業の5〜15年間の温室効果ガス削減目標。

RE100	事業運営のための電気を100%再生可能エネルギーで調達することを宣言した企業が加盟する団体。
CDP (Carbon Disclosure Project)	主要国の時価総額上位企業に気候変動・水・森林保護への取組に関する質問状を送付し、集まった回答を分析、評価、公表する国際NGO。

 ガバナンス―ここではコーポレートガバナンス（企業統治）の事。企業が公正な判断を行うための、企業自身による管理体制。外部取締役の導入、執行役員制度の導入、内部統制の強化等が挙げられる。

スコープ3―事業者自らが排出する以外の、事業活動に関係する温室効果ガス排出量。自社で生産する製品の原材料の採取や加工、生産した製品の使用や廃棄の段階で発生する排出量等が該当する。

イニシアティブ―環境への率先的な取り組みや団体。

問題　　　　　　　　　　　check ☒ ☒ ☒

次の文章の中で、不適切なものをすべて選べ。

① ESG投資とは、環境・社会・経済の3つの側面を判断材料として投資先を選ぶ投資行動である。

② ESG投資の広まりによって、環境への配慮が不足している企業は投資先として選ばれにくくなっている。

③ 2023年現在、ESG投資は主に欧米の投資家の間でのムーブメントとなっている反面、日本企業には大きな影響を及ぼしていない。

④ 社外で石油を購入して自社の工場で燃焼した事で発生する温室効果ガスは、自社のスコープ3に含まれる。

⑤ パリ協定の目標に整合した企業の温室効果ガス削減目標をSBTと言う。

⑥ CDPは自社の事業で使用する電気をすべて再生可能エネルギーで賄うことを宣言した企業の集まりである。

第5章 各主体の役割・活動

解答　①③④⑥　①：経済面に加えて、環境・社会・ガバナンス（ESG）を判断材料とする。③：日本企業への影響も大きい。日本に投資している海外投資家も多く、また日本の投資機関もESG投資を行っている。　④：スコープ3は自社の活動に伴い社外で発生した温室効果ガス。　⑥：RE100である。

5-07 環境コミュニケーションとそのツール

12 生産と消費 17 実施手段

重要ポイント

環境コミュニケーション

環境コミュニケーションとは、企業がどのように環境対策を行っているのかを**ステークホルダー**に対して情報発信し、ステークホルダーからの意見を取り入れてさらに改善を行うことである。環境コミュニケーションは企業とステークホルダーに信頼協力関係を作り、環境問題の解決に貢献する。

環境報告書等による環境コミュニケーション

①：**環境報告書**

企業が自らの事業に伴う環境への影響の程度や、その影響を削減するための取り組み状況をまとめてWebや冊子で公表するもの。

「**環境配慮促進法**」では、特定事業者（国に準じて公共性の高い事業者）に対して年1回の環境報告書公表を義務付けており、大企業に対しても環境報告書を自主的に公表するよう努めることを規定している。

②：**サステナビリティ報告書・CSR報告書**

環境面だけでなく、労働・衛生安全・社会貢献といった社会的取り組みについても記載。トリプルボトムラインの考え方に基づき広まった。作成のための国際的ガイドラインとして**GRIガイドライン**🖊がある。

③：**統合報告書（IR）**

企業の財務情報と、環境をはじめとするCSR、ビジネスモデル、事業戦略、企業統治、**コンプライアンス**🖊、知的財産等の非財務情報を統合し、企業全体の価値を示した主に投資家向けの報告書。ESG投資の広がりにより大企業を中心に広まっている。

その他の環境コミュニケーションツール

ツイッターやフェイスブックなど、**ソーシャル・ネットワーキング・サービス（SNS）**も環境コミュニケーションのツールとして普及しつつある。

以下のような直接的なコミュニケーションを通じて環境コミュニケーションを行う企業もある。

①**ステークホルダー・ミーティング／ステークホルダー・ダイアログ**：企業と関係を持つステークホルダーと対話する会。

②地域社会とのコミュニケーション：地元住民の代表や地元自治会との意見交換の実施、工場見学の実施、工場実習の受け入れ、美化活動など。

 GRIガイドライン─オランダに本部を置くNGO団体「GRI」が作成した、サステナビリティ報告書を作成するためのガイドライン。
コンプライアンス─法令遵守。法律だけでなく、社会的なルールや社内規定なども含む規則を守ること。

問題　　　　未未未 | check ☒☒☒

次の文章の（　　）にあてはまる語句を、下記の語群から選べ。

企業と何らかの利害関係を持つ者（（ **①** ））に対し、企業がどのように環境配慮を行っているのか情報発信することを（ **②** ）と呼ぶ。（ **②** ）の主要な方法として、企業活動による環境への影響や、それに対する企業の取り組み状況をWebや冊子で公表する「（ **③** ）」がある。また、「社会の持続可能な発展のためには、企業活動を経済・環境・社会の3側面において発展させる必要がある」という考え方である（ **④** ）に基づき、環境だけでなく社会貢献などの分野も含めた（ **⑤** ）を公表する企業、ESG投資を意識し、財務情報と非財務情報を一体的に報告する（ **⑥** ）を公開する企業も増加している。（ **⑤** ）を作成するための国際的なガイドラインとして（ **⑦** ）がある。

(a) GRIガイドライン　　(b) ISO26000　　　　(c) 環境報告書
(d) ステークホルダー　　(e) トリプルボトムライン　(f) 統合報告書
(g) サステナビリティ報告書　(h) 環境コミュニケーション

第 **5** 章

各主体の役割・活動

解答　①…(d)、②…(h)、③…(c)、④…(e)、⑤…(g)、⑥…(f)、⑦…(a)

5-08 製品の環境配慮

12 生産と消費

重要ポイント

check ☒ ☒ ☒

✍ある製品の原料採取から製造、使用、再資源化、廃棄に至るまでの過程を**製品のライフサイクル**という。これら1つ1つの過程における天然資源・エネルギーの使用や汚染物質の排出などを合計したものが、「製品の環境負荷」である。

✍製品ライフサイクルの環境汚染を減らすため、国内では省エネ法、資源有効利用促進法、家電リサイクル法、グリーン購入法などがあり、EUでは<u>RoHS指令</u>✍や<u>WEEE指令</u>✍、<u>REACH規則</u>✍などの法規制がある。

✍これらの法規制などを背景に、企業は製品への環境配慮を進めている。環境に配慮した製品設計で使われる手法として、<u>サプライチェーンマネジメント</u>✍やライフサイクルアセスメントがある。

✍**ライフサイクルアセスメント (LCA)** とは、製品ライフサイクルの各過程におけるインプットデータ（エネルギーや天然資源の投入量など）とアウトプットデータ（環境へ排出される環境負荷物質の量など）を科学的・定量的に収集・分析し、環境への影響を評価することである。

✍LCAは製品の開発のほか、様々な用途に使用されている。

①**カーボンフットプリント (CFP)** は、製品ライフサイクル全体を通じて排出された温室効果ガスをCO_2に換算して製品に表示し、消費者に対して製品の環境負荷をLCAで算出し「見える化」する仕組みである。

②**エコリーフ**は、製品ライフサイクル全体の環境負荷を温室効果ガス、酸性化、資源消費など、LCAで算定した複数の環境側面で「見える化」するタイプⅢ環境宣言(EPD)である。

③**カーボンオフセット**は、自らの生活や経済活動で生じる温室効果ガス排出量を、他の場所での温室効果ガス吸収・削減や、他者からのクレジット（温室効果ガスの削減量）購入などにより、埋め合わせるという制度である。

RoHS指令─電気・電子機器における鉛、水銀、カドミウム、六価クロム等の有害な物質の使用を原則禁止しているEUの指令。

WEEE指令─EU圏内で、大型および小型家庭用電気製品、情報技術・電気通信機器、医療関連機器、監視制御機器など幅広い品目を対象に、各メーカーに自社製品の回収・リサイクル費用を負担させる指令。

REACH規則─有害な化学物質から人間と地球環境を保護するためのEUの規制。約3万種類の化学物質の毒性情報などの登録・評価・認定を義務付けている。

サプライチェーンマネジメント─製品の開発、原料調達、製造、配送、販売といった業務の流れ（サプライチェーン）全体の最適化をはかるマネジメント手法。例えば販売量の予測データをサプライチェーン全体で共有し、原料調達量や製造量を販売量に合わせれば、ムダが削減され環境負荷も減る。

問題

羊羊羊 check ☒ ☒ ☒

次の文章の（　　）にあてはまる適切な語句を、下記の語群から選べ。

ある商品が原料採取から製造・販売・使用・破棄・リサイクルされるまでの過程を（ **①** ）と呼ぶ。（ **①** ）における環境汚染を減らすため、EUでは電気・電子機器における水銀や鉛などの使用禁止を定めた（ **②** ）、電化製品などの回収・リサイクル費用をそれぞれのメーカーに負担させる（ **③** ）、有害な化学物質から人間と地球環境を保護するための（ **④** ）などを制定している。

（ **①** ）の各過程における環境負荷を科学的・定量的に収集・評価することを（ **⑤** ）という。（ **⑤** ）は、クレジットを購入することで自社の排出している温室効果ガスを埋め合わせる（ **⑥** ）や、その製品が原料採取から廃棄までの間に排出する温室効果ガスの量をCO_2換算して製品に表示する（ **⑦** ）などでも活用されている。

(a) ライフサイクルアセスメント　(b) サプライチェーンマネジメント

(c) 製品のライフサイクル　　　　(d) カーボンオフセット

(e) カーボンフットプリント　　　(f) カーボンニュートラル

(g) WEEE指令　　　　　(h) RoHS指令　　　　(i) REACH規則

第5章 各主体の役割・活動

解答　①…(c)、②…(h)、③…(g)、④…(i)、⑤…(a)、⑥…(d)、⑦…(e)　　このページの学習内容は紛らわしい単語が多い。特にライフサイクルアセスメント、カーボンフットプリント、カーボンオフセットは頻出である。入念に暗記しておこう。

5-09 企業の環境活動

08 経済成長　12 生産と消費

重要ポイント

🌱環境自主行動計画

　企業は自社の事業活動に伴う環境負荷を、業界団体が定めた**環境自主行動計画**に基づき改善を進めている。

　環境自主行動計画は、経団連などの業界団体が、国の循環型社会推進基本計画・地球温暖化対策基本計画を基に策定したものである。現在、経団連の環境自主行動計画は、持続可能な社会に関する「循環型社会形成自主行動計画」と、温暖化対策に関する「カーボンニュートラル行動計画」の2つに分かれている。

(1) 製造業

🌱製造業における環境活動の基本は公害防止。このほか、省資源・省エネ化、廃棄物削減・リサイクルなどが行われている。製造業は以下の3つに分類される。

基礎素材型産業	・製造業のエネルギー消費の75%を占め、省エネに注力。 ・エネルギー管理の徹底。EMS(エネルギー管理システム)の活用。 ・**LCA**的な視野で、最終製品の環境改善に寄与する材料を供給。
加工組立型産業	・エネルギー管理の徹底。EMS(エネルギー管理システム)の活用。 ・LCAの活用による環境配慮製品の開発。 ・自動車、家電などのエネルギー消費機器の**トップランナー基準**の達成。
生活関連型産業	・消費者が身近に接する製品が多く、エコマークやカーボン・フットプリントなど消費者に見える形で製品への環境配慮を行う傾向。 ・食品リサイクル法に基づく食品廃棄物のリサイクル。

(2) 建設業・運輸業・小売業

建設業	・建物の環境性能を評価するシステム「**CASBEE** 📝」による環境配慮設計の推進。 ・年間のエネルギー消費量をゼロまたはマイナスにする建物ZEB・ZEHの開発・普及。 ・建築物省エネ法のトップランナー基準の達成。 ・化学物質：**VOC**の削減、**アスベスト**、PCB、空調の**フロン**などの適正処理。
運輸業	・共同輸送、モーダルシフト、エコドライブ、エコカーへの転換など。 ・宅配ボックスの設置などによる再配達の削減。
小売業	・店舗の省エネ化。LED化、空調機の転換、ショーケースの商品補充・陳列時の熱漏洩低減など。 ・電気機器の電気使用量や運転状況を「見える化」する**スマートセンサー**の導入による無駄の排除。 ・包装の薄肉化、バイオマス・再生プラスチック化、紙容器化、レジ袋の有料化。 ・容器類や食品廃棄物のリサイクル。

(3) 通信業・金融業

情報通信業	• ビルエネルギー管理システム（BEMS）／家庭用エネルギー管理システム（HEMS）によりエネルギー使用を制御。 • テレワーク、電子申請、電子出版などによる業務効率化や人の移動・モノの輸送のためのエネルギー削減。
金融業	• 企業の環境配慮を支援する投資。ESG投資。 • 環境改善、環境技術開発を支援する環境融資。エコカーローン、エコ住宅ローンなど。

> CASBEE―建築物の環境配慮や建物の品質を総合的に評価するシステム。建築物のライフサイクル、環境品質と環境負荷、環境性能効率の3つの観点から評価する。
>
> ビルエネルギー管理システム（BEMS）／家庭用エネルギー管理システム（HEMS）―建物に設置された設備や機器の運転データ、エネルギー使用量を蓄積・解析することでエネルギー消費量の最適化・低減を図るシステム。

問題  check ☒ ☒ ☒

次の文章の中で、不適切なものをすべて選べ。

① 環境自主行動計画は、環境負荷削減のために業界・企業が取り組むべき事項を国が定めたものである。

② CASBEEは、建設業界で活用されている、建物の環境性能を評価するシステムである。

③ 宅配便の再配達を削減するため、宅配ボックスの設置が進められている。

④ エコ住宅ローン、エコリフォームローン、省エネローンなど、環境改善に資する事柄を支援する融資をESG投資と言う。

第5章 各主体の役割・活動

解答 ①④ ①：業界団体が定めたものである。 ④：環境融資の解説である。

5-10 第一次産業と環境活動

| 02 | 飢 餓 | 12 | 生産と消費 | 14 | 海洋資源 | 15 | 陸上資源 |

重要ポイント

check ☒ ☒ ☒

(1) 農業

取り組み	内容
環境保全型農業直接支払制度	持続可能な農業生産に取り組む農業者の団体等を支援する交付金制度。コンポスト📝などの有機肥料による化学肥料の使用量低減や化学合成農薬の使用量低減、温室効果ガスの排出削減等に取り組む事で交付金を受けられる。
GAP（農業生産工程管理） ギャップ	食品安全、環境保全、労働安全等の観点から、農業者が自らの生産工程をチェックし、改善する取り組み。GAPが正しく実施されているか第三者機関が審査するGAP認証は2020年東京五輪の食材調達基準として採用され、GAP認証取得経営体数は増加している。

(2) 林業

　日本の森林は終戦直後〜高度経済成長期に植林された人工林が多く本格的な利用期を迎えているが、森林の所有が小規模で分散的、所有者や境界線が不明な森林が多いなどの問題が利用の障害になっている。

取り組み	内容
森林経営管理制度	適切な経営管理が行われていない森林の経営管理を林業経営者に集積・集約化し、それができない森林は市町村が経営管理する制度。林業の成長産業化と森林の適切な管理の両立を図る。
都市の木造化推進法 まち	木材利用を確保し林業の発展を図るため、建築物への木材の利用拡大を図る法律。この法のもと低層公共建築物の木造化が進んでいる他、耐火木材を柱や梁にした10階建て以上の中高層建築物も現れている。
林業を担う人材の育成	・緑の雇用事業：現場技能者の育成。 ・森林施業プランナー：事業体が森林所有者に代わって地域森林管理経営を行う施業集約化の中核を担う技術者。 ・フォレスター：地域全体の森林づくりを計画・指導する技術者。

(3) 漁業

　水産資源の減少が世界的問題となっており、クロマグロやウナギはワシントン条約の規制対象候補に上がっている。日本の漁業・養殖業の生産量は全盛期の1/3にまで減少している。なお、生産量の1/4が養殖業によるものである。

取り組み	内容
漁業認証	持続可能な漁法で漁獲された魚介類を認証するMSC認証、持続可能な方法で養殖された魚介類を認証するASC認証などが広まっている。P205参照 。
完全養殖化の研究	クロマグロやニホンウナギなど、資源が枯渇傾向にある魚の完全養殖化を研究。

⑷ 農林漁業全体

農林漁業の活性化の手段として、第一次産業（生産）・第二次産業（加工）・第三次産業（販売）が連携する**6次産業化**が注目されている。

 コンポスト—生ごみなどの有機性廃棄物を微生物の働きで分解し、堆肥にする技術、およびこの方法で作られた堆肥のこと。

問題  check ☒ ☒ ☒

次の文章の中で、不適切なものをすべて選べ。

① 農林漁業とその加工・販売事業が連携して農山漁村の活性化につなげる取り組みを6次産業化と言う。

② 持続可能な漁業により漁獲された事を認証された水産物には「ASC認証」のラベルがつけられている。

③ 農業の生産工程を正しく管理し、食品安全・環境保全・労働安全などを確保する規格として有機JASがある。

④ 都市の木造化推進法のもと、公共施設の木造化や10階建て以上の木造ビルの建設が進められている。

⑤ 森林経営管理制度は、経営管理が行われていない森林の経営管理を特定の林業経営者や市町村に集積・集約化する制度である。

⑥ 生ゴミなどを薬品によって化学的に分解し堆肥化する技術をコンポストと言う。

解答 ②③⑥　②：ASC認証は持続可能な養殖漁業の認証である。　③：GAPの説明である。⑥コンポストは微生物の働きによって分解・堆肥化する。

5-11 生活者／消費者としての市民

| 02 | 飢 餓 | 03 | 保 健 | 04 | 教 育 | 07 | エネルギー |
| 11 | まちづくり | 12 | 生産と消費 | 16 | 平 和 | 17 | 実施手段 |

重要ポイント

check ☒ ☒ ☒

私たち1人1人の暮らしは、衣食住や移動など、あらゆる面で環境問題と関連している。また私たちは生活者・消費者であると同時に地域住民の1人であり、近隣や地域社会の人々が助け合って地域を守る「**共助**」の考え方も重要である。

生活者として

①**CO_2**：日本の排出量の約16%が家庭部門から発生。

②**生活排水**：生活用水として年間150億㎥が使用されている。特に台所の水は汚染が強い。

③**ごみ**：家庭からのごみは国内の廃棄物の約7%を占めるが、排出量は減少傾向。また**食品ロス**の約半分は家庭で発生している。

消費者として

- **グリーン購入**：商品やサービスを選ぶ際、価格や性能だけではなく環境や社会への影響に配慮して購入すること。国はグリーン購入法を制定し、グリーン購入を促進している。グリーン購入を積極的に行う消費者を**グリーンコンシューマー**と呼ぶ。環境や社会的公正に配慮した、倫理的に正しい消費やライフスタイルを**エシカル消費（倫理的消費）**とも呼ぶ。

- **グリーン購入・エシカル消費の例**

  ①**フェアトレード**商品を積極的に購入する。

  ②製品に環境・社会的に問題のある方法で生産された**パーム油**、**紛争鉱物**などが使われていないか注意する。

  ③以下のような環境ラベルや、CSR報告書を参考にして商品を選ぶ。

有機JASマーク	レインフォレスト・アライアンス認証マーク
有機食品のJAS規格に適合した生産が行われていると認証された農産物等に付けられる。	より持続可能な農法に取り組む認証農園産の原料が使用された製品であることを示す。

国際フェアトレード認証ラベル	MSC「海のエコラベル」
生産者への適切な支払い、労働環境保護、農薬使用規制など、国際フェアトレード基準をクリアした商品を認証。	水産資源や環境に配慮した、持続可能な漁業で獲られた水産物。

ASC認証ラベル	マリン・エコラベル・ジャパン
環境に負担をかけず、地域社会に配慮し、持続可能な方法で養殖された水産物。	持続可能な水産業の水産物を認証する日本発の水産エコラベル。

バードフレンドリーマーク	渡り鳥の休息地保護の観点から、環境と動植物保護に配慮した木陰栽培有機コーヒーの認証マーク。
エコファーマーマーク	減化学肥料・減農薬など持続可能性の高い農業生産方式を導入していると認定された農業者による農産物。

衣・食・住・移動でできること

- 衣：ファストファッション　の大量消費は持続可能な社会に繋がらない。オーガニックコットン　等の自然や体に優しい素材、フェアトレードの衣類や雑貨を活用したい。

- 食：フードマイレージ　が小さい食品＝国産・地産地消の食品を選ぶことで、同じメニューでも食品輸送に伴うCO_2排出量を大幅に削減できる。環境ラベルやトレーサビリティー　システムを活用することで安心して農作物を選択できる。

  購入した食品が**食品ロス**にならないよう、買いすぎない・作りすぎない事も重要。余剰な食品はフードドライブ・フードバンク　に寄付するのもよい。

- 住：こまめな消灯など節電が重要。LED照明器具などの省エネ型家電への取り替え、ZEH　に住むことなどでエネルギー消費を減らせる。

- 移動：自家用車から、公共交通機関や徒歩・自転車での移動に切り替えるこ

第5章　各主体の役割・活動

とでCO_2を削減できる。都市部で普及している<u>シェアサイクル</u> を活用するのもよい。

 共助―主に防災分野で使われる概念「三助」の１つ。自分や家族の命を自分で守るのが「自助」、近隣が助け合って地域を守るのが「共助」、国や自治体の支援が「公助」。

食品ロス―本来食べられるのに廃棄される食品。食べ残し、期限切れ廃棄食品など。

フェアトレード―立場が弱く、不当な搾取や健康被害を受けやすい途上国の生産者や労働者の生活改善と自立のため、原料や製品を適正な価格で継続的に購入する公平・公正な貿易。

パーム油―洗剤などに使われるアブラヤシの油。熱帯雨林を切り開いて生態系や先住民の暮らしを破壊し、労働者との間には農薬による健康被害や低賃金労働などの問題を抱えた農園で生産されている場合がある。

紛争鉱物―コンゴ民主共和国とその周辺で産出される金・タンタル・スズ・タングステン等。武装勢力の資金源となっている可能性が高く、国際社会で規制に向かっている。

ファストファッション―低価格の衣料品を大量生産・大量消費するファッションブランド、もしくはその業態を指す。

オーガニックコットン―有機栽培された綿花。世界の農薬使用量の25％が綿花に使用されており、環境や労働者への悪影響が懸念される。

フードマイレージ―生産地と消費地が離れると輸送にかかるエネルギーが増え、環境に負荷を与えるという考え方。重さ×移動距離で数値化して表す。

トレーサビリティー―食品の生産者、生産地、生産方法、流通経路といった履歴を消費者などが確認できるようにすること。

フードドライブ・フードバンク―フードドライブは家庭の余剰食品、フードバンクは製造・流通過程で余剰・規格外となった食品を集め、生活に困窮する個人や福祉団体等に提供する活動。

ZEH（ゼッチ）― Net Zero Energy House の略。高い省エネ性能と太陽光発電等によるエネルギー創出により、エネルギー収支がゼロ、またはプラスとなる住宅。

シェアサイクル―自転車を好きなタイミングで好きな時間だけ利用でき、借りた場所と別の場所で返却もできる自転車レンタルサービス。コミュニティサイクルとも。

問題1

奉奉奉 check ☒ ☒ ☒

次の文章の（　）にあてはまる語句を、以下の語群から選べ。

環境や社会的公正に配慮して製品の購入を行うことを（ **①** ）と言い、（ **①** ）を行う消費者を（ **②** ）と言う。

食品については、近隣地域の産品を食べる（ **③** ）を行うことが望ましい。これは、食品の生産地と消費地が離れるほど輸送に伴う CO_2 排出が増えるという（ **④** ）の考え方に基づく。商品によっては、その食品の生産場所や時期、流通経路を追跡できる（ **⑤** ）の仕組みがあるものもあるので活用したい。また、食べられる食品が食べられずに廃棄されてしまう（ **⑥** ）が発生しないよう、買いすぎや作りすぎ、消費期限切れには注意したい。

余ってしまった食品は（ **⑦** ）に寄付すると良いだろう。

(a) クリーナープロダクション　　(b) グリーン購入　　(c) プロシューマー
(d) グリーンコンシューマー　　(e) バーチャルウォーター　　(f) 地産地消
(g) 旬産旬消　　(h) フードマイレージ　　(i) 食品ロス
(j) フードドライブ　　(k) トレーサビリティ

問題2

奉奉奉 check ☒ ☒ ☒

次の文章①・②にあてはまる環境ラベルを、(a)～(d)から1つずつ選べ。

① 開発途上国の生産者の生活改善・自立のため、原料や製品を適正な価格で購入していることを示すラベル。

② 農薬や化学肥料を可能な限り使わない有機栽培でつくられた農産物であることを示すラベル。

(a)	(b)	(c)	(d)

解答

[問題1] ①…(b)　②…(d)　③…(f)　④…(h)　⑤…(k)　⑥…(i)　⑦…(j)
[問題2] ①…(c)　②…(b)　(a)は総合的な環境影響を評価するエコマーク、(d)は責任ある森林管理を支えるFSC®認証のマーク。

5-12 主権者としての市民

`04 教 育` `12 生産と消費` `16 平 和` `17 実施手段`

重要ポイント

check ☒ ☒ ☒

✒️政治や行政は、市民が環境保全型の行動を行うように政策を通じて関与している。関与の例として**レジ袋の有料化**や、家電製品のトップランナー制度などがある。

✒️一方で、市民は行政に意見を伝え、環境政策への働きかけを行うこともできる。選挙での投票や**パブリックコメント**、請願書や陳情書など、様々な方法がある。

　このように、社会を考え自分の意見を持ち行動できる市民を育成することを**主権者教育（シチズンシップ教育）**と言い、成人年齢引き下げなどを背景に重視されている。

✒️環境や健康に好影響をもたらす商品やサービスの税負担を軽減し、悪影響をもたらすものには課税する**グッド減税・バッド課税**という考え方がある。グッド減税の例としては**エコカー減税**や低炭素住宅の固定資産税の減額措置、バッド課税の例としては地球温暖化対策税、**森林環境税**、地方自治体の水源税などがある。

> ✏️ **レジ袋の有料化**―2020年7月1日から、小売業で手渡すレジ袋が全国一律で有料化された。海洋プラスチック問題などが背景にある。
> **エコカー減税**―電気自動車などの次世代自動車や、国交省が定めた排出ガスと燃費の基準をクリアした自動車に対して、購入時の自動車重量税を減免する措置。2023年4月で終了。
> **森林環境税**―森林整備を目的として徴収する税。高知県を皮切りに各地の地方自治体で導入されていたが、2024年から国税にも導入される。

問題

check ☒ ☒ ☒

次の文章の下線部のうち、誤りのあるものをすべて選べ。

　環境への負荷は政策によっても変動する。税負担を通じて人々を環境等に良い方向で導こうとする政策を**グッド減税・バッド課税①**と言うが、まだ**日本では導入されていない②**。市民の声をより政策に反映するためには、社会に意見を持ち自ら行動できる市民を育てる**ESD教育③**が必要である。

解答　②③　②：地球温暖化対策税などが導入されている。　③：主権者教育である。

5-13 NPOの役割とソーシャルビジネス

未 未 未 **08** 経済成長 **17** 実施手段

重要ポイント

check ☒ ☒ ☒

(1) NPO・NGO

◆NPO🖉とは

様々な社会的使命の達成を目的として設立された、団体の構成員への収益分配を目的としない民間団体のこと。特に特定非営利活動促進法（**NPO法**）に基づいて法人格を取得したものを**特定非営利活動法人（NPO法人）**と呼ぶが、その他のボランティア団体、社団法人、財団法人等も含めてNPOと呼ばれる。

◆日本のNPOの発展

NPOという言葉が日本で広まったのは、阪神淡路大震災(1995年)の発生直後、行政や企業が動けない中ボランティア団体が大きな活躍を見せたことによる。これにより**市民セクター**🖉の重要性への理解が広がり、NPO法が1998年に成立するきっかけとなった。2022年現在NPO法人数は5万を超え、高い公益性があると認められ税制上の優遇措置を受ける認定NPO法人も1,200を超えている。

◆NPOの財源

NPOの収入源は、会費や事業収入、行政からの業務委託、行政や財団からの補助金・助成金、企業や個人からの寄付、銀行からの融資などがある。近年は**クラウド・ファンディング**🖉が広まりを見せている。

◆国際NGO

NGO🖉は、貧困、飢餓、環境など、世界的な問題に対して取り組む市民団体を指す。自国の政治事情に発言や判断が影響を受けがちな国家に対し、NGOは環境を優先し地球益の視点から発言できる者として、国連や国際会議への参加が重視されている。

国際NGOは各国政府や企業のパートナーとして問題解決を推進する存在にもなりつつある。例えば、英国発祥の国際NGO・**CDP**は、世界の企業に対してCO_2排出量、気候変動、水・森林保全に関する質問書を出し、その返答で得た情報を開示しており、世界のESG投資家の判断材料の1つとして重視されている。

(2) ソーシャルビジネス

◆ソーシャルビジネスとは

社会課題解決とビジネスの事業性を両立させ、活動を継続的に発展させる事業

形態。行政が解決できていない課題や、従来のビジネスが事業にしてこなかったテーマを、事業として取り組むことで解決する。

ソーシャルビジネスの例

- 傘のシェアリングサービスを行い、廃棄される傘の削減を目指す企業
- 拾ったゴミの写真をシェアすることでゴミ拾いのモチベーションを高めるアプリ「ピリカ」を運営する企業
- 廃棄予定の野菜から抽出した染料成分で染めた布製品を販売し、食品ロス削減を行う企業

 NPO―Non Profit Organization（非営利組織）。NGOと明確な違いはないが、日本では主に国内の問題に対して活動する団体をNPOと呼ぶ傾向がある。
市民セクター―NPO、自治会、町内会といった、民間の非営利組織。
クラウド・ファンディング―インターネットで自分の活動を発信し、賛同した人から寄付を集める手法。
NGO―Non Governmental Organization（非政府組織）。日本では国際協力・国際的な活動を行う団体をNGOと呼ぶ傾向がある。

問題　check ☐☐☐

次の文章のうち、不適切なものをすべて選べ。

① 事業活動を通じて様々な社会的使命の達成を目指す企業をNPOと呼ぶ。
② 国際NGOは、地球益のための発言を行う者として国際会議などで重要視されている。
③ 自分の活動をインターネット上で公表し、賛同した人から寄付を集める手法をマイクロクレジットと呼ぶ。
④ ソーシャルビジネスは非営利団体のみが行うことができる。

解答 ①③④　①：NPOは非営利組織であり、企業ではない。　③：クラウド・ファンディングの説明である。　④ソーシャルビジネスは、主に企業が行っている。

5-14 各主体の連携による協働の取り組み

16 平 和 **17** 実施手段

重要ポイント

✓環境問題への取り組みは、行政、企業、市民、NPO等がそれぞれの特性や資源を活かして協力する**協働**で取り組むことで、より大きな効果をもたらす。

✓企業の社会貢献としての協働の取り組み

地域の一員として社会に貢献するため、観光の振興、地域の文化や自然環境の保全、人づくり、地域の活性化など、様々な分野で行政との協働事業を行う企業が増えている。その内容は、コンビニによる**セーフティステーション**✐の取り組みなど、業種の特徴を活かした多彩なものとなっている。

✓民間の力を活用した公共サービス

公共施設の老朽化や厳しい財政事情を背景に、**官民連携事業（PPP）**✐や**民間資金等活用事業（PFI）**✐など、公共サービスに民間の力を活用する動きが拡大している。

✓マルチステークホルダープロセス

1者で解決することが難しい課題に3者以上が対等な立場で取り組むこと。利害のある複数の主体が関わる問題では、1者のみが前進しようとしても利害関係によって進めなくなってしまう事が多い。各主体が信頼関係を築き同時に前進することで、課題解決が可能となる。持続可能な地域づくりにあたって重要な考え方。

✓国の政策と協働

政府は中長期的に持続可能なまちづくりを目指す自治体を**SDGs未来都市**として選定、地域の総合的な取り組みによる価値創出を推奨している。第5次環境基本計画の中で提唱された**地域循環共生圏**は、地域資源を生かして地域が自立・分散型の社会を形成しつつ、他の地域と不足する資源を補完しあうという考え方である。いずれも、地域での協働が重要な役割を担う。

✓中間支援機能と中間支援組織✐

性質の異なる複数のセクターによって協働を行うのは容易ではない。そこで、NPOやソーシャルビジネスなどの活動者と地域社会や社会資源を結びつけ、活動者のニーズ把握、合意形成、人材育成、資金獲得、事業活性化などを支援する

中間支援機能を発揮する中間支援組織が重要となる。

 セーフティステーション―コンビニを地域の安全・安心の拠点として位置づけ、安全・安心なまちづくりに貢献する試み。震災などの際には一時避難場所にもなる。
官民連携事業 (PPP) ―官民が連携して公共サービスの提供を行うこと。公共施設の管理運営の民間への委託、公有地の貸出など。
民間資金等活用事業 (PFI) ―官民連携事業の一種で、公共施設等の建設から管理運営までを民間の力を活用して行う事業。民間の資金や経営能力、技術を活用することで、国や公共団体が行うよりも効率的・効果的な公共サービス提供を目指す。導入事例は空港、道路、下水道など幅広い。
中間支援組織―コーディネート団体、まちづくり/コミュニティ協議会、活動支援センター、NPOセンターなどの呼び名がついていることが多い。

問題

check ☒ ☒ ☒

次の文章の（　）にあてはまる語句を、下記の語群から選べ。

環境への取り組みでは、行政・企業・市民・NPOなどの様々な主体がそれぞれの特徴を活かしつつ、協力して1つの問題に取り組む（ **①** ）が重要である。しかし、異なる資源、歴史、組織文化を持つ様々な組織が協力を行うのは容易ではない。地域の様々な主体を結びつけ、ニーズの把握や合意形成を支援する「まちづくり協議会」などの（ **②** ）の働きが重要となる。

企業と行政が手を結び、地域の一員として貢献しようとする動きが広がっている。小売業界では、コンビニを地域の安心・安全の拠点として位置づけ、災害時の一時避難場所などとして活用してもらう（ **③** ）の動きがある。

環境問題のような1者での解決が難しい問題は、3者以上の主体が対等な立場で取り組む（ **④** ）が必要となる。

(a) 協定　　　　　(b) 協働　　　　　(c) コミュニティビジネス
(d) 中間支援組織　(e) 地域循環共生圏　(f) トリプルボトムライン
(g) セーフティステーション　　(h) マルチステークホルダープロセス
(i) ステークホルダーミーティング

解答　①…(b)、②…(d)、③…(g)、④…(h)

第 **6** 章

まとめ

6-01 キーワード集

重要ポイント check ☒ ☒ ☒

🍃このページでは、公式テキスト第6章の中から、eco検定を受けるにあたっ
て重視すべきキーワードを選出しています。

 Think Globally Act Locally―「地球規模で考え、足元から行動せよ」。
今日の環境問題は地球規模の広がりを持つが、具体的な行動を着実に進め
るべき、との意味。

プロシューマー（Prosumer）―Producer（生産者）とConsumer（消費者）を合わ
せた造語。アルビン・トフラーが著書『第三の波』で提示した概念。社会が工業か
ら情報・サービス産業に進化するにつれ、生産者と消費者の垣根は消え、消費者
が自ら生産を行うようになるとしている。

テクノロジーアセスメント―科学技術の導入を市民が事前に評価する制度。環境
アセスメントの科学技術版。

ミニパブリックス―ランダムに市民を選ぶことで擬似的な「パブリック（公共）」を
つくり、政策についての議論を行う手法。

ディーセントワーク―働きがいのある人間らしい仕事。自由・公平・安全と、人
間としての尊厳を条件とした、すべての人のための生産的な仕事。

GNH（国民総幸福量）― Gross National Happiness。ブータン政府の提唱する指
標。経済成長を重視する政策を見直し、「環境の保護」「伝統文化の保全と推進」な
どの4本柱のもと、「環境の多様性」「心理的な幸福」「健康」などの指標で国民の「幸
福の量」を測定。

OECD国民の豊かさを測る幸福度の指標―OECDは、住宅、所得、雇用、教育、環境、
主観的満足度、ワークライフバランスなどの11の指標から幸福度を指標化、報告
書「How's Life?」で公表した。

問題 🌲🌲🌲 check ☒ ☒ ☒

次の単語の解説として最もふさわしい文章を (a) ～ (g) から選べ。

①ミニパブリックス　　　　②プロシューマー
③GNH（国民総幸福量）　　④テクノロジーアセスメント

(a) ランダムに選んだ市民により擬似的な公共をつくり議論させる手法。

(b) 生産者としての側面を持つ消費者。

(c) 都市の中心から断続的にセンターを設け、都市の拡充を抑える街づくり。

(d) 経済的指標に依らない国民の「豊かさ」を測る指標。ブータンが提唱。

(e) グリーン購入を積極的に行う消費者。

(f) 科学技術の影響をその技術が普及する前に調査・評価する仕組み。

(g) 大規模な公共事業などを行う前に、環境への影響を調査・評価する仕組み。

第**6**章 まとめ

解答　①…(a)、②…(b)、③…(d)、④…(f)　　一見試験との関連が薄いように思われる第6章からも、ときおり問題は出題されている。これらの単語のチェックは怠らないようにしたい。

模擬問題と解答・解説

● 本模擬試験は、eco検定の出題形式・出題傾向・配点を再現したものです。

● IBT方式となった現在のeco検定は、問題が複数の候補からランダムに出題されるため、いわゆる過去問がありません。模擬問題を使って試験の感覚をつかむと良いでしょう。

● 試験の制限時間は2時間です。

● 解答・解説は、試験問題の後（243ページ）にあります。

環境社会検定試験®（eco 検定）
模擬問題

第1問（各1点 × 10）

次のア〜コの文章のうち、内容が正しいものには①を、誤っているものには②を選びなさい。

ア．代表的な地球環境問題には廃棄物問題、地域環境問題には地球温暖化がある。

イ．日本のカロリーベースの食料自給率は2000年以降40%以下で推移しており、先進国の中で最も低い状況である。

ウ．第6次エネルギー基本計画は、2050年カーボンニュートラル、2030年温室効果ガス46%削減目標の実現に向けたエネルギー政策の道筋を示すことを重要なテーマとしている。

エ．地球上の水の約97.5%が海水、約2.5%が河川や湖沼の水である。したがって、人類が農業や工業、生活に利用できる水の量（水資源賦存量）は、水全体の2.5%にすぎない。

オ．猛暑日とは、最高気温が30℃以上の日を指す。

カ．PRTR制度とは、有害化学物質が環境中へ排出される量と、廃棄物に含まれて事業所外へ移動する量を、企業が国へ報告し、国が集計・公表する制度である。

キ．1970年末の「公害国会」と呼ばれる臨時国会では14本もの公害対策関連法が成立し、公害関連法の抜本的な整備が行われた。

ク．流通の過程で納品期限が過ぎて廃棄されてしまう食品や、家庭で賞味期限が過ぎて廃棄されてしまう食品など、本来食べられるのに食べずに廃棄される食品を食品ロスと呼ぶ。

ケ．富栄養化とは、栄養塩類が十分に河川などに供給され、魚やプランクトンが
　　生息するのに適した環境上望ましい状態を指す。

コ．日本を含むG7（先進7カ国）は、2030年までに温室効果ガス排出量を30％
　　削減するという「３０ｂｙ３０目標」（サーティバイサーティ）に合意した。

解答

ア	イ	ウ	エ	オ	カ	キ	ク	ケ	コ

解答解説は ⇒ p.243

第2問 2−1（各1点 × 5）

「ライフスタイル」について述べた次の文章の空欄（ア）～（オ）にあてはまる最
も適切な語句を、下記の語群から1つ選びなさい。

　商品を購入する際、その価格や性能だけでなく、環境や社会への影響を考慮し
て購入することを（ア）と言う。国は（ア）法によってこの動きを推進している。
積極的に（ア）を行う、倫理的な消費やライフスタイルは（イ）とも呼ばれる。
　（イ）を行う上では、製品の原料が環境面・倫理面で問題のあるものでないか
配慮することが望ましい。例えば、洗剤などに使用される植物性油（ウ）は、熱
帯林を切り開き生物や現地住民の生活を脅かして作られた農園で生産されている
可能性があるため、生産地などをよく調べる事が望ましい。また、コンゴ民主共
和国とその周辺で生産される希少な金属のうち、武装勢力・反政府勢力の資金源
となっているものを指す（エ）にも配慮したい。
　地元の食品を食べる地産地消は、食品の重さ×移動距離で算出される（オ）の
値を減らし、環境負荷を削減することができる。

［語群］

① エシカル消費　　　② スローライフ　　　③ ロハス
④ グリーン購入　　　⑤ 三方良し　　　　　⑥ クールチョイス
⑦ ピークオイル　　　⑧ パーム油　　　　　⑨ サンドオイル
⑩ 都市鉱山　　　　　⑪ 紛争鉱物　　　　　⑫ レアメタル
⑬ エコロジカル・フットプリント　　　⑭ ウォーターフットプリント
⑮ フードマイレージ

解答

ア	イ	ウ	エ	オ

解答解説は ⇒ p.243

第2問　2−2（各1点 × 5）

「生態系」について述べた次の文章の空欄（ア）～（オ）にあてはまる最も適切な語句を、下記の語群から1つ選びなさい。

　生態系は、水、大気、光などの無機的要素を基盤に、（　ア　）と（　イ　）の2種の生物で維持されている。（　ア　）は太陽光をエネルギーとして光合成により無機物から有機物を作る植物が該当し、（　イ　）は、（　ア　）の作る有機物に多くを頼って生きている動物や（　ウ　）が該当する。

　生態系では、植物は、太陽光からエネルギーを取り込み光合成により栄養分を合成し、動物などはこれを利用して生きている。さらに動物の排泄物や遺骸は、（　ウ　）がこれを取り込んで最終的には無機物にまで分解する。このような過程により（　ア　）が取り込んだエネルギーは消費されていき、生物体を構成している物資は無機化され、再び植物や微生物を起点とする食物連鎖に取り込まれる。これが生態系における物質循環のシステムである。

　食物連鎖は、食べる側より食べられる側の数が一般的に多く生息している。この量的関係を図にすると三角形状になる。この三角形を（　エ　）という。頂点に立つ動物は上位種といわれ、日本の森林生態系ではイヌワシやクマタカがこれに当たる。

　環境中に放出、または流出した有害物質が食物連鎖の段階を経るごとに、生物の体内で濃縮、蓄積され、（　エ　）の上位にいる生物ほど有害物質の悪影響を受けやすい。このように、食物連鎖によって汚染物質濃度が増加していくことを（　オ　）という。

[語群]

① 温血動物　　　　　② 捕食者　　　　　　③ 生産者
④ 冷血動物　　　　　⑤ 消費者　　　　　　⑥ 生活者
⑦ 分解者　　　　　　⑧ 生存圏　　　　　　⑨ 生態系サービス
⑩ 生態系ネットワーク　⑪ 生態系ピラミッド　⑫ 生物ポンプ
⑬ 生物蓄積　　　　　⑭ 生物濃縮　　　　　⑮ 生物濾過

解答

ア	イ	ウ	エ	オ

解答解説は ⇒ p.243

第3問 （各1点 × 10）

次のア〜コの文章が説明する内容に該当する最も適切な語句または画像を、①〜④の中から1つ選びなさい。

ア．食材として狩猟で捕獲した野生の鳥や動物のことであり、利用拡大のため食品としての安全性確保が進められている。

① ソイミート　　　　　　② ポリネーター
③ ジビエ　　　　　　　　④ バイオミミクリー

イ．2015年のCOP21で法的拘束力がある条約として採択された。産業革命前からの世界の平均気温上昇を2℃より十分低く保つとともに、1.5℃に抑えるよう努力することを定めた。

① パリ協定　　　　　　　② グラスゴー気候合意
③ 京都議定書　　　　　　④ 二国間クレジット制度

ウ．経済活動や日常生活などで発生するCO_2などの排出について、省エネ、植林等への投資など別の活動で埋め合わせること。

① カーボンフットプリント　② カーボンプライシング
③ グリーンボンド　　　　　④ カーボンオフセット

エ．生物多様性には3つの多様性があると言われる。このうち、干潟、サンゴ礁、森林、湿原、河川など様々な地域で様々な生物が生息すること。

① 種の多様性　　　　　　② 遺伝子の多様性
③ 生態系の多様性　　　　④ 生息の多様性

オ．1975年に発効した条約で絶滅の危機にある野生生物の国際取引を規制しており、約3万種が対象になっている。生体のみではなく、はく製や皮革製品などの加工品も対象である。

③ ワシントン条約　　　　　④ 生物多様性条約

カ．近年海洋汚染の原因として指摘されている物質。2019年にはバーゼル条約の規制対象となった他、2050年までにこの物質による追加的な汚染をゼロにするとの「大阪ブルーオーシャン・ビジョン」を目指し各国で削減が進められている。

① プラスチック　　　　　　② 放射性物質
③ カドミウム　　　　　　　④ 硝酸性窒素・亜硝酸性窒素

キ．1962年にレイチェル・カーソンが著した、化学物質による環境汚染を警告する書物。今日の環境保護運動の原点の１つとも言われる。

①　成長の限界　　　　　　②　スモール・イズ・ビューティフル
③　奪われし未来　　　　　④　沈黙の春

ク．「科学的に確実ではない」ということを、環境保全上重大な事態が起こる事を防ぐための対策の実施を妨げる理由にしてはならないという考え方。環境問題では原因と結果の関係が複雑で不確実性の伴う問題が多いが、結果の悪影響が極めて大きいならば対策を取るべきである。

① 源流対策原則　　　　　　② 汚染者負担原則
③ 補完性原則　　　　　　　④ 予防原則

ケ．「環境的に適切な管理」および「社会的な便益をもたらす管理」そして「経済的にも継続可能な管理」が行われている森林からの産出物やリサイクル資源が使われている製品であることを示す環境ラベル。

①

②

③

④

コ．2021 年7 月に日本で5 例目の世界自然遺産に登録された地域。

① 富士山　　　　② 奄美大島・徳之島・沖縄島北部および西表島
③ 紀伊山地　　　④ 厚岸・霧多布・昆布森

解答

ア	イ	ウ	エ	オ	カ	キ	ク	ケ	コ

解答解説は ⇒ p.244

第4問 （各1点 × 10）

「日本の環境保全の歴史」について述べた次の文章の空欄（ア）～（コ）にあてはまる最も適切な語句を、下記の語群から1 つ選びなさい。

日本の公害の原点は、明治時代に鉱山から流出した有毒物質が渡良瀬川流域の住民に大きな被害を与えた（ ア ）であるといわれている。

戦後、国内産業の重工業化が進展し、1960 年代の高度経済成長とともに日本各地で典型7 公害（大気汚染、水質汚濁、土壌汚染、騒音、振動、（ イ ）、（ ウ ））に代表される産業公害が多数発生した。その中でも深刻な環境破壊と多数の健康被害者を発生させた四大公害病は、深刻な政治社会問題になり、環境法規制のきっかけとなった。

環境法規制は大きな効果を発揮し、特に過剰な地下水採取により多発していた（ ウ ）は21 世紀にはほぼ沈静化した。また（ エ ）型対策など各種の公害対策技術の開発・普及も進んだ。

一方で、現在も新たな事例の発見が相次いでいるものとして（ オ ）があり、特に香川県の豊島の事例は規模と影響が極めて大きかったものとして知られる。

［語群］
① 足尾銅山鉱毒事件　　② 川崎病　　　　　　③ イタイイタイ病
④ 放射性物質による汚染　⑤ 生物多様性の減少　⑥ 地球温暖化
⑦ 地盤沈下　　　　　　⑧ オゾン層の破壊　　⑨ 廃棄物の不法投棄
⑩ ヒートアイランド現象　⑪ 悪臭　　　　　　⑫ 森林破壊
⑬ バックキャスティング　⑭ エンドオブパイプ　⑮ トップダウン

各地で発生した公害問題に対処する法律として、1967 年に（ カ ）が制定された。さらに、1971 年には環境行政を専門に対処する省庁として（ キ ）が設置され、

本格的な環境行政が開始された。

　1992年のリオ・サミットをきっかけに、環境政策の領域や視野が大きく広がった。地球適視野に立って環境問題に取り組むためには従来の（カ）を軸とする法体系では不足であり、（カ）を発展させた法律として1993年に（ク）が制定された。（ク）の理念を実現するために国が策定する、環境の保全に関する計画を（ケ）と言い、5〜6年ごとに改定が行われている。

　2001年には（キ）を発展させた（コ）が発足し、「低炭素」「循環」「自然共生」などを統合的に進め、循環型社会の実現を目指す体制が整えられた。

[語群]

⑯ 環境基本法　　　　⑰ 公害補償法　　　　⑱ 公害対策基本法
⑲ 公害防止組織法　　⑳ 循環型社会形成推進基本法
㉑ 省エネ法　　　　　㉒ 環境省　　　　　　㉓ 国立環境研究所
㉔ 地球環境ファシリティー　㉕ 環境調査研修所　㉖ 環境庁
㉗ 環境自主行動計画　㉘ 環境基本計画　　　㉙ 地球温暖化対策計画
㉚ 循環型社会形成基本計画

解答

ア	イ	ウ	エ	オ	カ	キ	ク	ケ	コ

解答解説は ⇒ p.244

第5問（各2点 × 5）

　次のア〜オの問いに答えなさい。

ア．「温室効果ガス」に関する次の①〜④の記述の中で、その内容が最も<u>不適切</u>なものを1つだけ選びなさい。

① 温室効果ガスの種類としては二酸化炭素、メタン、フロン類などがある。
② 温室効果ガスの大気中濃度は2020年時点で400ppmを超えている。
③ 温室効果ガスの種類ごとの地球温暖化係数に差はない。
④ 温室効果ガスの増加要因には産業革命以降の化石燃料の大量消費がある。

第7章　模擬問題と解答・解説

225

イ．次の①〜④の記述の中で、「地球温暖化の緩和策」として最も<u>不適切なもの</u>を1つだけ選びなさい。

① 低炭素エネルギーとして再生可能エネルギーを利用する。
② 高温耐性のある水稲・果樹の品種を開発する。
③ 排出されたCO_2を回収し、地中深くに貯蔵する。
④ 森林を整備し、保安林を適切に管理保全する。

ウ．「土壌汚染」に関する次の①〜④の記述の中で、その内容が最も<u>不適切なもの</u>を1つだけ選びなさい。

① 土壌汚染は移動性が低く、拡散・希釈されにくいため、汚染が長期にわたり持続する事が特徴である。
② 土壌汚染は環境基本法の「典型7公害」の1つであり、環境基準が設定されている。
③ 土壌汚染の年間判明件数は大きく増加しているが、その主原因は2000年代に入り土壌を汚染する企業が増加したためである。
④ 土壌汚染した土を掘り出すことなく、その場で浄化する技術として、バイオレメディエーションが存在する。

エ．「ヒートアイランド現象」に関する次の①〜④の記述の中で、その内容が最も<u>不適切なもの</u>を1つだけ選びなさい。

① ヒートアイランド現象は、都市部の気温が周辺地域に比べて高温となる現象である。
② ヒートアイランド現象の原因の1つとして、都市部の大気汚染が挙げられる。
③ ヒートアイランド現象の原因の1つとして、エアコンや自動車などの人工排熱の増加が挙げられる。
④ ヒートアイランド現象は都市部の集中豪雨を起こしやすくするため、都市型洪水の原因の1つになると言われている。

オ．「都市化」に関する次の①〜④の記述の中で、その内容が最も<u>不適切なもの</u>を1つだけ選びなさい。

① 東京などの大都市では、都市の中心部に人口が集中する「スプロール化」が発生し、様々な問題が生じている。
② 自然は本来環境負荷を希釈・吸収・分解する能力を持っているが、都市化

により一点に人口が集中すると自然の能力を超えて汚染が進行してしまう。

③ 住居と工場等が混在した地域では騒音・振動・悪臭などの問題が発生しやすいため、居住地域と工業地域を分けたまちづくりが行われている。

④ 地方都市では自動車をあまり使わずに公共交通機関や徒歩等で暮らせる「コンパクトシティ」を目指す都市が見られる。

解答

ア	イ	ウ	エ	オ

解答解説は ⇒ p.245

第6問 （各1点 × 10）

次のア〜コの文章の [　] の部分にあてはまる最も適切な語句を、下記の中から1つ選びなさい。

ア．海水表層にCO_2が溶け込み、光合成により植物プランクトンがこれを取り込み、更に食物連鎖で海洋生物により海洋の中・深層部へ運ばれることを [　　　] という。

① 深層循環　　　　　　　② 生物ポンプ
③ エルニーニョ現象　　　④ 水源涵養（緑のダム）

イ．家庭で使われないまま保管されている製品や廃棄される製品のうち、特に小型家電には金、銀などの貴金属などが含まれており、都市に大量にあるこれらの使用済み製品は [　　　] と呼ばれている。東京2020オリンピック・パラリンピックのメダルはこの [　　　] から回収された金属から製作された。

① 都市鉱山　　　　　　　② 産業廃棄物
③ レアメタル　　　　　　④ E-waste

ウ．わたしたちの暮らしは、生態系の働きによる自然環境からの"恵み"によって支えられている。この恵みを「ミレニアム生態系評価（MA）」では「生態系サービス」と呼んでいる。生態系サービスは4つに分類されるが、そのうち [　　　] サービスは、生態系から食料、淡水、木材及び繊維、燃料等が得られることである。

227

① 供給　　　　　　　　② 調整
③ 文化的　　　　　　　④ 基盤

エ．循環型社会の基本となる「3R」は、［　　　　　］の順に優先すべきとされている。

① リユース（再使用）→リデュース（発生抑制）→リサイクル（再生利用）
② リデュース（発生抑制）→リユース（再使用）→リサイクル（再生利用）
③ リサイクル（再生利用）→リユース（再使用）→リデュース（発生抑制）
④ リサイクル（再生利用）→リデュース（発生抑制）→リユース（再使用）

オ．森林問題に関する初めての世界的合意である森林原則声明は［　　　　　］で採択され、持続可能な森林経営の理念を示した。

① 地球サミット
② 国連人間開発会議
③ 気候変動枠組条約締約国会議COP3
④ 持続可能な開発に関する世界首脳会議

カ．太陽光発電や風力発電などの再生可能エネルギーは、［　　　　　］という特徴がある。

① 発電量が年間を通じて安定している
② コージェネレーションのエネルギー源に適している
③ エネルギー密度が高く発電施設が省スペースである
④ 分散型エネルギーシステムであり、一度に電源が消失することがない

キ．トレーサビリティーの仕組みがある食品は、［　　　　　］という特徴がある。

① 食品の原材料やアレルギー成分の有無を確認できる
② 食品の生産地や生産者、使用している農薬や肥料・飼料、流通経路等を確認できる
③ 先進国と開発途上国との不公正な関係を改め、適正な価格で購入されている
④ 農薬や化学肥料の使用を可能な限り削減した有機農業で栽培されている

ク．ある企業では、雨が降るたびに多数発生するビニール傘の廃棄を減らすため、傘のレンタル事業を実施している。このような、社会的課題の解決とビ

ジネスとしての事業性を両立させ、活動を継続的に発展させる事業形態を
［　　　　　］と呼ぶ。

① ソーシャルビジネス　　　② ソーシャル・ネットワーキング・サービス
③ NPO　　　　　　　　　　④ フェアトレード

ケ．カルタヘナ議定書は、［　　　　　］が生物多様性の保全や生物多様性の持続
的な利用に悪影響を及ぼすことへの防止措置を定めている。

① 難分解性で生物の体内に残存しやすい化学物質
② 国境を超えて移動した外来種の生物
③ バイオテクノロジーにより改変された生物
④ 気候変動による生息環境の変化

コ　家電リサイクル法では、テレビ、電気冷蔵庫・冷凍庫、電気洗濯機・衣類乾
燥機、［　　　　　］の４品目について、消費者に家電店等への引き渡しとリ
サイクル料金の負担を求めている。

① パソコン　　　　　　　　② 炊飯器
③ 掃除機　　　　　　　　　④ 家庭用エアコン

解答

ア	イ	ウ	エ	オ	カ	キ	ク	ケ	コ

解答解説は ⇒ p.245

第7問（各2点 × 5）

「企業と環境」について述べた次の文章を読んで、ア〜オの設問に答えなさい。

20世紀には、企業が成長と利益を求めるあまり、非倫理的な経営を行ったり、
環境破壊を行ったりする例が多く見られた。ⓐ四大公害病は企業の行動により発
生した環境破壊の代表的なものと言える。

2000年頃になるとⓑ企業も社会の一員であることから、持続可能な社会の実
現に向けた責任を負うべきであり、経済的な利益を上げるだけでなく利害関係者
に配慮した意思決定を行わなければならないとの考え方が広まった。日本企業は
古くから「社会に貢献する商売こそ良い商売である」とするⓒ経営哲学を持つ場

合が多く、企業に倫理性を要請する動きに対応しやすかったとも言われている。

2010年代以降は、ⓓESG投資の広まりが企業のあり方に大きな変化をもたらしている。ESG投資とは従来の経済の側面に加え、環境などの「ESG」の要素に積極的に取り組む企業を優先的に投融資先とする投資行動である。これにより、投資を呼び込むために環境面に力を入れる企業が増加している。例えば、温室効果ガスをⓔスコープ3の範囲で把握し削減することや、環境に関するイニシアティブに参加するといった動きが挙げられる。

ア．下線部ⓐ「四大公害病」に関する次の①〜③の文章のうち、最も適切なものを1つ選びなさい。

① 水俣病の原因物資は、工業排水に含まれる有機水銀である。
② イタイイタイ病の原因物質は、鉱山からの排水に含まれる六価クロムである。
③ 四日市ぜんそくの主要原因物質は、石油コンビナート排煙中のダイオキシンである。

イ．下線部ⓑの考え方の名称として、最も適切なものを1つ選びなさい。

① CSR　　② EMS　　③ TCFD

ウ．下線部ⓒ「ESG投資」について述べた次の①〜③の文章のうち、最も適切なものを1つ選びなさい。

① ESGとは、環境 (Ecology)・社会 (Social)・国際 (Global) の頭文字を取ったものである。
② ESGとは、環境 (Ecology)・社会 (Social)・企業統治 (Governance) の頭文字を取ったものである。
③ ESGとは、環境 (Ecology)・持続可能な開発目標 (SDGs)・企業統治 (Governance) の頭文字を取ったものである。

エ．下線部ⓓの、古くから日本に存在した経営哲学の1つとして「売り手・買い手に加え、世間に貢献してこそ良い商売である」という近江商人の経営哲学が知られている。この名称として最も適切なものを1つ選びなさい。

① 三助　　② 三方良し　　③ 論語と算盤

オ．下線部ⓔ「スコープ3」に関し、以下の①～③のうち「A社のスコープ3」に
　　該当する温室効果ガスとして最も適切なものを1つ選びなさい。

① A社の工場内で燃料を燃焼させて発生した温室効果ガス
② A社の工場で使用する電気の発電のため、電力会社で発生した温室効果ガス
③ A社の製品に使用する部品の製造のため、調達先の企業で発生した温室効
　　果ガス

解答

ア	イ	ウ	エ	オ

解答解説は ⇒ p.246

第8問（各1点 × 10）

　次のア～コの語句の説明として最も適切な文章を、下記の選択肢から1つ選び
なさい。

ア．「共通だが差異ある責任」

［選択肢］
① 先進国、途上国の地球環境保全への責任は共通だが、その大きさに差を認
　　めること。
② 将来世代のニーズを満たす能力を損なうことなく、現在世代のニーズを満
　　たすこと。
③ 企業が行う行為について、行政や住民と企業とが事前に合意し、合意内容
　　を実行する責任・責務を企業に求めること。
④ 社会や企業の持続的な成長のためには、経済を成長させるだけでなく、環
　　境・社会の側面についても責任を持って改善しなければならないということ。

イ．「熱帯多雨林」

［選択肢］
① 海水と淡水が入り混じる熱帯・亜熱帯地域の沿岸の森林。
② タイ、マレーシアなど東南アジアに見られ、乾季と雨季がある地域に広く
　　分布する。
③ 生物多様性に富み、「地球の肺」「生物資源、遺伝子資源の宝庫」とも呼ばれる。

第7章　模擬問題と解答・解説

④　年間雨量が比較的少なく、乾季・雨季がある地域に広く分布する。

ウ．「脱炭素社会」

[選択肢]

①　人の活動に伴って発生する温室効果ガスの排出量と吸収される温室効果ガスの量との間の均衡が保たれている社会のこと

②　気候変動対策及び温室効果ガス削減をテーマにした2030年まで継続する新国民運動のこと

③　地球温暖化推進法に基づき政府が作成する地球温暖化に関する計画のこと

④　相手国で削減された排出削減・吸収量を炭素クレジット化し、自国の削減目標の達成に利用すること

エ．「環境アセスメント制度」

[選択肢]

①　大規模な開発事業や公共事業を実施する前に、環境への影響を事業者が調査・予測・評価し、自治体や住民の意見を参考にしつつ、事業の環境負荷を抑える仕組み。

②　行政機関が政策を立案・決定する際に、あらかじめ政策案を公表して国民の意見を募集し、政策に反映させる制度。

③　企業などの組織が自社の環境負荷などを自発的かつ継続的に改善する仕組み。国際規格としてISO14001がある。

④　企業が産業廃棄物を排出する際に廃棄物の種類等を記載した伝票を廃棄物の運搬業者に渡し、廃棄物が適正に運搬・処理された事を伝票の返送により確認する制度。

オ．「拡大生産者責任」

[選択肢]

①　企業は、自身が排出する廃棄物のリサイクルや処分の適切な実施について責任を持たなければならない。

②　製品の生産者は、生産段階での環境負荷だけでなく、製品が使用・廃棄される際に発生する環境負荷についても責任を持つべきである。

③　公害によって他者に被害を与えた場合、加害者に故意や過失が認められない場合であっても、加害者に責任を求める。

④　汚染物質や廃棄物が環境に排出される段階で対策を取るよりも、製品の設

計・製法を工夫して汚染物質や廃棄物の発生自体を減らす事を優先すべきである。

カ．「サーキュラーエコノミー」

［選択肢］

① 各地域がその特性を生かした強みを発揮し、地域資源を生かした自立・分散型の社会を形成しつつ、不足するものは地域間で補完し合うことで、地方と都市の両方を活性化する考え方。

② 環境に良い影響を与える行為は減税、悪い影響を与える行為には課税を行うことで、環境に良い行動へ市民や企業を誘導する経済的手法の１つ。

③ 徹底した3Rの実施に加え、資源の回収・再利用を前提とした原材料調達や設計を行い、持続可能な形で資源を利用する社会のありかた。

④ 企業は株主だけでなく、従業員・地域住民・消費者などすべての利害関係者の利益を重視すべきとの考え方。

キ．「シュレッダーダスト」

［選択肢］

① 廃機械を粉砕した後に残るプラスチック・ゴム・ガラスなどの混合物。自動車リサイクル法ではリサイクルが義務付けられている。

② 使用済みの電気・電子機器廃棄物。途上国に輸出されて不適正な処理が行われる事が問題となっており、有害物質による環境汚染・健康被害などが発生している。

③ 工場や自動車から排出されるSO_x、NO_x、VOCなどが大気中で化学反応を起こし粒子化した微細なばいじんのこと。

④ 毒性・難分解性・生物蓄積性・長距離移動性を持つ、残留性有機汚染物質のこと。

ク．「PCB」

［選択肢］

① 有毒かつ脂肪に蓄積しやすい性質を持つ化学物質。ごみを低温で燃やす際などに発生するため、全国の学校で小型焼却炉の使用が中止された。

② トランスやコンデンサーなどの電気機器に使用されていたが、カネミ油症事件の原因となり使用が禁止された化学物質。

③ 排気ガスや塗料に含まれる常温で揮発する化学物質で、大気汚染やシック

ハウス症候群の原因となる。

④ かつて建材等に使用された化学物質であり、古い建物の解体時にその粉塵が発生すると、吸引し塵肺、肺がん、悪性中皮腫などの健康被害が生ずる場合がある。

ケ.「クールスポット」

[選択肢]

① 夏季にエアコンの設定を28℃にしても涼しく過ごすことができる軽装なビジネススタイル。

② 温室効果ガス削減のため、省エネ・低炭素型の製品の購入、サービスの利用、ライフスタイルの選択など、あらゆる「賢い選択」をしていこうという国民運動。

③ 太平洋赤道域からペルー沿岸にかけての海域で海水温が低い状態になる現象。世界的な異常気象の原因になると考えられている。

④ テントや緑のカーテンの設置、植樹による木陰の創出、ミストの噴霧などにより作られた、夏季の都市部でも涼しく過ごせる場所。

コ.「モーダルシフト」

[選択肢]

① 日常生活や企業活動で生ずる温室効果ガスの排出を、他の場所で温室効果ガス吸収・削減を行う、他者から温室効果ガス削減量（クレジット）を購入するなどの方法で埋め合わせること。

② 輸送手段を自動車（トラック）から鉄道・船舶へ、マイカー移動をバス・鉄道へ切り替えることで、環境負荷を削減すること。

③ 最寄りの駅、バス停までは自動車を利用し、そこからは電車やバスに乗り換え目的地まで移動する方法。

④ 燃料を石炭から天然ガス、天然ガスからアンモニアやバイオマス燃料などに切り替えることで、環境負荷を削減すること。

解答

ア	イ	ウ	エ	オ	カ	キ	ク	ケ	コ

解答解説は ⇒ p.246

第9問 9−1（各1点 × 5）

「発電と環境」について述べた次の文章の空欄（ア）〜（オ）にあてはまる最も適切な語句を、下記の語群から1つ選びなさい。

火力発電所では化石燃料を燃焼することにより、CO_2を排出して地球温暖化を促進するだけでなく、硫黄酸化物（SOx）、窒素酸化物（NOx）などの大気汚染物質が排出される。窒素酸化物（NOx）は太陽からの紫外線を受けて化学反応を起こすと光化学オキシダントを生成し、（ ア ）を引き起こす物質の1つである。

火力発電への依存度低下を目指し、再生可能エネルギーの導入が進められているが、再生可能エネルギーにもそれぞれ特有の問題点がある。例えば風力発電では、プロペラが鳥と衝突する（ イ ）と呼ばれる事故が起こっている。（ ウ ）は発電量が天気や季節の影響を受けず枯渇の心配もないが、発電に適した立地が国立公園や温泉地と重複するため、行政や地元住民との調整が難しい。

火力発電を完全に廃止する事は難しく、より環境負荷の少ない火力発電も模索されている。燃焼時の大気汚染物質の排出が少なく、石油よりもCO_2発生量が少ない化石燃料である（ エ ）への転換や、発電所から出る二酸化炭素を回収し地中深くに閉じ込める（ オ ）などの技術が注目を浴びている。

[語群]
① オゾン層の破壊　② ヒートアイランド現象　③ 光化学スモッグ
④ バードサンクチュアリ　⑤ バードストライク　⑥ バードフレンドリー
⑦ バイオマス発電　⑧ 洋上風力発電　⑨ 地熱発電
⑩ 天然ガス　⑪ 石炭　⑫ 原子力
⑬ CCS　⑭ 原位置浄化　⑮ カーボンバジェット

解答

ア	イ	ウ	エ	オ

解答解説は ⇒ p.246

第9問 9−2（各1点 × 5）

「貧困と環境」について述べた次の文章の空欄（ア）〜（オ）にあてはまる最も適切な語句を、下記の語群から1つ選びなさい。

貧困は環境問題を産むという側面がある。貧困に陥った人々が、環境を破壊するような形で自然を利用する事でしか生活できなくなってしまうためである。例

えば乾燥地域では、貧困ゆえの家畜の過放牧により（ア）が進行し、更に貧困が深刻化するという負の循環が発生している。森林地帯では、植生の回復を挟まない非伝統的な（イ）による森林の減少が問題となっている。

　日本などの先進国が、（ウ）（政府開発援助）により開発途上国の経済発展を促進することは、貧困を原因とする環境破壊を防ぐためにも重要である。日本は特に環境を目的とした（ウ）の金額が大きいことで知られる。

　一方で、経済成長を遂げた国ではエネルギー消費が増大するなど、開発途上国とは別方面の環境負荷が生じる。加えて、世界の人口は増加を続けており、2058年に（エ）人に達し、その後もゆるやかに増加して2080年代にピークを迎えると予測されている。このように増加する人々と拡大する経済を地球が支えるためには、経済成長を行いつつ環境負荷を減らす（オ）が必要である。

[語群]
① 地盤沈下　　　② 塩害　　　　　③ 砂漠化
④ 焼畑農業　　　⑤ 有機農業　　　⑥ アグロフォレストリー
⑦ IEA　　　　　⑧ LCA　　　　　⑨ ODA
⑩ 50億　　　　　⑪ 100億　　　　⑫ 150億
⑬ トレードオフ　⑭ ロスアンドダメージ　⑮ デカップリング

解答

ア	イ	ウ	エ	オ

解答解説は ⇒ p.247

第10問（各2点 × 5）
次のア～オの問いに答えなさい。

ア．「一次エネルギー、二次エネルギー」の説明に関する次の①～④の記述の中で、その内容が最も不適切なものを1つだけ選びなさい。

　① 一次エネルギーは、自然界に存在するままの形態でエネルギー源として採取される。

　② 一次エネルギーには、石油、石炭、天然ガス、バイオマス、太陽光、風力、原子力などがある。

　③ 二次エネルギーは一次エネルギーをエネルギー転換することで得られる

エネルギーである。

④ 二次エネルギーには、電力、水力、地熱、ガソリン、灯油などがある。

イ．「日本の省エネルギー推進施策」の説明に関する次の①〜④の記述の中で、その内容が最も<u>不適切なもの</u>を1つだけ選びなさい。

① 建築物省エネ法では、一定の条件の新築建造物に省エネ基準の適合を義務付けることで、建物の省エネ化を進めている。

② 省エネ法では、すべての事業者に、エネルギーの使用状況の定期報告及び中長期計画報告を義務づけている。

③ 機器・建材トップランナー制度では、自動車や電気機器等省エネ目標値（トップランナー基準）の達成をメーカーに義務づけている。

④ 固定価格買取制度では、再生可能エネルギーで発電された電力を一定期間・固定価格で電力会社が買取ることを義務づけている。

ウ．「省エネ技術等」の説明に関する次の①〜④の記述の中で、その内容が最も<u>不適切なもの</u>を1つだけ選びなさい。

① ヒートポンプは、気体を圧縮すると温度が上昇し、膨張すると温度が下がる原理を利用し、熱を移動させる技術である。

② 燃料電池とは、ガスの燃焼などで発電を行い、発電時の排熱で温水や蒸気を作り、電気と熱を同時に供給するシステムのことである。

③ インバーターは、交流電気をいったん直流に変え、この直流を周波数の異なる交流に変える装置である。

④ 複層ガラスは、複数枚のガラスの間にガスや真空の層を設け、断熱性能を高めたものである。

エ．「生物多様性国家戦略にある日本の生物多様性の4つの危機」の説明に関する次の①〜④の記述の中で、その内容が最も<u>不適切なもの</u>を1つだけ選びなさい。

① 第1の危機は開発などの人間活動による危機であり、開発活動が直接的にもたらす種の減少・絶滅、生息・生育空間の縮小・消滅などがある。

② 第2の危機は自然に対する人間の働きかけが拡大することによる危機であり、里地里山の拡大による環境の質の変化、生息する種の減少などがある。

③ 第3の危機は人間により持ち込まれたものによる危機であり、外来種や

化学物質などによる生態系のかく乱などがある。

④ 第4の危機は地球環境の変化による危機であり、地球温暖化による種の生息・生育地の縮小・消滅などがある。

オ.「越境大気汚染」に関する次の①〜④の記述の中で、その内容が最も<u>不適切</u>なものを1つだけ選びなさい。

① 酸性雨とは、排煙・排ガスに含まれる硫黄酸化物や窒素酸化物が雨に溶け込んだり、粒子となったりして地上に降る現象を指す。

② 酸性雨は、現在の日本でも観測されている。

③ 黄砂とは、中国大陸の都市部の工場・自動車などから排出される大気汚染物質が、偏西風に乗って飛来する現象である。

④ 黄砂の日本への飛来日数は多い年も少ない年もあり、一貫した増減の傾向はない。

解答

ア	イ	ウ	エ	オ

解答解説は ⇒ p.247

試験の傾向分析と解答・解説

ここでは、試験の問題について、傾向分析と解説を行います。なお、2023年からの試験問題は、2023年1月発行の公式テキスト改訂9版に基づいて出題されます。

1. 受験者数と合格率

2006年の試験開始後、受験者数を順調に伸ばし、第7回には約3万1千人のピークに達しました。その後受験者数の減少が続いていましたが、第23回以降は再び増加傾向にあります。

合格率（合格者数／実受験者数）は、第20回以降はほぼ70％台を維持していましたが、IBT方式となった2021年以降徐々に低下しています。ぎりぎりの点数で合格（70点以上）を目指すのではなく、余裕をもってクリアするようにしたいものです。

▌各回の受験者数と合格率

回	試験日	実受験者 （人）	合格率 （%）	回	試験日	実受験者 （人）	合格率 （%）
1回	2006年10月	13,767	80.1	18回	2015年 7月	11,871	62.3
2回	2007年 7月	9,817	51.5	19回	2015年12月	11,978	52.7
3回	2007年12月	13,691	83.7	20回	2016年 7月	11,342	74
4回	2008年 7月	14,983	79.7	21回	2016年12月	10,162	67.1
5回	2008年12月	22,018	64.8	22回	2017年 7月	10,951	71.2
6回	2009年 7月	25,208	65.2	23回	2017年12月	9,867	74.9
7回	2009年12月	31,330	70.2	24回	2018年 7月	11,173	74.5
8回	2010年 7月	27,421	66.7	25回	2018年12月	10,441	72
9回	2010年12月	26,742	69.1	26回	2019年 7月	13,098	64.9
10回	2011年 7月	21,886	64.1	27回	2019年12月	16,104	82.4
11回	2011年12月	20,766	66.6	28回	新型コロナウイルスの影響で中止		
12回	2012年 7月	16,228	55.7	29回	2020年12月	14,770	79.1
13回	2012年12月	16,067	53.5	30回	2021年 7月	15,767	75
14回	2013年 7月	13,527	58	31回	2021年11月	17,166	73.6
15回	2013年12月	13,319	63.2	32回	2022年 7月	18,133	65.7
16回	2014年 7月	12,094	52.7	33回	2022年11月	20,167	63.4
17回	2014年12月	13,059	48.6				

2. 設問数と配点

問題構成は正誤問題（10点）、選択問題（60点）、文章題の穴埋め問題（30点）となっています。

▌設問数と配点

設問	形式	配点
第 1 問	正誤	1点×10問
第 2 問	穴埋め	1点×10問
第 3 問	4肢選択	1点×10問
第 4 問	穴埋め	1点×10問
第 5 問	4肢選択	2点× 5問
第 6 問	4肢選択	1点×10問
第 7 問	3肢選択	2点× 5問
第 8 問	4肢選択	1点×10問
第 9 問	穴埋め	1点×10問
第10問	4肢選択	2点× 5問
	合計	100点・85問

3. テキストからの出題傾向

公式テキストの章別の出題比率を見ると、第3章が約60%と最も多く、この章の理解を高めることが合格には必須であることがわかります。続いて第5章の出題率が高く、約15%となっており、第3章と第5章の合計の出題比率は8割近くとなっています。

▌公式テキストからの出題傾向

章	比率
第1章	5％
第2章	5％
第3章	60％
第4章	10％
第5章	15％
第6章	1％
テキスト外	4％
計	100％

4. 時事問題

公式テキストにない内容を出題する時事問題は、おおむね1～3問程度出題されます。日頃から新聞、雑誌、テレビ等から環境に関する時事問題への理解を深めておきましょう。

■過去の試験における公式テキスト外からの時事問題の例（正答は次ページ）

◆第26回

文章の正誤を問う問題。

● 右図のマークがついているパソコンは、廃棄する際に新たな料金を負担することなく、メーカーで無料回収してもらえる。

◆第27回

● 2019年6月に大阪で開かれた［ e ］の宣言では、2050年までに海洋プラスチックごみによる追加的な汚染をゼロにすることを目指すことが合意され、国際的にも海洋プラスチック排出削減に取り組むこととされている。

空欄[e]にあてはまる、最も適切なものを下記の中から1つ選び、その番号を解答用紙の所定欄にマークしなさい。

① G20首脳会合　　　　② G7首脳会合

③ 日米首脳会談　　　　④ APEC首脳会合

◆第29回

● **1問目**　文章の正誤を問う問題。

植物を原料としてつくられる生分解性プラスチックは、使用後廃棄された後、自然界で分解されるという性質をもつため、海洋プラスチック汚染対策として従来のプラスチックからの代替化が進められている。

● **2問目**　文章が説明する内容に該当する最も適切な語句を、①〜④の中から1つ選ぶ問題。

新型コロナウイルスに対処するワクチンの開発が進められている。このような医薬品研究開発の支援が設定されている持続可能な開発目標（SDGs）のゴール。

第7章　模擬問題と解答・解説

① あらゆる年齢の全ての人々の健康的な生活を確保し、福祉を促進する

② レジリエントなインフラ構築、包摂的かつ持続可能な産業化の促進及びイノベーションの拡大を図る

③ 包摂的で安全かつレジリエントで持続可能な都市及び人間居住を実現する

④ 陸域生態系の保護・回復・持続可能な利用の推進、森林の持続可能な管理、砂漠化への対処、並びに土地の劣化の阻止・防止及び生物多様性の損失を阻止する

● **3問目** ［ ］の中にあてはまる最も適切な語句を、①～④の中から1つ選ぶ問題。

新型コロナウイルスの集団感染防止のためには、［ ］、「密接」、「密閉」の「3密」を避けることが提唱されている。

① 密度 　　　　② 密集
③ 密着 　　　　④ 密生

正答　第26回：○　第27回：①　第29回1問目：○　2問目：①　3問目：②

本書の関連サイトでは、メールマガジンで環境に関する最新情報を毎月お届けしています。ご興味のある方は、下記のホームページからお申し込みください。

URL：https://pdca.co.jp/info/magazine/

※このURLは予告なく内容が変更・更新が停止される場合がありますので、あらかじめご了承ください。

5. 模擬問題の解答・解説

第1問　配点：各1点×10

設問	解答	解説
ア	2	廃棄物問題は地域環境問題、地球温暖化は地球環境問題である。
イ	1	2022年の食料自給率は37%である。
ウ	1	
エ	2	2.5%は氷河や地下水を含む淡水の量である。河川や湖沼の淡水は水全体の0.01%であり、更に循環・再生する水資源（水資源賦存量）に限れば0.004%とされる。
オ	2	猛暑日とは最高気温が35℃以上の日である。
カ	1	
キ	1	
ク	1	
ケ	2	富栄養化とは、栄養塩類が過剰に供給された環境上望ましくない状態である。プランクトンの異常発生・赤潮・アオコなどの原因となる。
コ	2	30by30目標とは、2030年までに陸地及び海洋の少なくとも30%を保全または保護するとのG7の目標。

第2問 2-1　配点：各1点×5

設問	解答	語句
ア	4	グリーン購入
イ	1	エシカル消費
ウ	8	パーム油
エ	11	紛争鉱物
オ	15	フードマイレージ

第2問 2-2　配点：各1点×5

設問	解答	語句
ア	3	生産者
イ	5	消費者
ウ	7	分解者
エ	11	生態系ピラミッド
オ	14	生物濃縮

第7章

模擬問題と解答・解説

第3問　配点：各1点×10

設問	解答	語句 および 解説
ア	3	ジビエ
イ	1	パリ協定
ウ	4	カーボンオフセット
エ	3	生態系の多様性
オ	3	ワシントン条約
カ	1	プラスチック
キ	4	沈黙の春
ク	4	予防原則
ケ	2	①：エコリーフマーク　②：FSC認証　③：有機JASマーク　④：エコマーク
コ	2	「奄美大島・徳之島・沖縄島北部および西表島」が正解。富士山・紀伊山地（熊野古道）は文化遺産、厚岸霧多布昆布森は国定公園。

第4問　配点：各1点×10

設問	解答	語句
ア	1	足尾銅山鉱毒事件
イ	11	悪臭
ウ	7	地盤沈下
エ	14	エンドオブパイプ
オ	9	廃棄物の不法投棄
カ	18	公害対策基本法
キ	26	環境庁
ク	16	環境基本法
ケ	28	環境基本計画
コ	22	環境省

第5問　配点：各2点×5

設問	解答	解説
ア	3	地球温暖化係数は、地球温暖化への影響の度合いを二酸化炭素を1として表した数値であり、メタンは25、フロン類は数千〜数万になる。
イ	2	気候変動対策には緩和策と適応策がある。緩和策は温室効果ガスの排出を削減し、地球温暖化の進行を止めることであり、適応策は完全に抑制のできない気候変動によるリスクに対し、人や社会、経済システムを適応させ、悪影響を極力小さくすることである。高温耐性の水稲・果樹の品種開発は適応策に該当する。
ウ	3	土壌汚染対策法が2003年に施行されたことや、自主的な汚染調査を行う企業が増加したことで、土壌汚染調査の件数が増加し、結果として土壌汚染の判明件数が増加している。かつて土壌汚染の判明件数が少なかったのは、調査件数が少なかったためである。
エ	2	大気汚染とヒートアイランド現象はどちらも自動車等の多い都市部で発生するが、大気汚染がヒートアイランド現象の原因というわけではない。
オ	1	スプロール化は都市の中心市街地が衰退し、都市が無秩序に郊外へ広がることであり、主に地方都市で発生している。

第6問　配点：各1点×10

設問	解答	語句 および 解説
ア	2	生物ポンプ
イ	1	都市鉱山
ウ	1	供給
エ	2	まずはゴミを出さないリデュース（発生抑制）、次いで使えるものをリユース（再使用）、再使用できないものはリサイクル（再生利用）という順である。
オ	1	地球サミット
カ	4	火力発電や原子力発電が大規模な発電所で発電し各地へ送電する集中型エネルギーシステムに適するのに対し、再生可能エネルギーは地域ごとにエネルギーを作り地域内で使う分散型エネルギーシステムの形で運用される。
キ	2	トレーサビリティとは「追跡可能性」の意味。生産の過程を追跡し、生産地や生産方法を知ることができる。
ク	1	ソーシャルビジネス
ケ	3	カルタヘナ議定書は遺伝子組換え生物の輸出入などを規制する議定書である。
コ	4	家庭用エアコン

第7章 模擬問題と解答・解説

245

第7問　配点：各2点×5

設問	解答	解説
ア	1	四大公害病の原因物質は覚えておきたい。
イ	1	
ウ	2	
エ	2	
オ	3	①のような自社内での排出をスコープ1，②のような自社で使用する電気・熱を生み出すために電力会社等で排出された温室効果ガスをスコープ2と呼ぶ。

第8問　配点：各1点×10

設問	解答	解説
ア	1	②：持続可能な開発　③：合意的手法　④：トリプルボトムライン
イ	3	①：マングローブ林　②：熱帯モンスーン林　④：熱帯サバンナ林
ウ	1	②：クールチョイス　③：地球温暖化対策計画　④：二国間クレジット制度（JCM）
エ	1	②：パブリックコメント制度　③：環境マネジメントシステム　④：マニフェスト
オ	2	①：排出者責任　③：無過失責任　④：源流対策原則
カ	3	①：地域循環共生圏　②：グッド減税・バッド課税　④：ステークホルダー資本主義
キ	1	②：E-Waste　③：SPM　④：POPs
ク	2	①：ダイオキシン　③：VOC　④：アスベスト
ケ	4	①：クールビズ　②：クールチョイス　③ラニーニャ現象
コ	2	①：カーボンオフセット　③：パークアンドライド　④：燃料の低炭素化

第9問 9-1　配点：各1点×5

設問	解答	語句
ア	3	光化学スモッグ
イ	5	バードストライク
ウ	9	地熱発電
エ	10	天然ガス
オ	13	CCS

第9問 9-2　配点：各1点×5		
設問	解答	語句
ア	3	砂漠化
イ	4	焼畑農業
ウ	9	ODA
エ	11	100億
オ	15	デカップリング

第10問　配点：各2点×5		
設問	解答	解説
ア	4	水力、地熱は一次エネルギーである。
イ	2	省エネ法でのエネルギーの使用状況の定期報告及び中長期計画報告の対象は、エネルギー使用量が原油換算年間1,500kl以上等の一定規模以上の事業者である。
ウ	2	燃料電池は、水素と酸素から電気エネルギーを取り出す装置であり、水の電気分解と逆のプロセスである。②の説明内容はコージェネレーションのことである。
エ	2	第2の危機は自然に対する人間の働きかけの縮小による危機である。里地里山などの人の手が入ることで維持されてきた環境の維持ができなくなることで、種の減少や生息・生育状況の変化が発生している。
オ	3	黄砂とは、中国大陸のタクラマカン砂漠、ゴビ砂漠などの乾燥地帯の砂塵が風によって巻き上げられ、偏西風に乗って飛来する現象である。

第**7**章

模擬問題と解答・解説

付録

これだけは押さえる！直前確認チェックシート

テーマごとに厳選したキーワードをまとめています。試験間近になったらひと通りチェックして、自分の知識を確かなものにしましょう。

キーワード	内容
第1章　持続可能な社会に向けて	
1-01　環境とは何か、環境問題とは何か　→ P.18	
☐ 地球環境問題	地球全体ないし広範囲に影響をもたらす環境問題。国際協調の下でなければ解決できない一部地域の公害問題も地球環境問題として扱われている。
1-02　環境問題の世界動向　→ P.20	
☐ 成長の限界	1972年**ローマクラブ**が発表。人口増加と環境汚染がこのまま続けば、100年以内に地球上の成長は限界に達するとした。
☐ 国連人間環境会議	1972年ストックホルムで開催。国連主催の初の地球環境問題に関する国際会議。環境問題が人類に対する脅威であり、国際協調して取り組む必要性があるとする「**人間環境宣言**」を採択。
☐ 環境と開発に関する世界委員会（WCED）	別名ブルントラント委員会。1987年、報告書「**我ら共有の未来**」のなかで「**持続可能な開発**」の概念を発表。
1-03　環境問題の日本の動向　→ P.24	
☐ 四大公害病	**水俣病（原因物質：有機水銀）、新潟水俣病（有機水銀）、イタイイタイ病（カドミウム）、四日市ぜんそく（排ガス中の硫黄酸化物等）** の4つ。
☐ 公害国会	1970年。14本の各種公害対策法が制定された。
☐ エンドオブパイプ	排気や排水が環境に放出される排出口で何らかの処理を行い、環境負荷を低減する技術。
1-04　地球サミット　→ P.28	
☐ 地球サミット	1992年にブラジル・リオデジャネイロで開かれた**国連環境開発会議**（UNCED）。
☐ リオ宣言	地球環境保全や持続可能な開発のための理念や原則が掲げられた宣言。「**世代間公平**」「**共通だが差異ある責任**」「**予防原則**」「**汚染者負担の原則**」「**環境影響評価**」などの概念を盛り込んだ。

キーワード	内容
☐ アジェンダ21	リオ宣言を実行し、持続可能な開発を実現するための人類の行動計画。
☐ 共通だが差異ある責任	先進国も途上国も地球環境保全という目標に責任を負うという点では共通だが、過去に環境に負荷をかけて発展した先進国と、これから発展しようとする途上国の間には責任の大きさに差を認めるという考え方。

1-05　持続可能な開発目標（SDGs）とは　→ P.30

☐ 持続可能な開発	将来世代のニーズを損なうことなく、現在の世代のニーズを満たすこと。
☐ 持続可能な開発目標（SDGs）	持続可能な社会の実現に向けた2030年までの具体的な目標。2015年に国連で採択。17のゴールと169のターゲットからなり、途上国のみならず先進国にも適用される。
☐ ミレニアム開発目標（MDGs）	2000年から2015年までの国際社会の開発分野における目標。SDGsの前身にあたる。途上国の生活向上を目指し、極度の貧困人口の半減などの目標を達成した。
☐ バックキャスティング	まず長期目標を想定し、そこに達するための行動計画を立てる方法。逆に現状から将来の行動計画を立てることを「フォアキャスティング」と言う。

第2章　地球を知る

2-03　水の循環と海洋の働き　→ P.44

☐ 生物ポンプ	表層で海水に溶け込んだCO_2は植物プランクトンの光合成に利用され、食物連鎖を通して海洋生物の体となり、その遺骸は海洋の中・深層部に運ばれ、大半は溶存無機炭素として蓄積される。この一連のプロセスを「生物ポンプによる海洋のCO_2貯蔵機能」と呼ぶ。
☐ 海洋の酸性化	大気中のCO_2濃度が高くなることで、それを吸収した海洋のアルカリ性が弱まること。植物プランクトンやサンゴなどへの悪影響や、海洋のCO_2吸収能力の低下などが指摘されている。

2-04　森林と土壌の働き　→ P.48

☐ 森林の面積	地球上の森林面積は約40億haで、陸地面積の約30%であるが、人の活動により2010〜2020年の間に毎年約470万haの森林が減少した。日本は国土の66%を森林が占める森林大国。

付録

キーワード	内容
☐ 緑のダム	森林には、樹木と土壌が一体となって雨水の貯留や流出を調整する「水源涵養機能」がある。この働きが洪水の防止などにも繋がるため、森林は緑のダムとも呼ばれる。
☐ 熱帯多雨林	アマゾン川流域やアフリカ等に見られる高温多雨の森林。生物多様性に富むため「生物資源、遺伝子資源の宝庫」、活発な光合成により大量の酸素を供給していることから「**地球の肺**」と呼ばれている。
☐ マングローブ林	熱帯・亜熱帯地域において、河口部など淡水と海水が入り混じる所に生育する森林。森林と海の両方の生態系が共存し、生物多様性に富むほか、高潮に対する防災能力もある。

2-05　生物を育む生態系　→ P.50

☐ 生産者	光合成で自ら栄養分を作る生物。
☐ 消費者	他の生物から栄養分を得る生物。動物および分解者が該当。
☐ 食物連鎖	生物同士の「食べる～食べられる」の連続した捕食被食関係。
☐ 生態系ピラミッド	食物連鎖における生産者を下部、消費者をその上、消費者を食う二次消費者をさらに上に配置した図。個体数や生物量、生物生産力など様々な指標を表すことができるが、いずれも生産者が多く上位の消費者ほど少なくなるためピラミッド型になる。
☐ 生物濃縮	食物連鎖の段階を経るごとに生物の体内で汚染物質の蓄積量が増加すること。水俣病は生物濃縮により有機水銀が蓄積し発生した。

2-06　人口と経済の動向　→ P.52

☐ 世界の人口	世界人口は増加を続けており環境負荷を増やしている。2058年に100億人に達し、2080年代に104億人でピークに達する見込み。

2-08　地球環境と資源　→ P.56

☐ 都市鉱山	貴金属やレアメタルなどの有用な資源を含む廃棄家電製品を鉱山に例えた言葉。これらの金属を回収するため小型家電リサイクル法が施行された。
☐ デカップリング	経済成長と環境負荷を切り離すこと、つまり経済成長しつつ環境負荷は増やさないことを指す。

2-09　貧困、格差、生活の質　→ P.58

☐ 地産地消	地域の産品をその地域で食べること。輸送による環境負荷が減少する。

キーワード	内容
☐ 旬産旬消	旬の食材を旬の時期に食べること。農業生産に掛かるエネルギーが減少する。

第3章　環境問題を知る

3-01　地球温暖化の科学的側面　→P.62

☐ 地球温暖化	大気中の温室効果ガスの濃度が高くなることにより、地球表面付近の温度が上昇すること。
☐ 温室効果ガス（GHG）	地球から放射される赤外線の一部を吸収し、熱として蓄積・放出して地球に温室効果をもたらす気体。二酸化炭素、メタンなど。地球は温室効果で平均気温15℃になっているが、GHGが全くないと－18℃になる。
☐ 二酸化炭素（CO_2）	大気中の濃度や排出量が多く、地球温暖化への影響が最も大きい温室効果ガス。
☐ 地球温暖化係数（GWP）	GHGが温暖化に影響する度合いをCO_2を1として表したもの。同じ重量で比べると、フロン類はCO_2の数千～数万倍に達する。
☐ IPCC（気候変動に関する政府間パネル）	気候変動に関する科学的な情報を整理・分析し、政策決定者等に情報提供を行う国連の組織。数年ごとに評価報告書を公表しており、最新の**第6次評価報告書**では人間の影響が大気、海洋及び陸域を温暖化させてきたことは疑う余地がないとしている。

3-02　地球温暖化対策―緩和策と適応策　→P.66

☐ 緩和策	温室効果ガスの排出を削減したり、温室効果ガスの吸収を促進したりして、地球温暖化の進行を抑制する対策。
☐ 適応策	地球温暖化や気候変動により発生する被害を軽減する対策。

3-03 地球温暖化問題への国際的な取り組み　→P.70

☐ 気候変動枠組条約（UNFCCC）	地球温暖化対策に取り組む国際社会の枠組を規定する条約。1992年採択、1994年発効。締約国にGHG排出削減・適応の計画策定・実施などを義務付け。
☐ グラスゴー気候合意	2021年のCOP26の成果文書。気温上昇を1.5℃に抑える目標を明記したほか、石炭火力発電所の段階的削減を行うことが盛り込まれた。
☐ パリ協定	2016年に発効した、2020年以降の温暖化対策の国際的枠組み。産業革命前からの気温上昇を2℃より十分低く保つとともに、1.5℃に抑えるよう努力すると目標を設定。京都議定書と異なりすべての国が参加するが、削減目標は各国が自ら設定する。

付録

キーワード	内容
☐ ギガトンギャップ	各国のGHG削減目標の合計と、2℃目標を達成するために必要な排出削減量との間に、60～110億トン（6～11ギガトン）－CO_2の不足があること。

3-04　我が国における地球温暖化対策（国）　→P.76

☐ 日本の部門別温室効果ガス排出状況	2013年以降、産業・運輸・業務その他・家庭・エネルギー転換のすべての部門で減少傾向。

3-05　我が国における地球温暖化対策（自治体、民間）　→P.80

☐ カーボンニュートラル	温室効果ガスの排出が実質ゼロであること。GHGの排出を極力減らし、更に大気中のCO_2を除去する、植物が固定した炭素を炭化し地中に蓄えるなどの対策が検討されている。

3-06　エネルギーと環境の関わり　→P.84

☐ 一次エネルギー	自然から直接得られるエネルギー源。化石燃料（石炭、石油、天然ガスなど）、核燃料、自然エネルギー（水力、地熱、バイオマス、太陽、風力など）。
☐ 二次エネルギー	一次エネルギーを利用しやすいように「エネルギー転換」して得られるエネルギー源。電力、ガソリン、灯油、都市ガスなど。

3-08　日本のエネルギー政策の経緯　→P.90

☐ 3E+S	日本のエネルギー政策の基本。かつては「**経済効率性の向上（Economic efficiency）**」「**安定供給の確保（Energy security）**」の「2つのE」とされていたが、'90年代以降「**環境適合性（Environment）**」が、原発事故以降「**安全性（Safety）**」が加えられた。
☐ 固定価格買取制度（FIT）	再生可能エネルギー（太陽光、風力、水力、地熱、バイオマス）を用いて発電された電気を、国が定める期間、国が定める価格で電力会社に買取りを義務付けている制度。
☐ 機器・建材トップランナー制度	メーカーなどに対して、現存する最も効率の良い製品を基準に設定した省エネ基準（トップランナー基準）を目標年に達成することを義務付ける制度。自動車、エアコン、テレビ、電気冷蔵庫など32の機器・製品が対象。

3-09　エネルギー供給源の種類と特性　→P.94

☐ シェールオイル・シェールガス	頁岩層（シェール層）に含まれる石油や天然ガス。北米で生産量が急増しているが、採掘時には化学物質を含む大量の水を地下に送り込むため、水質汚濁の原因となるおそれがある。

キーワード	内容
3-10　再生可能エネルギー　→P.96	
☐ 再生可能エネルギー	**自然環境の中で繰り返し補給されるエネルギー。**太陽光、風力、波力・潮力、流水・潮汐、地熱、温度差熱利用、雪氷熱利用、バイオマスなど。長所：①枯渇しない②自給できる③CO₂を排出しない。短所：①高コスト②変動する③広い面積が必要。
☐ 分散型エネルギーシステム	大規模な発電所で発電し送電するのではなく、地域ごとにエネルギーを作り地域内で使用するシステム。再生可能エネルギーと相性が良い。
☐ 太陽光発電	太陽光を電力に変換する発電システム。導入量1位は中国。
☐ メガソーラー	1,000kW以上の大規模太陽光発電所を指す。
☐ ウインドファーム	風力発電用風車を集中的に設置した大規模な風力発電所。
☐ バイオマスエネルギー	化石燃料を除く動植物に由来する有機物のうち、エネルギー源として利用できるもの。バイオマスエネルギーはその植物の成長時に光合成で取り込んだ炭素を排出するので、カーボン・ニュートラルな再生可能エネルギーとして扱われる。
☐ バイオ燃料	再生可能な動植物に由来する燃料。自動車の燃料にできる**バイオエタノール**や**バイオディーゼル**などがある。
☐ 地熱発電	地中のマグマの熱による発電。枯渇せず安定した発電が可能だが、立地が国立公園や温泉地域と重なりやすい等の課題がある。
3-11　省エネルギー対策と技術　→P.100	
☐ ヒートポンプ	気体を圧縮すると温度が上昇し、膨張すると温度が下がる原理を利用して熱を移動させる技術。消費電力の約3倍以上の熱エネルギーを生み出すことができる。エアコンや冷蔵庫などに使用。
☐ 燃料電池	水素と空気中の酸素を電気化学反応させることで発電する装置。反応時に発生する熱を温水として利用できるコージェネレーションシステムであり、エネルギー効率が良い。
☐ コージェネレーション	発電を行う際に発生する排熱で温水や蒸気をつくり、給湯や冷暖房などに使用するシステム。
☐ インバーター	電気をいったん直流に変え、その後周波数の異なる交流に変える装置。周波数を変えることでモーターの回転数を細かく制御し消費電力を抑える。エアコン、冷蔵庫、洗濯機など多くの家電製品に使用されている。
☐ 複層ガラス	複数枚のガラスの間にガスや真空の層を設け、断熱性能を高めたガラス。

付
録

キーワード	内容
☐ スマートグリッド	スマートメーターなど、通信・制御機能を活用して送電の調整や時間帯別の多様な電力契約を可能とした電力網。エネルギー受給を管理し効率よく電力を利用できる。地域単位で導入したものをスマートコミュニティと呼ぶ。

3-12　生物多様性の重要性　→P.102

キーワード	内容
☐ 生物多様性	すべての生物の間に違いがあること。**生態系の多様性、種の多様性、遺伝子の多様性**の3つがある。
☐ ①生態系の多様性	いろいろな生態系が、地域・環境に応じて形成されていること。
☐ ②種の多様性	様々な種の動物・植物・菌類・バクテリアなどが生息・生育していること。
☐ ③遺伝子の多様性	同じ種でも遺伝子レベルで個体や個体群の間に違いがあること。
☐ 生物多様性基本法	生物多様性の保全及び持続可能な利用について基本原則を定めている法律。政府による「生物多様性国家戦略」の策定を義務づけし、地方自治体による「生物多様性地域戦略」の策定を促している。
☐ 生態系サービス	生態系から得られる恵みのこと。ミレニアム生態系評価は以下の4つに分類している。
☐ ①供給サービス	食料、水、木材、繊維、燃料、医薬品原料などの提供。
☐ ②調整サービス	気候調整、自然災害の防止や被害の軽減、疾病制御、水の浄化など。
☐ ③文化的サービス	審美的価値、精神的・宗教的な価値、レクリエーションの場の提供など。
☐ ④基盤サービス	栄養塩の循環、土壌形成、光合成による酸素供給など。
☐ ミレニアム生態系評価（MA）	国連の主唱によりUNEPを事務局として2001年から2005年にかけて実施された地球規模の生態系に関する総合的評価。2005年、人間活動が原因となった生態系の衰退、生態系サービスの劣化を指摘。
☐ バイオミメティクス（生物模倣）	生物の機能を模倣することで新しい技術を生み出すこと。カワセミのクチバシを真似た先端構造により騒音を軽減した新幹線500系など。

3-13　生物多様性の危機　→P.104

キーワード	内容
☐ レッドリスト	国際自然保護連合（IUCN）が作成している、絶滅のおそれがある野生動植物種のリスト。環境省も国内版を公表している。
☐ 種の宝庫	熱帯林のこと。

キーワード	内容
☐ 生物多様性の4つの危機	日本の生物多様性が直面する危機。第1の危機：人間活動や開発による危機、第2の危機：自然に対する働きかけの縮小による危機、第3の危機：人間により持ち込まれたものによる危機、第4の危機：地球環境の変化による危機。
☐ 自然環境保全基礎調査	植生や野生動物の分布など、国土全体の自然環境の状況についての調査。**緑の国勢調査**とも呼ばれる。
☐ 白化現象	サンゴの体内の褐虫藻が水中に抜け出しサンゴが白くなる現象。白化したサンゴは褐虫藻から栄養が取れなくなって弱り、死んでしまう。水温が高すぎると発生する。

3-14　生物多様性に対する国際的な取り組み　→ P.106

キーワード	内容
☐ ラムサール条約	水鳥の生息地である湿地とそこに生息・生育する動植物の保全、およびそのワイズユース（賢明な利用）が目的。日本では釧路湿原、琵琶湖などが条約湿地として登録。2021年に出水ツルの越冬地が追加され全53箇所となった。
☐ ワシントン条約	絶滅の危機にある野性生物の国際取引を規制する条約。生物およびそのはく製や皮革製品などの国際取引を規制。
☐ 世界遺産	UNESCOが指定している、人類にとって普遍的な価値を持つ自然・文化遺産。国内では「屋久島」「白神山地」「知床」「小笠原諸島」「奄美大島・徳之島・沖縄島北部及び西表島」の5つの自然遺産と、富士山など20の文化遺産がある。
☐ 生物多様性条約	1992年の国連環境計画（UNEP）で採択。生物多様性の包括的な保全とその持続可能な利用、遺伝資源の利用から生ずる利益の公正で衡平な配分を目的としている。
☐ カルタヘナ議定書	2000年、コロンビアのカルタヘナで採択、2003年に発効。遺伝子組み換え等のバイオテクノロジーで改変された生物（LMO）の国境を越える移動に関する手続などを定めた国際的な枠組。国内では本議定書の円滑な実施のため**カルタヘナ法**が施行された。
☐ 生物多様性条約 第10回締約国会議 （COP10）	名古屋市で開催。生物多様性戦略計画2011-2020が採択、愛知目標が合意され、SATOYAMAイニシアティブが提唱された。
☐ 生物多様性戦略計画 2011-2020	国際社会がとるべき生物多様性に関する道筋。2050年までの中長期目標（ビジョン）と、2020年までの短期目標（ミッション）からなる。

付録

キーワード	内容
☐ 愛知目標	戦略計画2011-2020達成のための具体的な20の個別目標。
☐ 生物圏保存地域（ユネスコエコパーク）	生態系の保全と持続可能な利活用の調和（自然と人間社会の共生）を目的として、ユネスコが行っている事業。国内には2019年登録の甲武信など10地域がある。
☐ ユネスコ世界ジオパーク	国際的重要性をもつ地質学的遺産を有し、地域社会の持続可能な発展に活用している地域を、ユネスコの支援をうける「世界ジオパークネットワーク（GGN）」が認定。日本では、洞爺湖有珠山、アポイ岳、糸魚川、山陰海岸、島原半島、室戸、隠岐、阿蘇など9地区が認定。
☐ SATOYAMAイニシアティブ	人の手により維持管理されてきた里山のような環境を保全し、人間と自然の持続可能な関係の再構築を目指す試み。環境省と国連大学高等研究所が推進。

3-16　国内の生物多様性の取り組み　→P.112

キーワード	内容
☐ 30by30目標	日本を含むG7各国は、2030年までに陸地及び海洋の少なくとも30%を保全または保護するとの目標。2021年のG7サミットで合意。
☐ 自然環境保全法	自然環境の保全に関する基本的事項を定めた法律。自然環境の保全と生物多様性の確保のために**自然環境保全地域**を指定。ほとんど人の活動の影響を受けることなく原生の状態を維持している地域は**原生自然環境保全地域**に指定。
☐ 自然公園	優れた自然の風景地として**自然公園法**に基づいて指定される地域。環境大臣が指定する国立公園・国定公園、都道府県知事が指定する都道府県立自然公園がある。2021年、新たに「厚岸霧多布昆布森国定公園」を指定。
☐ 種の保存法	絶滅のおそれがある野生動植物種の保存を図る。コウノトリ、トキ、イリオモテヤマネコなどの**国内希少野生動植物の捕獲・販売・譲渡を禁止**。
☐ 生態系ネットワーク（緑の回廊）	**分断された野生生物の生息地を森林や緑地、開水面などで連絡することで**、生物の生息空間を広げ多様性の保全を図ろうとするもの。エコロジカル・ネットワークとも。
☐ ビオトープ	生態系が保たれている生息空間。自然の森林・湖沼などの大きなものから、ビル屋上に憩いの場として作られた小さなものまである。

キーワード	内容
☐ 外来生物法	生態系などに被害を及ぼす外来生物を特定外来生物として指定し、その飼養、栽培、保管、運搬、輸入を規制。
☐ エコツーリズム	自然環境や歴史文化を対象とし、それらを体験し、学ぶとともに、対象となる地域の自然環境や歴史文化の保全に責任を持つ観光のあり方。農村や里山で休暇を過ごす**グリーンツーリズム**など。

3-17　自然共生社会へ向けた取り組み　→P.116

キーワード	内容
☐ 里地里山	集落とそれらを取り巻く二次林と人工林、それらと混在する農地、ため池、草原などで構成される地域。農作業などの人間の働きかけによって独自の環境と生物多様性が形成・維持されてきた。
☐ 鳥獣被害	里山の荒廃などにより、鳥獣による農作物への被害が増加している。シカ・サル・イノシシの害が深刻。
☐ ジビエ	食材として狩猟で捕獲したシカやイノシシなどの野生鳥獣。有害鳥獣をプラスの存在に変える取り組みとして注目されている。

3-18　オゾン層保護とフロン排出抑制　→P.118

キーワード	内容
☐ オゾン層	**成層圏**（地上数10〜50km）に存在するオゾンの層。太陽光に含まれる、人間や動植物に有害な紫外線を吸収し、地球上の生物を守る。
☐ オゾンホール	オゾン層が破壊され穴（ホール）が生じること。1970年代終わり頃から観測されはじめた。主に南極に生じるが、北極圏でも観測されている。
☐ フロン	**オゾン層破壊の原因物質**。冷蔵庫やエアコンの冷媒、発泡剤などに使用。日本ではオゾン層破壊性の大きい特定フロン（CFC）の生産を1996年以降全廃。
☐ モントリオール議定書	ウィーン条約に基づき、**オゾン層破壊物質の具体的な全廃スケジュールを制定**。先進国は特定フロンの生産を1996年までに全廃など。

3-19　水資源や海洋環境に関する問題　→P.120

キーワード	内容
☐ バーチャルウォーター	食料や工業製品を輸入している国において、もしその**輸入品を仮に自国で生産した場合、どの程度の水が必要かを推定した水の量**。
☐ 海洋プラスチックごみ	1.5億トンのプラスチックが海中に漂流しているとされ、生態系・漁業・観光などに悪影響を引き起こしている。水中で細かい粒子になったものをマイクロプラスチックといい、有害な化学物質を吸着することから食物連鎖を通じた人間への影響が懸念されている。

付録

キーワード	内容
3-20　酸性雨などの長距離越境大気汚染問題　→ P.124	
☐ 酸性雨	工場や自動車排ガスなどに含まれる硫黄酸化物（SO_x）や窒素酸化物（NO_x）は、大気中で硫酸や硝酸に化学変化し、雨・雪に溶け込んだり、塵となって地表に降る。これらを総称して酸性雨という。
☐ 黄砂	中国大陸内部のタクラマカン・ゴビ砂漠や黄土地帯から強風により大気中に舞い上がった土壌の微粒子が飛来する現象。日本でも春に観測されることが多い。
☐ 東アジア酸性雨モニタリングネットワーク（EANET）	1998年、東アジアの酸性雨による環境影響を防止するために日本の提唱により設立されたネットワーク。13か国が参加している。
3-21　急速に進む森林破壊　→ P.126	
☐ 非伝統的な焼畑耕作	伝統的な焼畑耕作は数年間作付けした後に別の場所に移動し植生を回復させるが、これを十分に行わない焼畑耕作を指す。森林破壊の原因となる。
☐ 森林認証	持続可能な森林経営が行われている森林を第三者機関が認証し、その森林からの産出品を分別・表示管理することにより、消費者の選択的な購入を促す仕組み。国際制度に「**FSC森林認証**」、日本出身の制度に「**SGEC森林認証**」がある。
3-22　土壌・土地の劣化、砂漠化とその対策　→ P.128	
☐ 持続可能でない農業	収穫と収穫との間で土地を休ませない過剰耕作や、排水不足灌漑による土地の塩害など。土壌の劣化、砂漠化の原因となる。
☐ 国連砂漠化対処条約（UNCCD）	アフリカなど深刻な干ばつや砂漠化に直面する国や地域の持続可能な開発を支援することが目的。
☐ サヘルの干ばつ	1960〜70年代に、サハラ砂漠南側の地域（サヘル）で発生した大干ばつ。多数の餓死者や難民を出し、砂漠化に対する国際的な取り組みが行われるきっかけとなった。
3-23　循環型社会を目指して　→ P.130	
☐ 3R	廃棄物・リサイクル対策の優先順位。**廃棄物発生抑制（Reduce：リデュース）→再利用（Reuse：リユース）→再生利用（Recycle：リサイクル）**
☐ 循環型社会形成推進基本法	循環型社会構築を推進する法律。リデュース→リユース→**マテリアルリサイクル**（原料としての再生利用）→**サーマルリサイクル**（熱回収）→適正処分の順に優先すべきとしている。

キーワード	内容
☐ 物質フロー	ものの流れ。日本では年間15億トンの資源が投入され、5.5億トンの廃棄物が生じているが、その4割の2.4億トンが循環利用されている。
☐ 拡大生産者責任	生産者が、その生産した製品が使用され、廃棄された後においても、当該製品の適切なリユース・リサイクルや処分に一定の責任を負うという考え方。例：リサイクルや処分がしやすいように製品設計や材質を工夫する。製品が廃棄物となった後生産者が引き取りリサイクルを行う。
☐ 資源生産性	資源をいかに効率的に使用しているかを表す指標。国内総生産/天然資源等投入量。
☐ サーキュラーエコノミー	従来の一方通行型の経済社会活動と異なる、持続可能な形で資源を利用する経済活動。3Rに加え、資源の回収・再利用を前提とした原材料調達や製品・サービス設計を行い、廃棄物や汚染物を発生させないことを目指す。

3-24　廃棄物処理に関する国際的な問題　→P.134

キーワード	内容
☐ バーゼル条約	**有害廃棄物の越境移動を規制する条約。**有害廃棄物の輸出時には相手国へ事前通告し同意を得ること、不適切な輸出や処分行為が行われた場合の再輸入の義務などが規定されている。
☐ E-waste	電気・電子機器の廃棄物。途上国へ輸出され、不適切な処理が行われた結果、健康被害や環境汚染が発生している。

3-25　廃棄物処理に関する国内の問題　→P.136

キーワード	内容
☐ 産業廃棄物	**事業活動に伴って生じた廃棄物のうち、法令で定められた20種類**のもの、および輸入された廃棄物。廃棄物の大半を占める。事業者は自ら処理するか、専門業者や地方自治体に委託して適切に処理しなければならない。
☐ 一般廃棄物	産業廃棄物以外の廃棄物を指し、し尿、家庭から発生する家庭系ごみのほか、オフィスや飲食店から発生する事業系ごみも含む。市町村が収集・処理。
☐ 産業廃棄物管理票（マニフェスト）	産業廃棄物の処理が適正に行われたことを確認するための管理票。産業廃棄物を排出する事業者が、産業廃棄物の収集・運搬及び処分を処理業者に委託する場合、委託業者に渡し、処理完了後に委託業者からマニフェストの写しを受取る。

付録

キーワード	内容

3-26　そのほかの廃棄物の問題　→P.140

キーワード	内容
☐ ポリ塩化ビフェニル（PCB）	トランス、コンデンサーなどの電気機器などに広く使用されていた物質。発ガン性などがあり、**カネミ油症事件**の原因となった。1972年以降製造は行われていない。
☐ PCB特措法	PCBを含む廃棄物を適切に保管し、2027年3月までに適切に処理することを定めている。
☐ 不法投棄	ピーク時の2000年頃と比べ長期的には減少傾向であるが、毎年新たな不法投棄が発見されている。主に建設系廃棄物の不法投棄が多い。
☐ 豊島不法投棄事案	香川県の豊島に大量の産業廃棄物が搬入され放置された大規模不法投棄事案。廃棄物の処理は国庫補助や地方債を財源として香川県により行われた。

3-27　リサイクル制度　→P.142

キーワード	内容
☐ 容器包装リサイクル法	缶・ビン・プラスチックなどの容器包装廃棄物について、消費者は分別排出し、市町村は分別収集してリサイクル業者へ引渡し、事業者は再商品化（リサイクル）するという三者の役割分担を定めた法律。
☐ プラスチック資源循環法	プラスチック使用製品の廃棄物発生の抑制や、家庭・事業所から排出されるプラスチック資源の回収・リサイクルを促進する法律。
☐ 家電リサイクル法	**エアコン、テレビ（ブラウン管・液晶・プラズマ）、電気冷蔵庫・冷凍庫、電気洗濯機・衣類乾燥機の4品目**について、消費者には家電店への引き渡しと再商品化までの料金負担（後払い）、製造・輸入業者には一定水準以上の再商品化を義務付けた法律。
☐ 小型家電リサイクル法	家電リサイクル法の対象外となる小型家電の収集とリサイクルを推進する法律。市町村が分別回収した使用済み小型家電を、民間事業者が引き取りリサイクル事業を実施。
☐ 自動車リサイクル法	廃自動車からシュレッダーダスト、フロン類、エアバッグを回収しリサイクルすることを自動車製造業者等に求める法律。その費用は自動車を購入した際に消費者が支払う（先払い）預託金から賄われる。

3-28　地域環境問題　→P.144

キーワード	内容
☐ 典型7公害	環境基本法で定義されている、**大気汚染、水質汚濁、土壌汚染、騒音、振動、地盤沈下、悪臭**の7つの公害。

キーワード	内容
3-29　大気汚染の原因とメカニズム　→P.146	
☐ ロンドンスモッグ事件	1952年ロンドンで発生した史上最悪規模の大気汚染。石炭やディーゼル油の燃焼に伴い生じた亜硫酸ガスが霧に混じってスモッグとなり、気管支炎などにより4000人以上が死亡した。
☐ 硫黄酸化物（SO_x）	石油や石炭などの化石燃料中の硫黄分が燃焼中に空気中の酸素と結合して発生。四日市ぜんそく、酸性雨の原因。**浮遊粒子状物質（SPM）や微小粒子状物質（PM2.5）**を生成する。
☐ 窒素酸化物（NO_x）	燃料の燃焼中に、燃料中や空気中の窒素が空気中の酸素と結合して発生。呼吸器疾患や酸性雨、粒子状物質、光化学オキシダントの原因となる。
☐ 揮発性有機化合物（VOC）	常温常圧で大気中に容易に揮発する有機化合物（トルエン、キシレンなど多種多様な物質）の総称。塗料やインクの溶剤などに含まれる。SPMやO_x、シックハウス症候群の原因物質となる。
☐ 光化学オキシダント（O_x）	窒素酸化物（NO_x）や**揮発性有機化合物（VOC）**が紫外線を受けて生成される物質。目の痛み、吐き気、頭痛などを引き起こす。高濃度のO_xが大気中に漂う現象を**光化学スモッグ**という。
☐ 浮遊粒子状物質（SPM）	粒子状物質（PM）のうち、粒子の直径が$10\mu m$以下のものをいう。工場などからのばいじんや粉じん、ディーゼル車排ガス中の黒煙などが発生源。呼吸器に悪影響。
☐ PM2.5	SPMのうち粒径が$2.5\mu m$以下のもの。中国からの飛来が問題に。
☐ アスベスト（石綿）	かつて防音・断熱材として使用されていた物質。じん肺、肺ガンなどの原因となることが指摘され、2006年から製造・輸入・使用が全面禁止となった。
3-31　水質汚濁の原因とメカニズム　→P.150	
☐ 赤潮	プランクトンの異常繁殖により海水が赤色などに変色する現象。
☐ 閉鎖性水域	内湾、内海、湖沼など水の出入りが少ない水域。水質汚濁が進みやすい。
☐ 富栄養化	生活排水や産業排水の流入により水中の栄養塩類が過剰となり、藻類やプランクトンが過剰に増殖しやすい状態となる水質汚濁。赤潮やアオコなどの原因となる。
☐ 水質汚濁の環境基準	以下の2種類がある。

付録

キーワード	内容
☐ ①健康項目	カドミウム、鉛といった重金属類など。ほとんどの地域で達成されている。
☐ ②生活環境項目	BOD、CODなど。湖沼の達成度が低調で課題となっている。
☐ BOD	**生物化学的酸素要求量**（Bio Chemical Oxygen Demand）。水中の有機物系汚濁物質を分解するために、微生物が必要とする酸素の量。主に河川の汚濁指標。
☐ COD	**化学的酸素要求量**（Chemical Oxygen Demand）。水中の有機物系汚濁物質を化学的に酸化するために必要とする酸素の量。主に海域や湖沼の汚濁指標。
☐ 硝酸性窒素・亜硝酸性窒素	肥料、家畜ふん尿や生活排水に含まれるアンモニウムが酸化されたもので、地下水を汚染し富栄養化の原因となる。

3-32　水環境保全に関する施策　→P.152

☐ 活性汚泥法	家庭排水やし尿処理施設からの排水のように、有機汚濁物質を多く含む排水の処理方法。排水に空気を吹き込み、人工的に培養した好気性微生物群（活性汚泥）を繁殖させた後、沈殿した微生物と水の混合物（汚泥）を除去する。

3-33　土壌環境・地盤環境　→P.154

☐ 土壌汚染の特徴	移動性が低く拡散・希釈されにくいため、一度発生した汚染は自然浄化されず、長期に渡り継続する。
☐ 地盤沈下	地面が徐々に沈んでいく現象。高度経済成長期に地下水の過剰な採取が行われ多発したが、地下水採取の規制が行われ現在ではほぼ沈静化した。

3-34　騒音・振動・悪臭　→P.156

☐ 騒音	騒がしく不快な音。環境基本法の**環境基準**や**騒音規制法**による許容限度が定められている。苦情件数は横ばい。
☐ 低周波音	人の耳には感知しにくい低い周波数（0.1Hz〜100Hz）の空気振動のこと。現在、法的な規制基準はない。圧迫感などの心理的影響、睡眠障害、建具のガタつきなどを起こすことがある。
☐ 振動	家屋などを振動させ物的被害を引き起こしたり、精神的ストレスや健康被害を与える。苦情件数は横ばい。

キーワード	内容
☐ 悪臭	不快な臭い。野外焼却が禁止されたため、悪臭に関する苦情件数は減少傾向にある。
☐ 感覚公害	騒音、振動、悪臭といった人の感覚を刺激して不快感を与える公害。

3-35　都市と環境問題　→P.158

☐ 都市型洪水	都市特有の洪水。コンクリートやアスファルトに覆われた地面では土壌の貯水・遊水機能が働かないため、降った雨が一気に低所へと流れこみ洪水となりやすい。
☐ 光害 （ひかりがい）	屋外照明の増加により生じる、まぶしさなどの不快感、信号などの認知力の低下、農作物や動植物への悪影響などを指す。
☐ コンパクトシティ	都市の中心から日常生活の中心まで段階的にセンターを配置することで、都市を無秩序に拡大させず、公共交通機関や徒歩で暮らせるようにしたコンパクトな都市計画や街づくりの概念を指す。自動車交通量が減り、排気ガスやエネルギー消費が削減される。
☐ エコまち法（都市の低炭素化の促進に関する法律）	市町村による低炭素まちづくり計画の作成や特別の措置、低炭素建築物の普及などの取り組みを推進する法律。

3-36　交通と環境問題　→P.160

☐ モーダルシフト	輸送手段を自動車（トラック）から鉄道・船舶へ、マイカー移動をバス・鉄道へ切り替えることで、環境負荷を削減する手法。
☐ エコドライブ	アイドリングストップ、ふんわりアクセルなど、環境負荷の少ない運転方法。
☐ カーシェアリング	自動車を複数の会員で共同利用するサービス。利用者は必要な時だけ自動車を借りて使用する。

3-37　ヒートアイランド現象　→P.162

☐ ヒートアイランド現象	都市中心部の気温が郊外に比べて高くなる現象。建物や自動車などの人工排熱の増加、地表がアスファルト等で覆われる地表面被覆の人工化、建物の密集による都市形態の高密度化が原因となる。
☐ 地下水涵養	雨水や河川の水が地中に浸透し地下水が供給されること。都市型洪水防止やヒートアイランド防止に効果がある。コンクリート等に地表が覆われると地下水涵養が阻害される。

付録

キーワード	内容
☐ 緑のカーテン	ゴーヤやアサガオなどのつる植物を窓の外や壁面に張ったネットなどに這わせ覆う仕組み。室内温度上昇の抑制などの効果が見込める。
☐ クールスポット	水辺、川べり、公園、緑地など涼しく (クール) 過ごせる空間や場所 (スポット) のこと。樹木による太陽光の遮断、風通しの確保、ミスト噴霧、噴水の設置など、様々な方法で作り出せる。

3-38 化学物質のリスクとリスク評価 →P.164

☐ 沈黙の春	化学物質による環境汚染を世界的に知らしめるきっかけとなり、環境保護運動の原点の1つと言われる本。1962年レイチェル・カーソン著。
☐ シックハウス症候群	ホルムアルデヒドやトルエンなどのVOCによる室内の空気汚染によって発生する健康障害。目・喉の痛みや違和感、アトピー性皮膚炎や喘息に似た症状などが出る。
☐ 環境リスク	環境に放出された化学物質が人や生態系に悪影響をおよぼす可能性。**有害性 (悪影響をおよぼす性質) ×曝露量 (化学物質を取り込んだ量)**。

3-39 化学物質のリスク管理・コミュニケーション →P.166

☐ 水銀に関する水俣条約	水銀による人や生態系への悪影響を防止するため、水銀の算出・使用・環境への排出・廃棄に至るまでのライフサイクル全般にわたって包括的な規制を策定する初めての条約。日本も2016年署名。
☐ ダイオキシン類	ごみ焼却炉・金属精錬・タバコの煙・自動車排ガスなどから発生する化学物質。強い毒性・発ガン性を持ち、奇形や生殖異常などを引き起こす上、自然界で分解されにくい。
☐ 化審法	化学物質の性状を審査し、そのリスクに応じて製造・輸入・使用などに必要な規制を行う法律。
☐ 化管法	**PRTR制度**ならびに**SDS**の提供に関する措置を定め、化学物質の管理を促進する法律。
☐ PRTR制度	人の健康や生態系に有害なおそれがある化学物質について、環境中への排出量および廃棄物に含まれての事業所外への移動量を事業者が自ら把握して国に報告。国はこれら報告と統計に基づき排出量・移動量を集計・公表する制度。

キーワード	内容
☐ SDS（安全データシート）	Safety Data Sheetの略。個々の化学物質について、安全性や毒性に関するデータ、取扱い方、救急措置などの情報を記載したもの。化学物質を含む製品を出荷する際、出荷元が出荷先に交付する。
☐ リスクコミュニケーション	リスクに関する情報を地域を構成する関係者で共有し、コミュニケーションを通じてリスク低減を図る取り組み。化学物質に関するリスクコミュニケーションの例として、工場見学や住民説明会がある。

3-40　東日本大震災と福島第一原発事故　→ P.168

☐ 福島第一原発事故	地震と津波で全電源を喪失して原子炉が冷却できなくなり、運転中の3つの原子炉の炉心が溶融（メルトダウン）した。事故後断続的に放射性物質の環境への放出が続いた。国際原子力事象評価尺度（INES）は最大の「7 深刻な事故」。
☐ 内部被ばく	農水産物に移行した放射性物質により、食物を経由して体内から被ばくすること。
☐ 中間貯蔵施設	福島県内で除染により生じた放射性物質を含む土壌や廃棄物を一時的に保管する施設。搬入後30年以内の県外処分を予定している。

3-41　災害廃棄物と放射性廃棄物　→ P.170

☐ 地層処分	高レベル放射性廃棄物を特殊な容器に入れ、地下数百mに埋設する処分法。国内では処分場の建設場所は決まっていない。

第4章　持続可能な社会に向けたアプローチ

4-01　「持続可能な日本社会」の実現に向けた行動計画　→ P.174

☐ 環境基本法	地球サミット直後の1993年制定。環境保全についての基本理念を示し、事業者等の責務を明確にし、環境政策の枠組みを示す法律。
☐ 環境基本法の基本理念	①環境の恵沢の享受と継承（第3条）②環境への負荷の少ない持続的発展が可能な社会の構築（第4条）③国際的協調による地球環境保全の積極的推進（第5条）
☐ 環境基本計画	環境基本法に基づき政府が定める、環境の保全に関する計画。「循環」「共生」「参加」「国際的取組」を長期的目標とする。

付録

キーワード	内容
☐ 第5次環境基本計画	2018年制定。SDGsやパリ協定を踏まえ、環境・経済・社会の統合的な向上をはかりながら持続可能な社会を目指す。地域循環共生圏の考え方を新たに提唱。

4-02　環境保全の取り組みにおける基本とすべき原則　→ P.176

キーワード	内容
☐ 未然防止原則	環境への悪影響は、発生してから対応するのではなく、未然に防止すべきである。
☐ 予防原則	「科学的に確実でない」ことを、環境保全上重大な事態が起こることを予防するための対策を妨げる理由にしてはならない。例えば、地球温暖化の影響について確実な予測はできていないが、生態系に致命的な影響を与える可能性がある以上、温暖化対策を積極的に行うべきである、など。

4-03　環境基準と環境保全手法　→ P.178

キーワード	内容
☐ 環境基準	人の健康を保護し、生活環境を保全する上で維持されることが望ましい環境上の条件を、政府が定めたもの。行政の目標であり、事業者などが達成すべき基準ではない。**典型7公害のうち、振動・悪臭・地盤沈下には環境基準がない。**
☐ 規制的手法	ある行為を義務付ける手法。違反者には罰則など。**行為規制、パフォーマンス規制、手続き規制の3つ**に分類できる。
☐ 経済的手法	環境負荷となる行為に経済的負担を求め、環境への負荷が少ない行為の負担を減らすことで、環境負荷が少ない行為に誘導。**経済的負担措置、経済的助成措置**の2つに分類できる。
☐ デポジット制度	製品を購入した際に代金に加えて預り金を徴収し、容器などを指定の場所に戻した際に預り金を変換する制度。容器を返還しリユース・リサイクルに協力することに経済的誘因を持たせる。
☐ エコマーク	生産から廃棄までのライフサイクル全体を通じて環境負荷が少なく、環境保全に役立つ製品を認証する環境ラベル。
☐ 地球温暖化対策税	すべての化石燃料に対し、CO_2排出量に応じた税負担を求めている環境税。

4-04　環境教育・環境学習　→ P.180

キーワード	内容
☐ 持続可能な開発のための教育（ESD）	人類が持続可能な開発を続けるための教育で、環境教育の発展形と言える。環境に加えて人権、平和、国際理解などの分野を内包し、地域によっては貧困撲滅、エイズ防止、紛争防止、識字なども含まれる。

キーワード	内容
4-05　環境アセスメント制度　→ P.181	
☐ 環境アセスメント	大規模な開発事業や公共事業を実施する前に環境への影響を事業者が調査・予測・評価し、自治体や住民の意見を参考にしつつ、事業の環境負荷を抑える仕組み。
☐ 環境影響評価法	道路、ダム、鉄道、飛行場、発電所、埋立・干拓などの13の事業と、港湾計画、交付金事業を「第一種事業」と定め、計画段階と実施段階の両方で環境アセスメントを行うことを義務付け。
☐ 戦略的環境アセスメント（SEA）	事業実施前の段階で行い、開発の計画あるいは政策を評価の対象とする環境アセスメント。開発の位置や規模などの大枠が決められてから行っていたこれまでの環境アセスメントと比べ、環境への影響をより未然に防ぐことができる。
4-06　国際社会の中の日本の役割　→ P.182	
☐ ODA（政府開発援助）	政府が開発途上国や国際機関に対して資金・技術援助をすること。日本の年間ODA額は世界第4位（2020）だが、環境を主目的としたODAの実績は世界第1位（2016〜2017）である。
4-07　エコロジカル・フットプリント　→ P.183	
☐ エコロジカル・フットプリント	人間活動の自然環境への依存の程度を示す指標で、ある集団が消費するすべての資源の生産と、排出するCO_2を吸収するために必要となる土地・海洋の総面積（単位：gha）で表す。
第5章　各主体の役割・活動	
5-01　各主体の役割・分担と参加　→ P.186	
☐ パブリックコメント制度	行政機関が政策の立案・決定する際に、あらかじめその案を公表して国民の意見を募り、政策に反映させる制度。
☐ 参加型会議	社会的問題について、問題の当事者や一般市民が一定のルールに基づいて対話し、合意点や多様な意見の構造を見出そうとする会議。
5-02　国際社会の取り組み　→ P.187	
☐ 国連環境計画（UNEP）	国連の補助機関。国連システム内の環境政策の調整、環境の状況の監視・報告を行う。定期的に「地球環境展望（GEO）」を発行。多数の環境条約・議定書の事務局機能を持つ。

付録

キーワード	内容

5-03 国・地方自治体による取り組み　→P.188

| ☐ 条例 | 地方自治体が制定する法規。住民や企業に義務付けや権利の制限、罰則を設けることができる。環境分野では条例を用いて国の法整備より早く地域の環境対策が行われることが多い。 |

5-04 企業の社会的責任（CSR）　→P.190

☐ CSR（企業の社会的責任）	Corporate Social Responsibility。企業も社会の一員であり、持続可能な社会の実現に向けて社会的責任を果たすべきとの考え。
☐ ステークホルダー	ある組織の利害と行動に直接的・間接的な利害関係を有する者。企業であれば、株主・投資家、消費者、取引先、従業員、地域社会などがステークホルダーに該当する。
☐ ISO26000	組織の社会的責任（SR）に関する国際規格。

5-05 環境マネジメントシステム（EMS）　→P.192

☐ 環境マネジメントシステム（EMS）	企業などの組織が環境を自ら継続的に改善するための仕組み。
☐ ISO14001	1996年にISOから発行された、環境マネジメントシステムの国際規格。
☐ エコアクション21	環境省が基準を策定した中小企業向けのEMS。環境報告書の発行を義務付けていることが特徴。
☐ PDCAサイクル（デミングサイクル）	計画（Plan）、実施および運用（Do）、点検（Check）、改善（Act）を繰り返し改善していくサイクル。

5-06 拡大するESG投資への対応　→P.194

| ☐ ESG投資 | 企業の収益性のみならず、環境・社会・企業統治の3要素で企業を評価し、長期的な持続可能性が高い企業に投資する投資行動。 |
| ☐ スコープ3 | ある事業者のサプライチェーン上で発生する、事業者自らの排出以外の温室効果ガス排出量。自社で生産した商品の原材料採取や加工、生産した製品の使用や廃棄の段階での排出などが該当する。 |

5-07 環境コミュニケーションとそのツール　→P.196

| ☐ 環境報告書 | 企業が、自らの事業に伴う環境への影響や、その影響を削減するための取り組み状況をまとめて公表する報告書。 |

キーワード	内容
☐ トリプルボトムライン	社会・国家・企業等が持続的に発展するためには、経済・環境・社会の3つの側面を総合的に高めていくことが必要という考え方。
☐ サスティナビリティ報告書／CSR報告書	環境面だけでなく、労働、安全衛生、社会貢献といった社会的取り組みについても記載した報告書。
☐ GRIガイドライン	サステナビリティ報告書を作るための国際的なガイドライン。
☐ ステークホルダー・ミーティング／ステークホルダー・ダイアログ	直接的な環境コミュニケーションの1つ。企業と関係をもつステークホルダーと対話する会。

5-08　製品の環境配慮　→ P.198

☐ ライフサイクルアセスメント（LCA）	製品ライフサイクルの各過程におけるインプットデータ（エネルギーや天然資源の投入量など）とアウトプットデータ（環境へ排出される環境負荷物質の量など）を科学的・定量的に収集・分析し、環境への影響を評価すること。
☐ カーボンフットプリント（CFP）	製品ライフサイクル全体を通じて排出された温室効果ガスをCO_2に換算して製品に表示し、消費者に対して製品の環境負荷を「見える化」する仕組み。
☐ カーボンオフセット	日常生活や企業活動で生ずる温室効果ガスの排出について、他の場所で温室効果ガス吸収・削減を行う、他者から温室効果ガス削減量（クレジット）を購入するなどの方法で埋め合わせる制度。

5-10　第一次産業と環境活動　→ P.202

☐ 6次産業化	第一次産業（農林漁業）・第二次産業（加工）・第三次産業（販売）が連携することで、地域の活性化や雇用創出などを目指す取り組み。
☐ コンポスト	生ごみなどを微生物の働きで分解し堆肥にする手法・技術、もしくは堆肥そのものを指す。

5-11　生活者／消費者としての市民　→ P.204

☐ 自助・公助・共助	自分や家族を守る「自助」、国や自治体が支援する「公助」に加え、近隣が助けあって地域を守る「共助」の重要性が再認識されている。
☐ グリーン購入	商品やサービスを選ぶ際、価格や性能だけではなく環境や社会へ影響にも配慮して購入すること。
☐ グリーンコンシューマー	グリーン購入を行う消費者。
☐ エシカル消費	エシカルとは「倫理的」「道徳上」の意味。環境や社会的公正に配慮し、倫理的に正しい消費やライフスタイルのこと。

付録

キーワード	内容
☐ フェアトレード	先進国と開発途上国との不公正な関係を改め、原料や製品を適正な価格で継続的に購入する公平・公正な貿易。
☐ 環境ラベル	製品やサービスの環境に関する影響を消費者に伝え、優先的な購入・利用をうながすためのラベル。
☐ フードマイレージ	生産地と消費地が遠いほど輸送にかかるエネルギーが増え、環境に負荷を与えるという考え方。**重さ×移動距離**で数値化して表す。
☐ トレーサビリティ	食品の生産者、生産地、生産方法、流通経路といった履歴を消費者などが確認できるようにすること。
☐ 食品ロス	本来食べられるのに食べずに破棄されてしまう食品。日本では国民1人あたり1日茶碗1杯に相当する食品ロスが発生している。

5-13　NPO の役割とソーシャルビジネス　→ P.209

☐ NPO	Non Profit Organization（非営利組織）。様々な社会的使命の達成を目的として設立された、団体の構成員への利益分配を目的としない民間団体のこと。
☐ ソーシャルビジネス	社会的課題の解決を目的とした事業。社会的課題を市場として捉え、事業として成立させる点でボランティアと異なる。

持続可能な開発目標（SDGs）17のゴール対応表

本書には、SDGsの17のゴールと関連している節が多くあります。節の内容と関係のあるSDGsのゴールに○印を付けて一覧表にまとめました。

持続可能な開発目標（SDGs）のゴール		1 貧困	2 飢餓	3 保健	4 教育	5 ジェンダー平等	6 水・衛生	7 エネルギー	8 経済成長	9 産業革新	10 不平等	11 まちづくり	12 生産と消費	13 気候変動	14 海洋資源	15 陸上資源	16 平和	17 実施手段
第2章	2-01 地球の基礎知識													○	○	○		
	2-02 大気の構成と働き													○				
	2-03 水の循環と海洋の働き						○								○			
	2-04 森林と土壌の働き													○		○		
	2-05 生物を育む生態系														○	○		
	2-06 人口と経済の動向		○				○	○		○		○						
	2-07 食料需給		○		○								○					
	2-08 地球環境と資源											○	○					
	2-09 貧困、格差、生活の質	○									○							
第3章	3-01 地球温暖化の科学的側面							○						○				
	3-02 地球温暖化対策―緩和策と適応策							○						○		○		
	3-03 地球温暖化問題への国際的な取り組み							○						○				○
	3-04 我が国における地球温暖化対策（国）							○					○	○				○
	3-05 我が国における地球温暖化対策（自治体、民間）							○					○	○				○
	3-06 エネルギーと環境の関わり							○						○	○	○		
	3-07 エネルギーの動向							○										
	3-08 日本のエネルギー政策の経緯							○										○
	3-09 エネルギー供給源の種類と特性							○										
	3-10 再生可能エネルギー							○										
	3-11 省エネルギー対策と技術							○		○								
	3-12 生物多様性の重要性														○	○		
	3-13 生物多様性の危機														○	○		
	3-14 生物多様性に対する国際的な取り組み													○	○	○		○
	3-15 生物多様性の主流化						○								○	○		
	3-16 国内の生物多様性の取り組み							○							○	○		○

付録

273

持続可能な開発目標（SDGs）のゴール		1 貧困	2 飢餓	3 保健	4 教育	5 ジェンダー平等	6 水・衛生	7 エネルギー	8 経済成長	9 産業革新	10 不平等	11 まちづくり	12 生産と消費	13 気候変動	14 海洋資源	15 陸上資源	16 平和	17 実施手段
第3章	3-17 自然共生社会へ向けた取り組み								○			○			○	○		○
	3-18 オゾン層保護とフロン排出抑制												○	○				○
	3-19 水資源や海洋環境に関する問題						○						○		○			○
	3-20 酸性雨などの長距離越境大気汚染問題			○									○	○		○		
	3-21 急速に進む森林破壊												○	○		○		○
	3-22 土壌・土地の劣化、砂漠化とその対策	○					○						○	○		○		
	3-23 循環型社会を目指して							○	○	○		○	○					
	3-24 廃棄物処理に関する国際的な問題								○	○		○	○					
	3-25 廃棄物処理に関する国内の問題								○	○		○	○					○
	3-26 そのほかの廃棄物の問題									○		○	○					
	3-27 リサイクル制度								○	○		○	○					○
	3-28 地域環境問題																	○
	3-29 大気汚染の原因とメカニズム			○									○	○				
	3-30 大気環境保全の施策			○									○	○				
	3-31 水質汚濁の原因とメカニズム			○			○						○					
	3-32 水環境保全に関する施策						○								○	○		○
	3-33 土壌環境・地盤環境												○	○				
	3-34 騒音・振動・悪臭			○								○						
	3-35 都市と環境問題			○			○		○			○						
	3-36 交通と環境問題											○		○				
	3-37 ヒートアイランド現象						○					○		○				
	3-38 化学物質のリスクとリスク評価			○									○					
	3-39 化学物質のリスク管理・コミュニケーション												○				○	○
	3-40 東日本大震災と福島第一原発事故			○			○			○		○						
	3-41 災害廃棄物と放射性廃棄物			○			○						○	○				
第4章	4-04 環境教育・環境学習				○													
	4-05 環境アセスメント制度																○	○
	4-06 国際社会の中の日本の役割																○	○

持続可能な開発目標（SDGs）のゴール		1 貧困	2 飢餓	3 保健	4 教育	5 ジェンダー平等	6 水・衛生	7 エネルギー	8 経済成長	9 産業革新	10 不平等	11 まちづくり	12 生産と消費	13 気候変動	14 海洋資源	15 陸上資源	16 平和	17 実施手段
第5章	5-01 各主体の役割・分担と参加																○	○
	5-02 国際社会の取り組み																○	○
	5-03 国・地方自治体による取り組み																○	○
	5-04 企業の社会的責任（CSR）								○				○					
	5-05 環境マネジメントシステム（EMS）								○				○					
	5-06 拡大するESG投資への対応								○				○					
	5-07 環境コミュニケーションとそのツール												○					○
	5-08 製品の環境配慮												○					
	5-09 企業の環境活動								○				○					
	5-10 第一次産業と環境活動			○									○		○	○		
	5-11 生活者／消費者としての市民			○	○	○			○			○	○				○	○
	5-12 主権者としての市民					○							○				○	○
	5-13 NPOの役割とソーシャルビジネス								○									○
	5-14 各主体の連携による協働の取り組み																○	○

付録

著者プロフィール

サスティナビリティ21

　サスティナビリティ21は、(株) パデセアが中心となり本書を共同執筆するために組織しました。(株) パデセアは毎回90％以上の合格率を誇る企業・組織向けのeco検定対策派遣セミナーを開催している環境教育会社です。

お問い合わせ先

株式会社パデセア

　〒101-0032　東京都千代田区岩本町2-7-13　内田ビル4階

　TEL　**03-5829-5963**
　E-mail　**info@pdca.co.jp**
　URL　**https://pdca.co.jp/**

　＊eco検定対策派遣セミナーに関するお問い合わせも、上記メールアドレスへお送りください。

●参考文献

東京商工会議所・編著
『改訂9版 環境社会検定試験 eco検定公式テキスト』
（日本能率協会マネジメントセンター、2023年）

ご質問について

本書の内容に関するご質問は、下記の宛先までFAXまたは書面にてお送りください。
弊社ホームページからメールでお問い合わせいただくこともできます。電話による
ご質問、および本書に記載されている内容以外のご質問には、一切お答えできません。
あらかじめご了承ください。

宛先
住所 〒162-0846 東京都新宿区市谷左内町 21-13
　　　 株式会社技術評論社　書籍編集部
　　　「改訂第13版 eco検定 ポイント集中レッスン」 係
FAX：03-3513-6183
URL：https://gihyo.jp/book

◆ カバーデザイン ……………………加藤愛子（オフィスキントン）
◆ カバーイラスト ……………………小林マキ
◆ 本文デザイン・DTP ……………田中　望（ホープ・カンパニー）

かいていだい　　はん　エコ　けんてい　　　　　　　　　　　しゅうちゅう
改訂第13版 eco検定 ポイント集中レッスン

2007年 5月25日	初　版	第1刷発行
2023年 6月 8日	第13版	第1刷発行

著　者　　サスティナビリティ21
発行者　　片岡　巌
発行所　　株式会社技術評論社
　　　　　東京都新宿区市谷左内町 21-13
　　　　　電話 03-3513-6150 販売促進部
　　　　　　　　03-3513-6166 書籍編集部
印刷／製本　昭和情報プロセス株式会社

定価はカバーに表示してあります。

ISBN 978-4-297-13515-7　C2036
Printed in Japan